◉ 新・電子システム工学 ◉
TKR-2

エレクトロニクスの基礎物理

量子力学・統計力学入門

杉山正和・山下真司 共著

数理工学社

編者のことば

電子工学とはどのような領域であるかと言うと，やや定かではない．かつては電気のエネルギー応用分野である強電に対し，弱電という電気の情報への応用分野を指していたようにも思われる．この意味で，電気を信号の伝達に実用化したのは 19 世紀初頭であり，実用的な電信は 1830 年ごろに技術が確立した．また，電話は 1876 年，ベルがエジソンと競って発明したのは有名である．一方，電気のエネルギー応用は，およそ明治の始めの発電機の発明に始まり，さらに，エジソンが発電所を作ったのが 1882 年である．つまり，弱電と呼ばれた電気の情報への利用は，強電よりやや早かったと言えよう．また，明治初頭に，日本に最初に導入された電気技術は電信であった．

もう少し狭い意味でのエレクトロニクスとも呼ばれる電子工学というと，電子を制御して利用する電子デバイスからかも知れない．これは，白熱電球の発明者エジソンが，1883 年エジソン効果と呼ばれる発熱体からの電子放射を発見したのが最初であろう．直ちに，二極管，三極管が発明された．また，ヘルツの 1888 年の電磁波の発見に引き続き，マルコーニが 1899 年にドーバー海峡をはさむ無線通信に成功している．その後，第二次世界大戦直後の 1947 年のトランジスタの発明より電子デバイスの固体化が始まり，1960 年のレーザ光発振成功より，光エレクトロニクスが始まっている．

しかし，いずれにせよ，人類の知を扱ったり伝達したりするという場では，電子工学の独壇場である．それは電子工学の応用分野を見てみるとわかるであろう．電子管にしても，トランジスタにしても，まずはラジオ・テレビに代表される無線機器，音響機器の応用から始まった．これらは，集積回路の発明により，さらに加速され，情報を処理する機器，つまりコンピュータに発展した．現在の主力製品はむしろコンピュータである．パソコン・スパコンといった純粋なコンピュータ以外に，自動車，家電製品の至るところに配置されている制御用コンピュータやマイコンは，今やこれなしには，人類の生活は存在できない程に行き渡っている．また，電信から始まり，電話，光ネットワーク，携帯電話などの情報伝達機器も電子工学なしには語れない．

このように，現在の知を支える技術としての電子工学を，基礎から応用にいたるまで，まとめてみたのが，本ライブラリである．簡単には実体が見えない学問であるが，人類に対する貢献も大きい．ぜひその仕組みを理解すると共に，将来，この分野に貢献できるよう，勉学に励んでいただきたい．

2009 年 7 月

編者　岡部洋一
廣瀬　明

「新・電子システム工学」書目一覧	
1　電子工学通論	8　電磁波工学の基礎
2　エレクトロニクスの基礎物理	9　ハードウェア設計工学
3　電子デバイス基礎	10　電子物性
4　MOS による電子回路基礎	11　光電子デバイス
5　電子物性基礎	12　VLSI 設計工学
6　半導体デバイス入門	13　光情報工学
7　光波電子工学	14　電子材料プロセス

まえがき

本書が世に出る2020年は，人間社会の転換点として深く歴史に刻まれるであろう．ウイルスの蔓延は，人と人との接触を激減させた．しかし，歴史の転換点は功罪両面を持つ．不自由ではあるが我々はつながっている．大教室は学生諸君の個室に，黒板はタブレット端末に姿を変えたが，講義は続いている．いや，むしろ便利になったこともある．人々は遠く離れていても表情を見て会話でき，世界各地の人々が居ながらにして会議している．技術は空間の制約から我々を解放しただけでなく，時間の制約からも自由にしつつある．いまや，我々は好きな時間に何度も繰り返して世界中の講義を聴講することができる．言語の壁さえ，機械学習に基づく自動翻訳が破ろうとしている．

このような非連続的な変化を可能にしたエレクトロニクス（情報処理・通信技術）の飛躍的な進歩は，人類が電子と光子を自在に操ることから始まった．電子はナノメートルサイズの空間に閉じ込められて信号処理を担い，光子は髪の毛ほどの太さの光ファイバー網を飛び交って世界中に情報を広めている．ニュートンの運動方程式にはじまる古典力学が蒸気機関の発明を促し産業革命を起こしたように，電子や光子の振る舞いを記述できる量子力学と統計力学が人類の生活様式を大変革しつつある．膨大な化石燃料を消費してエンジンを動かし長距離を旅する代わりに，光子に情報を載せて，地球の裏側の人と互いの母国語同士で会話できる世の中へと，我々は移行している．

本書は，このようなテクノロジー，エレクトロニクスの基盤ともいえる量子力学と統計力学についての入門書である．量子力学における最大の特徴であり難解なところは，その対象が球のように大きさも位置も動く速さも厳密に定義できるものではなく，位置や速さに不確定性を持つ（従って大きさも厳密には議論できない）粒子を扱う点にあろう．我々の興味の対象であるデバイスにおいては，扱う対象は第一に電子であり，量子力学の助けなしにその挙動を予測・制御することはできない．特に，粒子は波としての性質を併せ持つという物質波の考え方が量子力学の基盤を成す．一方，古典電磁気学では波として扱われた光が粒子としての性質を持つという量子力学のもう一つの特徴的な概念は，いまや発光ダイオード，カメラ，太陽電池など多くのデバイスの動作原理の基礎となっている．

このように，電子や光子の振る舞いは量子力学で記述されるが，我々が重用しているデバイスの動作は電子や光子の集団的な挙動に立脚している．現在のところ，単一の電子や光子を利用したデバイスは実用化されていない．量子力学に従う粒子である電子や光子の振る舞いには不確定性が伴うが，電子や光子の集団では，個別粒子の不確定性が平均化されて制御・利用しやすい性質を持つ．このような粒子の集団としての振る舞いを記述するのが統計力学である．

エレクトロニクスの基礎として量子力学と統計力学を続けて学ぶことは，現代社会を支える多くのデバイスの動作原理を理解し，次世代のデバイスを開発するために不可欠であるといえる．ただ，これらの学問を扱う教科書には数式が多く登場し（残念ながら本書でもそれは避けられなかった），読者はしばしば数式を追うことに必死になり物理の本質的な理解に到達できない危険に直面する．本書を手にする諸君には，ぜひ数式が語るストーリーに耳を傾けてほしい．なお，本文中の式展開などに関する補足説明や章末の演習問題の解答例は，ページ数の都合により本書に含めることができなかった．これらは数理工学社のwebサポートページに掲載するので，活用していただきたい．

本書は東京大学工学部電気電子工学科・電子情報工学科の2年次における講義内容をまとめたものである．講義の分担に従い，第1部の量子力学入門は杉山が，第2部の統計力学入門は山下が執筆した．教室における学生との議論を経て，量子力学および統計力学に関する深い理解を得ることができ，本書の完成に至った．これまでの講義に参加してくれた学生諸君に深く感謝する．また，実に永年にわたり本書の執筆を促し，惜しまぬ激励を続けてくださり，著者の拙稿を完成に至らしめた数理工学社の田島伸彦氏と鈴木綾子氏に心からの敬意と感謝を表したい．

本書を一助として量子力学・統計力学を学んだ諸君が，歴史的転換を経た後の社会にさらなる革新をもたらしてほしい．特に，次なる変革は，人類が豊かな生活を享受することと，地球の持続可能性を両立するものであってほしいと心から願っている．

2020 年 9 月

杉山 正和
山下 真司

目　　次

第 2 部　統計力学入門　127

主な変数と物理定数

c：光速（$2.99 \times 10^8\,\mathrm{m\,s^{-1}}$）　あるいは 線形結合の係数

e：電荷素量（$1.60 \times 10^{-19}\,\mathrm{C}$）

ε および E：エネルギー

h：プランク定数（$6.62 \times 10^{-34}\,\mathrm{J\,s}$）

$\hbar$：換算プランク定数（$= \frac{h}{2\pi}$）（$1.05 \times 10^{-34}\,\mathrm{J\,s}$）

k：波数（$= \frac{2\pi}{\lambda}$）

m：質量（真空中の電子の質量は $9.10 \times 10^{-31}\,\mathrm{kg}$）

p：運動量

t：時間

T：周期

V：ポテンシャル あるいは 電圧

x, y, z：空間座標

ν：振動数（$= \frac{1}{T}$）

ω：角運動量（$= 2\pi\nu = \frac{2\pi}{T}$）

λ：波長

添え字など

A^*：A の複素共役を表す.

第1部　量子力学入門

第1章　身のまわりの量子力学

量子力学に特徴的な現象は，ナノメートル以下のスケールで現れるものであり，日常接している古典力学で説明可能な現象からは縁遠いように思える．しかし，以下に記すように，我々は量子力学の原理を利用して日常生活を送っている．

1.1　量子力学はどこに見出されるか

今日の我々の生活は，量子力学によって支えられている．身の回りにあるすべての情報機器の基礎となっている半導体においては，電子のエネルギーが特定の値（**量子準位**）しか取ることができず，量子準位が集中した**バンド**と量子準位が全く存在しない**バンドギャップ**が存在する．各種の半導体デバイスは，外部からの不純物添加によりバンド内部のエネルギー準位を電子がいかに占有するかを制御し，p 型，n 型と呼ばれる電子の振る舞いが異なる領域を組み合わせることで，その機能を発現している．携帯電話が乾電池数個分の電力で動き続けるのは，まさに低消費電力の半導体素子のおかげである．情報機器のみならず，エネルギー有効利用の観点からも半導体素子は不可欠となっている．発光ダイオード（LED）を用いた固体照明は高エネルギー変換効率と長寿命が特徴的な照明として急速に普及したが，その発光は p 型・n 型半導体の界面（**pn 接合**）で起こっている．逆に，光から電力を得ることができる太陽電池も，半導体の pn 接合に光が当たったときの起電力を利用している．人類の長い歴史の中で，光から直流電力を得ることができる太陽電池は希有な存在†であるが，それは半導体の pn 接合を用いているからである．このように，半導体の特徴的な振る舞いは，量子力学なしには理解できないものであり，今日の我々の生活は量子力学の発展なしにはあり得なかった．

---

† ほとんどの発電では，燃焼などの高熱で熱機関を動作させ，回転運動と電磁誘導によって交流電力を得ている．

1.2　情報記憶と量子力学

半導体をはじめ金属などの導体，酸化物等の絶縁体における電子の振る舞いを理解するには量子力学が不可欠であるのだが，これらの固体を用いてナノメートルスケールの構造を作ると，さらに量子力学に特徴的な性質が発現する．典型例は，**フラッシュメモリ**である．1 cm 角ほどのサイズに 10 ギガバイト以上の情報量を蓄えることができるフラッシュメモリは，書き込んだ情報を全く電力を用いずに保持できるという驚くべきデバイスであるが，その動作は電子の**トンネル現象**に基づいている．フラッシュメモリの動作原理を簡単に説明しよう．そのためには，現在の情報機器において最も基本的な要素である **MOS トランジスタ**の動作原理から説明する必要がある．図 1.1(a) に，MOS トランジスタの断面構造を示す．n 型および p 型に区分けされた半導体（ほとんどの場合シリコン）の上に，S（ソース），G（ゲート），D（ドレイン）という 3 つの電極が載っている．このうち，G だけは絶縁膜（通常はシリコンや重元素の酸化膜）を介して半導体と接しており，**金属電極**（Metal）・**酸化物の絶縁膜**（Oxide）・**半導体**（Semiconductor）からなる 3 層構造，すなわち MOS 構造を形成している．一方，S と D は金属電極との間で半導体と自由に電子をやり取りできる導電性の接触をしている．詳しい原理の説明は半導体デバイスの教科書に譲るが，MOS 構造は絶縁膜を挟んだ一種のコンデンサであり，G に正の電位を加えると絶縁膜直下の p 型半導体に負の電荷を持つ電子が n 型領域から移動してきて，絶縁膜直下も n 型になる．p 型と n 型の界面には自発的な電位差が生じるため，G に電位を加えない状態では S 直下の n 型領域から G 直下の p 型領域に電子は移動できない．つまり，S と D の間に電位差を加えても，電流は流れない．これがスイッチ OFF の状態である．ここで，G に正の電位を加えると，S 直下から D 直下まですべて n 型で結ばれるので，S と D の間に小さな電位差を加えれば S から D に向けて電子が移動する，すなわち電流が流れる．これが ON 状態である．この ON・OFF 動作がすべての情報処理の基本となっているのだが，G に電圧を加えない限り MOS トランジスタは OFF 状態になってしまうので，常に電源を接続しない限り情報を保持できない．

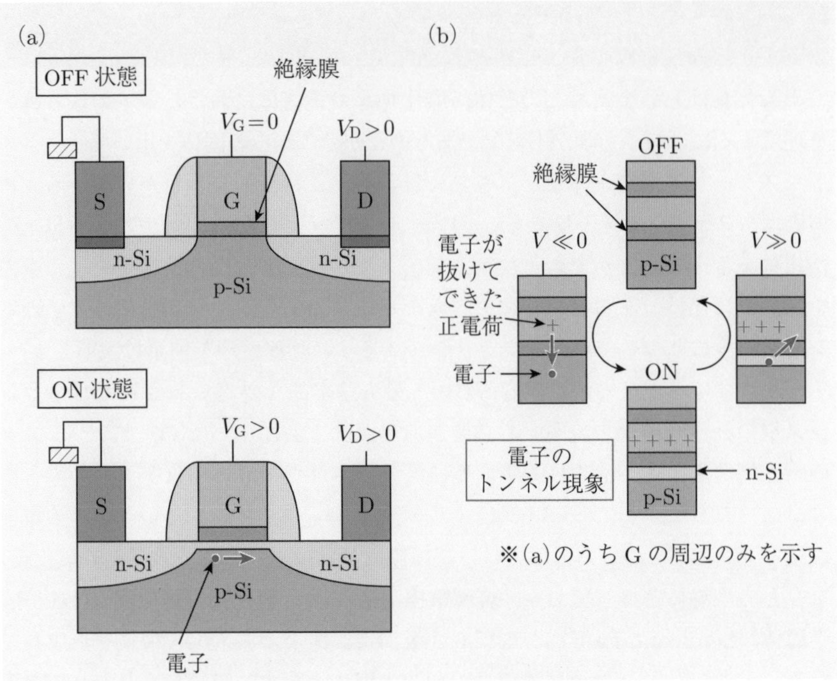

図 1.1　MOS トランジスタの断面構造 (a) と，
フラッシュメモリのゲート周辺の構造 (b)

この問題を解決したのが，フラッシュメモリである．MOSFET を常に ON 状態にするためには，G に常に正の電荷が溜まった状態を作ればよい．そこで，フラッシュメモリでは，図 1.1(b) に示すように，ゲート絶縁膜の上に電極と絶縁膜のサンドイッチ構造を作る．この絶縁膜は，ナノメートルサイズの極めて薄いものである．図 1.2 に示すように，絶縁膜の方が電極よりも電子の感じるポテンシャルエネルギーが大きいので，電子は絶縁膜のポテンシャルエネルギーの壁に阻まれて電極の外に出られない．古典力学の世界では，たとえ電子を移動させようと外から電位差をかけても，何も起こらない．しかし，量子力学の世界では，粒子はある確率でポテンシャルエネルギーの壁を超えることができる．いわゆる**トンネル現象**である．第 6 章で学ぶように，その確率は，壁が薄いほど，エネルギー障壁が低いほど高くなる．図 1.2 に示すように，外部から

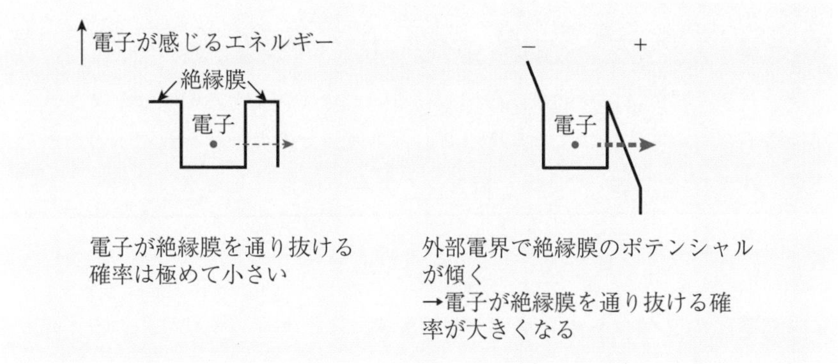

図 1.2　フラッシュメモリのゲートにおいて電子が感じるポテンシャル

電位を加えると，絶縁膜に大きな電界がかかってポテンシャルが三角形になる．すると，エネルギーの高い絶縁膜に挟まれた電極から，電子が「トンネル」によって外に抜け出せる．これにより，電極は電子を失って正に帯電する．外から電位をかけない限り電子の移動は起こらないので，いったん電子を電極から取り出すと，逆向きに電位差をかけて電子を電極に戻さない限り，電極にはずっと正の電荷が溜まったままになる．すなわち，電源を切った状態でも MOS トランジスタの ON 状態が保たれることになる．

親指の先ほどの大きさに数十ギガバイトもの情報量を記録できるのは，人類がナノスケール空間の現象を量子力学という洗練された理論体系で記述・理解し，それに基づいて芸術的ともいえる情報記録素子を設計・製作してきたからである．

1.3　発光素子にみる量子力学

量子力学の特徴は，身近な光源にも見ることができる．光の成分をプリズムや回折格子を用いて波長により空間分離し，各波長での光強度を観察することで**スペクトル**を得ることができる．波長ごと異なる位置に光を導く原理は，図 1.3 に示すように，同じ位相の波同士が強め合う**干渉現象**である．図 1.4 に，我々の身の回りにある各種光源のスペクトルを示す．

◆白熱電球のスペクトル　まず，白熱電球のスペクトルを見てみよう．可視光領域から赤外領域にかけて，連続的に光が出ている．白熱電球の中では，電流で加熱されたフィラメントが発光している．フィラメントを構成する原子が振動することで，正電荷と負電荷の位置が時間とともに変動して，その振動数を持つ電磁波を放射しているのである．正負電荷間の距離が時間的に変動することで電磁波を放射することは，古典力学により説明できる．白熱電球のスペクトルで長波長成分がより強くなっているのは，フィラメント中の原子の振動数に分布があり，振動数が小さい（振動のエネルギーが小さい）成分がより多く分布しているからである．これは統計力学により説明される現象である．発光体自体が高温になり，原子の振動により発光している光源としては，白熱電球の他に，たき火や太陽がある．これらは人間の進化の歴史を支えてきた光源であり，そのことが我々の DNA に刻み込まれているせいか，人々に安らぎを与

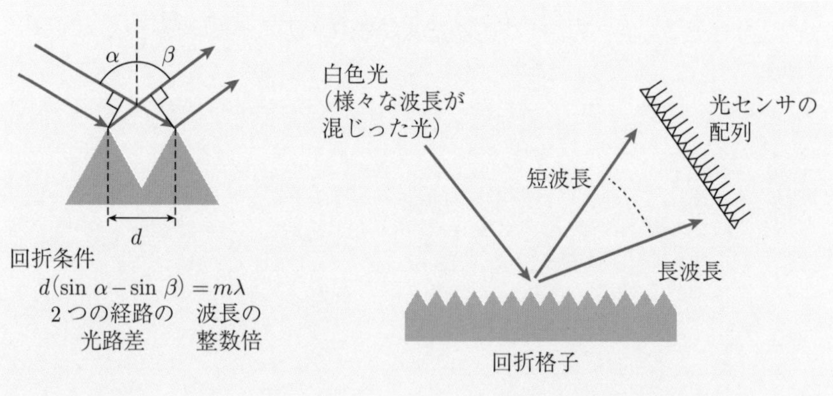

図 1.3　回折格子により白色光が波長ごとに異なる場所に到達する原理（波の干渉）

える光である．

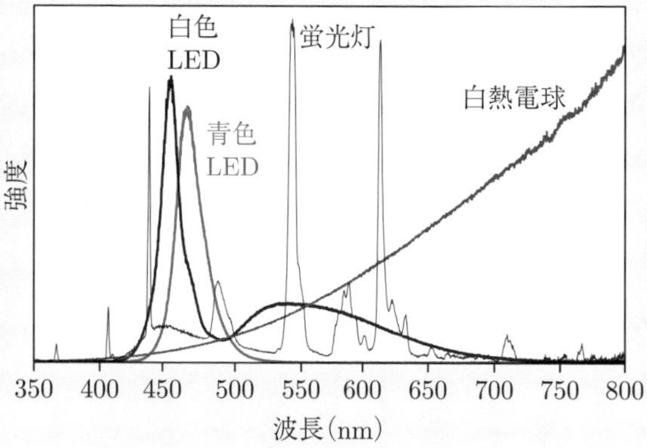

図 1.4　各種照明のスペクトル

♦ 蛍光灯のスペクトル　これと対照的なのが，蛍光灯のスペクトルである．特徴的な鋭い発光線，**輝線**がいくつか見られる．蛍光灯のガラス管の中には，空気を抜いた後で水銀原子が閉じ込められていて，蛍光灯の端から高電圧で加速した電子を発射し，水銀原子に衝突させている．これにより高エネルギー状態になった水銀原子がエネルギーを放出して安定状態に戻る際に，エネルギーを光として放出するのである．このように生じる輝線は主に紫外領域にあり白色照明にならないので，ガラス管に蛍光塗料を塗ってあり，これが水銀の輝線を各種波長の光に変換している．

蛍光灯のように，原子の気体に電子を衝突させて発光を得る装置を**放電管**と呼ぶ．19 世紀の後半に開発されて以来様々な改良を加えられて，現在も照明装置として広く用いられている．その歴史の中で，科学者は種々の原子を封入した放電管からの発光スペクトルを観察し，原子により異なる輝線を見出しつつ，頭を悩ませてきた．白熱電球のように，振動する正負電荷からの古典力学的な発光であれば，連続的なスペクトルを呈するはずである．特定の波長にのみ発光が存在することは，特定の状態間の**遷移**が光を発すると考えざるをえない．しかし，原子の振動が，大きく異なる特定の振動数のみを取ることは古典力学では説明できない．では，原子には特定のエネルギー状態があるのだろうか．これが量子力学誕生の契機となる考察の1つであった（詳細は次章に記す）．この意味で，蛍光灯は，我々の最も身近にあって量子力学の存在と有用性を実感させてくれる装置であるといえる．

♦LED のスペクトル　LED の発光スペクトルにも，蛍光灯と同様にピークが存在する．しかし，蛍光灯とは異なり，そのピークは1つであり，波長幅も蛍光灯の輝線に比べてずいぶん大きい．ちなみに，白色 LED は，青色 LED に，青色を長波長の光に変換する蛍光体を付加したものである．青色と黄色付近の発光を組み合わせて白色を得ている．よく想像されるように，青・緑・赤の3原色の LED を1つのパッケージに封入した白色 LED は，街で見かけるフルカラーディスプレイなどの用途に存在するものの，照明器具としては少数である．

図 1.5 に，青色だけでなく各色で発光する LED のスペクトルを示す．どのような LED であっても，特定の波長領域のみで発光している．しかし，スペクトルの幅は蛍光灯の輝線に比べて広い．このような LED を光らせるためには，電圧をかけてあるエネルギーを持った電子を LED の発光部に供給する必要がある．図 1.6 に示すように，LED にかける電圧と流れる電流（ほぼ発光強度に比例する）との関係は，ある閾値電圧を超えると急激に電流が流れる形となっている．

ところで，なぜ LED の発光スペクトルのピークは，蛍光灯の輝線に比べて幅広いのだろう．これは，蛍光灯の輝線が孤立した原子からの発光であるのに

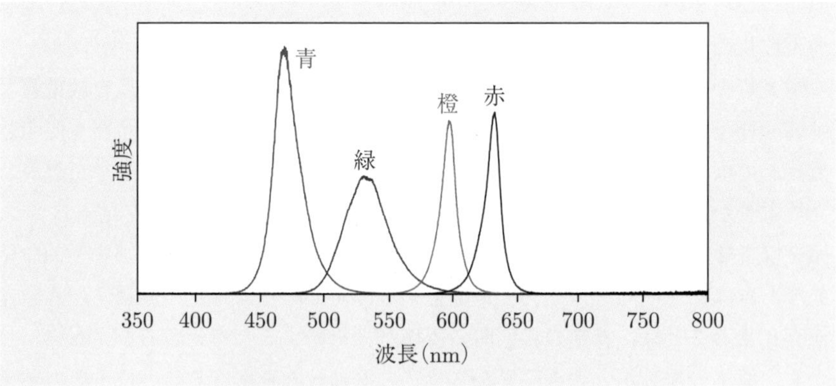

図 1.5　各種 LED の発光スペクトル

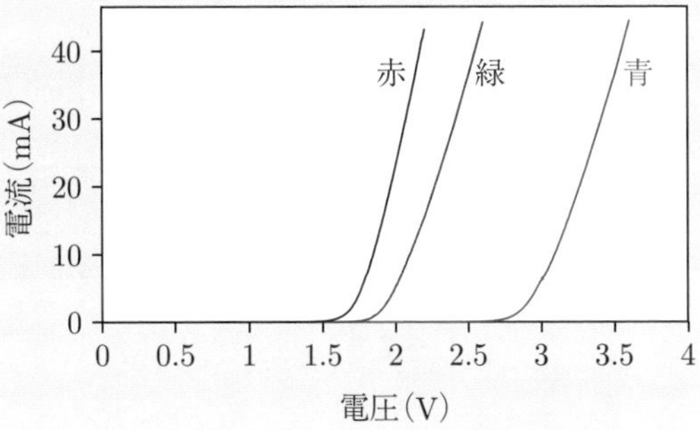

図 1.6　LED の電流電圧特性

対し，LED の発光は原子が規則的に配列した結晶からの発光であることに起因する．LED の発光スペクトルは，本書で理解を目指す半導体のバンド構造と密接に関連している．LED の発する光のエネルギー（光子 1 個のエネルギー；次章で述べる）と発光時に供給する電子のエネルギー（印加する電圧 × 電子 1 個の電荷）を比較すると，両者はほぼ等しいことが分かる．蛍光灯とは異なり，LED では電子のエネルギーが極めて低損失で光に変換されているといえる．この特徴は，LED が結晶を用いており，結晶中では極めて低いエネルギー損失で電子を移動させられることに由来している．大昔の真空管時代には膨大なエネルギーを要していた情報処理が，トランジスタの登場によって革命的に低電力化したことと同じメカニズムである．

結晶の中には，電子が取ることができるエネルギーが非常に狭い間隔で存在しており，**バンド構造**と呼ばれる．図 1.7 の黒線が，結晶中の電子が持つエネルギー状態を表す．

半導体結晶中に存在するエネルギー状態の数と電子の数のバランスにより，エネルギーが低いバンドから順に電子が埋まる．ほぼ電子で埋め尽くされたなかで最もエネルギーが高いバンドを**価電子帯**と呼ぶ．その上のバンドまでに状態が存在しないエネルギー帯域があり，これを**バンドギャップ**と呼ぶ．バンドギャップの上のバンドは，電子がほぼ存在せず，結晶内の電子の伝導に関与するので**伝導帯**と呼ばれる．

このような半導体結晶を外部の電源に接続することにより，伝導帯に電子を

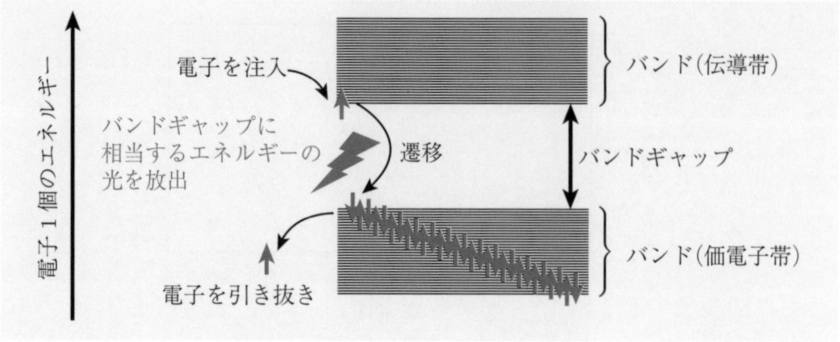

図 1.7　結晶中の電子が持つエネルギー状態が形成するバンド構造

注入，価電子帯から電子を引き抜く．すると，バンドギャップを挟んでエネルギーが高い伝導帯の中に電子が存在し，エネルギーが低い価電子帯に一部電子がいない状態ができる．こうして，伝導帯の状態から価電子帯の状態へと電子が遷移できるようになり，2つの状態間のエネルギー差を持つ（それに対応した波長を持つ）光が放出される．これがLEDが特定の波長で発光するメカニズムの本質である．

ここで，伝導帯で電子が占有する状態，価電子帯で電子がいない状態はそれぞれ1つである必要はなく，実際には多数存在する．すると，少しずつエネルギー差の異なる2状態間の電子遷移が同時に起こることになる．これが，LEDからの発光に波長が少しずつ異なる成分が多数含まれる理由である．蛍光灯の場合は，水銀原子核の周囲にできる電子状態は大きく離れたエネルギー状態を持っており，複数の状態間の電子遷移が同時に起こると，大きく離れた波長に複数の輝線が現れる．

バンドに含まれる多数の状態をどのように電子が占有するかは，LEDやトランジスタをはじめあらゆる半導体デバイスにおいて動作原理の鍵を握る．バンドが形成される仕組みは前半の量子力学のターゲットであり，バンドに含まれる多数の状態を電子が占有する様子を決めるのが，後半で学ぶ統計力学である．

第2章　量子力学発展の歴史とその考え方

蛍光灯に観察される輝線に代表される，原子からの発光が特定の波長に集中する現象は，その理論づけが古典力学では不可能であり，物理学者を悩ませてきた．原子核の周囲に存在する電子が特定波長の光のみを放出するためには，

(1)　原子核周囲の電子が特定のエネルギーを持つ状態のみを取りうる，

(2)　上記特定の状態間を電子が高エネルギー状態から低エネルギー状態へと遷移するとき，そのエネルギー差に相当する波長を持った光が放出される．

という，古典力学の枠を越えた2つの仮定が必要となる．(1) のモデルに至るにはいくつかの仮定を積み上げる必要がある．(2) のエネルギーと光の波長を対応付ける仮説が，古典力学の殻を破るブレークスルーとなった．これが1905年に提唱された，アインシュタインの光量子仮説である．この考え方が電子にも拡張され，(1) の考え方であるボーアの原子模型（1913年）に至った．

まずは，アインシュタインによる光のエネルギーに関する考え方を学ぼう．

2.1　光の粒子としての性質，エネルギーと波長の関係

金属板に光を照射すると，金属板から電子が飛び出す．これを**光電効果**と呼び，飛び出した電子を**光電子**と呼ぶ．図2.1(a) に示す系を用いて真空中で実験を行えば，光電子は周囲の分子などで散乱されることなく金属板に対向する電極により捕集され，電流として検出される．光電子は様々なエネルギーを取りうるが，金属板と捕集電極の間に直流電圧をかけることで，電位差に相当するエネルギー障壁を乗り越えた電子のみを捕集できる．このようにして，ある光の照射条件のもとで電圧を変化させ，電流がゼロになる電圧（金属板に対して捕集電極が負になっている）を求める．これが，光電子が持つ最大の運動エネ

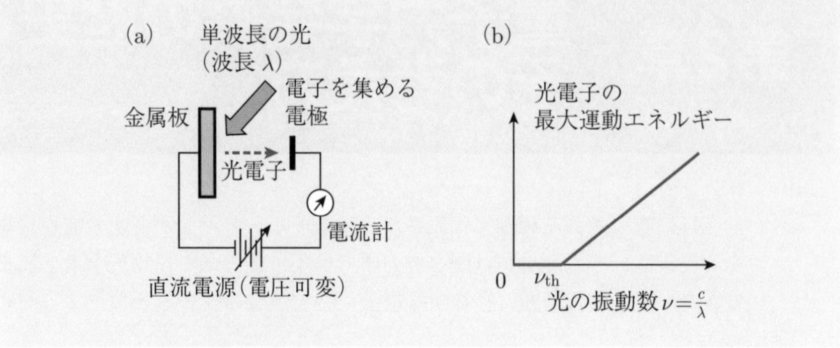

図 2.1　光電効果の実験系 (a) とその結果 (b)．図中の c は光速を表す．

ルギーに相当する．回折格子などで分光して波長の揃った光を金属板に照射し，光の波長とその照射により生成する光電子の最大運動エネルギーの関係を整理したところ，図 2.1(b) のような関係を得た．

すなわち，

(1)　波長の逆数である振動数と光電子の最大運動エネルギーが線形な関係にある

(2)　光の振動数が閾値 $\nu_{\rm th}$ を超えないと光電子が捕集されない

という 2 つの特徴が見いだされた．また，ある波長，電圧のもとで，照射光の強度を大きくすると電流は光強度に比例して増大した．

古典力学において，電磁波のエネルギーは電界の振幅の 2 乗に比例し，周波数には依存しない．これをもとに図 2.1(b) の特徴を説明することは非常に難しい．そこで，アインシュタインは，光電効果の実験結果をきれいに説明できる仮説を唱えた．その考え方は以下の 3 点にまとめられる．

(i)　光は粒子（光子）からなる

(ii)　光子 1 個のエネルギー E は光の振動数 ν に比例する．すなわち，

$$E = h\nu = \frac{hc}{\lambda} \tag{2.1}$$

ここで，h は**プランク定数**（$h = 6.62 \times 10^{-34}$ J s），c は光速，λ は光の波長である．最後の項は，波が伝搬する速度 c は 1 周期に対応する長さ（波長 λ）と単位時間に位相が振動する数（振動数 ν）の積で表され

ることを利用している．すなわち，光の場合には，

$$c = \lambda\nu \tag{2.2}$$

である．

(iii)　ある面に入射する光のエネルギーは，そこに入射する光子が持つエネルギーの総和である．光子のエネルギーが揃っている場合は，(光子のエネルギー) × (入射する光子数) で表される．

この仮説をもとに光電効果の実験を解釈すると，以下のようになる．金属の中に電子はあるエネルギーで束縛されている．このエネルギーを**仕事関数** W とする．光子から電子へのエネルギー伝達が損失なく行われ，金属から電子が脱出するために必要な W 以外のエネルギー損失がない場合，エネルギー保存則から光電子のエネルギーは

$$E_{\mathrm{max}} = h\nu - W = h\left(\nu - \nu_{\mathrm{th}}\right) \tag{2.3}$$

となる．もちろん，上記以外に電子のエネルギーが失われる機構が存在するので，E_{max} は光電子が取りうる最大のエネルギーとなる．また，光子 1 個から一定の確率で光電子が生成するのであれば，光電子による電流は金属板に入射する光子の数，すなわち光の強度に比例する．このように，アインシュタインの**光量子仮説**は図 2.1(b) に示された光電効果の実験結果を見事に説明できる．

光量子仮説は，提唱当時は大論争を巻き起こしたものの，今日に至るまでその仮説と矛盾する実験結果は見つかっていない．現在では，ごく当然の考え方として定着しており，前章に記した蛍光灯や LED，さらに太陽電池など我々の身近なデバイスの動作原理を説明するためには必須のものとなっている．

2.2 光子の運動量

光量子仮説によれば，光は粒子である光子の集団として記述される．光子は粒子であるが，ニュートンの古典力学に従って運動する物体とは異なり質量を持たない．しかし，光子の運動量 p は存在して，エネルギーと以下の関係にある．

$$E = cp \tag{2.4}$$

(2.1) と (2.4) から，

$$p = \frac{h}{\lambda} \tag{2.5}$$

と表すこともできる．

光量子仮説の実証としては，前説に述べた光電効果の実験だけでは不十分で，光子の運動量の存在を示す実験が必要であった．これが**コンプトン効果**の実験（1923年）である．コンプトンは，X線を気体に当てて散乱されたX線の波長を測定した．すると，散乱X線の波長が入射X線よりも長くなっていることが確認され，X線の光子と気体分子中の電子との間でエネルギーおよび運動量の伝達が行われていると考えられた．詳細は省くが，光子と電子との間でエネルギー保存と運動量保存の式を立て，連立させて解くと，気体分子による散乱前後のX線波長の変化を説明することができた．これにより，電磁波は質量はゼロだが波長に反比例したエネルギーと運動量を持つ粒子，すなわち光子の集合体であることが確認された．

例題 2.1（光子の運動量）

620 nm の単色光がエネルギー密度 $\Phi = 1.0\,\mathrm{kW\ m^{-2}}$ で当たっている面がある．この面が光から受ける単位面積，単位時間当たりの運動量（圧力の次元を持つ）を求めよ．この値は，大気圧 $1.0 \times 10^5\,\mathrm{Pa}$ の何倍か？

【解答】　面に入射する光子の単位面積・単位時間当たりの数は，光子1個のエネルギーを ε として

$$J_p = \frac{\Phi}{\varepsilon}$$

光子1個の運動量は

$$p = \frac{\varepsilon}{c}$$

したがって，面が光から受ける運動量は

$$
\begin{aligned}
P_p = J_p \cdot p = \frac{\Phi}{c} \\
= \frac{(1.0 \times 10^3\,\mathrm{W\ m^{-2}})}{(3.0 \times 10^8\,\mathrm{m\ s^{-1}})} \\
= 3.3 \times 10^{-6}\,\mathrm{kg\ m^{-1}\,s^{-2}}\ (= 3.3 \times 10^{-6}\,\mathrm{Pa})
\end{aligned}
$$

これは大気圧の 3.3×10^{-11} 倍である．■

$1\,\mathrm{kW\ m^{-2}}$ という値は，地表に注ぐ太陽光のほぼ最大強度である．太陽光には様々な波長成分が含まれるので，上記例題で求めた値が太陽光から地表面が受ける圧力に等しいとはいえないが，オーダーとしては太陽光が照射面に与える圧力はおよそ測定不可能なほど小さい値となることが分かる．ただし，宇宙空間のように周囲に気体分子が存在しなければ，ヨットが帆を張って風を受けて航行するように，宇宙船が軽い大きな帆を広げて太陽光の圧力を得て航行することは原理的に可能である．また，ナノメートル～マイクロメートルサイズの物体（分子や微粒子，微細加工技術で作製した微小な機械（MEMS）など）に強いレーザー光を照射して動かす技術が盛んに研究され，一部は実用技術となっている．

2.3 単一光子の振る舞い

日常我々が目にする光は，極めて多くの光子が連続的に入射するものである．そのエネルギーや波長が光量子仮説に従うことはいくつもの例で実感できても，粒子としての振る舞いを実感することはまずない．しかし，研究用の設備など多少手の込んだ環境では，光子の粒子としての振る舞いを体験できる．

半導体などの材料や，各種分子などからの微弱な発光を観察することは研究開発の場で数多く行われるが，そのような微弱光を高感度に検出する手法が**光子計測法**である．微弱な光を検出するために用いる光検出器兼増幅器が**光電子増倍管**である．図 2.2(a) に示すように，光子が入射した金属板から光電効果により光電子が飛び出す．その先には，正の電圧を印加された金属板が多段に並んでいる．光電子は電圧によって加速されつつ向きを変えられて，金属板に入射する．すると，電子の運動エネルギーによって金属板から複数の電子が叩き出される．こうして生じた二次電子は，さらに加速されて次の金属板に入射し，さらに多くの二次電子を叩き出す．このようにして，1 個の光子から生じた光電子からネズミ算式に電子の数が増えて，電流を検出するための電極に集められる．微弱な光を光電子増倍管により観察したときの，電流信号の時間変化は図 2.2(b) に例示するようになる．光子の入射はランダムであるので，ほぼ同時に複数の光子が入射することもあれば，全く光子が入射しない瞬間もある．さらに，光電子増倍管において 1 つの光子から生じる電子の数も，およそ一定であるものの完全に一定値を取るわけではない．結果として，高さがランダムなスパイク状の電流信号が観察されることになる．このスパイクの数を数えれば，入射する光子の数におよそ比例する信号が得られる．(複数光子がほぼ一度に入射したことによる背の高いスパイクは光子数の計測を難しくするので，このようなことが起こらないほど十分に小さい光強度の領域で計測を行うべきである.) 光強度が微弱な場合は，単に光電子による電流（図 2.2(b) でいえば信号の積分値）を計測するよりも，スパイクの数を数えるほうがノイズに対して高感度な測定が可能になる．このような単一光子計測法は，まさに光が光子（粒子）から構成されることを示す良い例である．

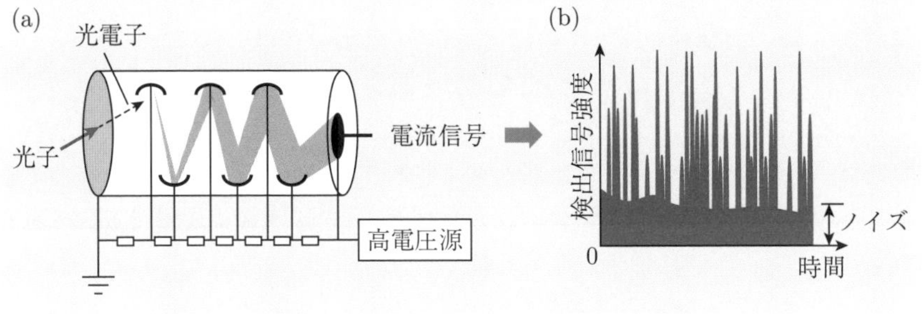

図 2.2　微弱光を検出するための光電子増倍管 (a) と，
電流信号の時間変化イメージ (b)

一方，光源の側でも，光子を 1 つずつ放出できる**単一光子光源**の開発が進んでいる．詳しくは別書に譲るが，一度観察すると性質が変わるという量子力学的な振る舞いを示す物体に情報を伝達させる**量子情報通信**が，セキュリティーに優れた情報技術として期待されている．現在我々が用いている光通信は，10^{-10} 秒程度のごく短い光のパルスを情報の 1 ビットとしているが，その中には数多くの光子が含まれており，それらの集合的な振る舞いには量子力学の特徴は現れない．単一量子光源は，極めて強度が小さい光を出す光源なのだが，一度に複数の光子が放出されることのないよう工夫がなされている．基本的には，原子や分子 1 個などの極めて小さい体積の光源を，外部からトリガーをかけたときに 1 つの光子しか放出されないように制御する．

さて，このような光源から狙い通り 1 つの光子だけが放出されているかを確認する実験には，図 2.3 に示す測定系を用いる．光源には，一定の時間間隔で光子を放出するようトリガーがかけられる．光源から放出された光子は，反射率が 50%になるようにガラスに誘電体膜を形成したビームスプリッタにより，検出器 1 と検出器 2 に向かう．光源から検出器までの光路長は，どちらも等しくなるように設定されている．検出器 1 で光子が観測されてから検出器 2 で光子が観測されるまでの時間差を得るのが，時間相関測定器である．光源から複数の光子が同時に放出されている場合，確率的にそれらの半分は検出器 1 に，残りは検出器 2 に向かうので，2 つの検出器で同時に光子が観察され，上記の時間差はゼロになりうる．しかし，放出される光子が各時刻に 1 個だけのときは，

1つの光子が2つに分かれることはないので，測定器1もしくは2のどちらかに到達する．したがって，2つの測定器での検出時間差はゼロになりえない．このようにして，光子検出の時間相関関数を観察したときに，時間差ゼロのピークが出ないことが単一光子光源であることの証拠となる．実際には，時間差ゼロのピークが完全にはゼロにはならないものの，他のピークに比べて極めて小さくなるような実験結果が報告されており，単一光子光源の実現は近いと思われる．

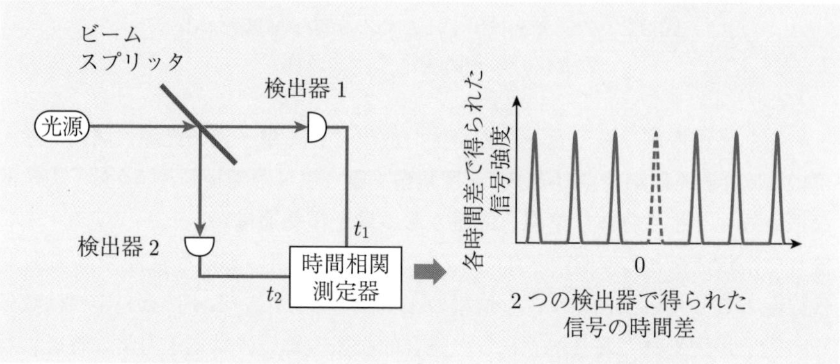

図 2.3　単一光子光源を評価するための時間相関測定系

2.4 光の粒子としての性質と波としての性質を両立させる考え方

前節で，光が粒子の集団としてふるまう実例を紹介した．ここで，再び回折格子を用いた分光器（図 2.4(a)）に注目しよう．回折格子に入射した光は，その波長に依存した方向に向けて進み，波長によって異なる光センサーにより電気信号に変換される（図 2.4(b)）．この動作は，入射する光が微弱になっても変わらない．前に述べた単一光子計測の測定装置をある波長の光子が向けられる位置に置けば，ある波長の光子だけを対象にして，それらが入射する様子を時間に対して観測できる．このとき，光センサーには単一の光子が時間軸に対してランダムに入射する様子（図 2.4(c)）が観察されるはずである．このような状況では，ある瞬間には回折格子に単一の光子が入射し，光の波としての性質である干渉によって決定される方向に光子の進行方向が曲げられる，と考えられる．

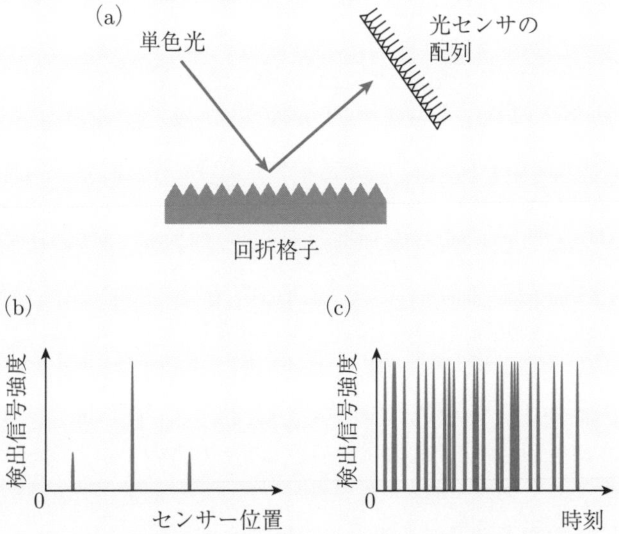

図 2.4 単一波長を持った光が回折格子に入射すると，光の回折により特定方向に進む (a)．その結果，特定の位置にある光センサーのみが光を受けて信号を出す (b)．回折格子に入射する光が微弱なとき，検出信号を高い時間精度で観察すれば，単一光子の入射に対応した電気信号のスパイクが観測される (c)．

ここで，大きな疑問が生じる．**干渉**は複数の波が相互作用した結果生じる現象であり，波としての性質を併せ持つ光子が干渉によってその運動方向を決定されるのであれば，回折格子の表面でとなり合う凸に当たった2個以上の光子同士が相互作用して進行方向が決まるのではないか？　ある時刻に回折格子表面に当たる光子が1つだけなら，たとえ粒子が波の性質を併せ持っていても，干渉を考えることは不適切ではないか？　これは量子力学の考え方における根本的な疑問である．一方で，我々は単一光子が回折格子によって波長に依存した向きに進行方向を曲げられることを現実に観察しており，それを説明できる考え方が必要である．

では，光に関して，粒子としての性質と波としての性質とを両立する考え方を導入しよう．これは現象を矛盾なく説明するための「考え方」であり，直観的に納得できるものであるかどうかは別問題である．しかし，本書で以後展開する量子力学の考え方は，基本的に以下に基づいている．

(1)　粒子が運動する経路は，波としての性質に基づいて干渉などをすべて考慮して決定される．例えるなら，粒子が動くための「レール」が敷かれており，その方向は波としての性質で決定されるとでもいえよう．粒子が速く動きやすい場所，減速される場所なども波としての性質から決まる．「レール」に例えるなら，そこに高低差や坂道がついているようなものであろう．

(2)　上記において干渉を考慮するためには，粒子が通りうる経路をすべて考える必要がある．したがって，単一粒子の運動経路を決める際には，どれか1つの経路を任意に選ぶことは許されず，通る可能性のある経路をすべて洗い出し，それらに付随する波の干渉効果をすべて考慮して初めて粒子の通りうる経路を決定できる．図2.4の回折格子の例においては，すべての凸からの散乱光を考慮してそれらの干渉を考える．言い換えれば，与えられた境界条件に対して存在できる定在波を求め，それに対応した経路を粒子が通ることになる．

(3)　粒子の運動は，可能な経路に沿って，初期条件に従って決まる．経路が複数に分かれる場合には，確率的にどの経路を通るかが決まる．図2.3に示した例では，光子がどちらの検出器に到達するかは確率的に決まる．

もう 1 つ重要だが複雑な考え方が必要になる．(2) によって，粒子の運動経路は可能なすべての経路に関して波としての干渉を考慮して決められるため，粒子がどの経路を「途中通ったか」は追跡できない．図 2.4 の回折格子の例では，回折格子で向きを変えられ，検出器に入った光子は，回折格子のどこに当たって検出器に到達したかは分からない．これは古典力学との折り合いをつけるためでもある．もし粒子が回折格子の特定の凸に当たったならば，古典力学的に考えるとあらゆる方向に等確率で散乱されるはずで，波長で決まる特定の方向に向けられることはあり得ない．これに矛盾しないためには，いささか不自然には思えるものの，波の干渉に沿う形で向きを決められた光子は，観測の結果ある時刻ある場所に存在していたといえるものの，そこに至るまでどのような経路で運動したかは問えないことになってしまう．もし粒子の運動経路を描きたければ，多数の光子を様々な時刻で観測して，粒子が観察された場所を空間中ですべて塗りつぶす．その結果，粒子が通る可能性がある経路すべて，上記のたとえなら粒子が通りうる「レール」が見えることになる．

2.5　電子の波としての性質

各種の結晶を 1 μm 以下に薄く削って，真空中で電子線を照射し，結晶を突き抜けた側に電子が当たると発光する蛍光板を設置する．すると，図 2.5(a) に示すような規則的な回折像が得られる．これは各種のデバイスに用いる半導体の研究開発で日常的に行う結晶の観察手段である．回折スポットの並び方から結晶薄片内での原子の配列構造を，スポット間の間隔からは原子の配列間隔を知ることができる．結晶からの回折像が得られる仕組みを図 2.5(b) に示す．薄片に対して垂直に入射した電子がそのまま突き抜けたことによる 0 次のスポットの他に，電子が波としてふるまい，回折（相互干渉）により向きを変えられたとして説明できる回折電子線が，結晶の配列構造に従って複数観察される．これは，前節で述べた光子の集合体である光線が波としての性質に従って回折格子で向きを変えられることに対応する．我々が観測する現象を説明するためには，電子の集合体である電子線に関しても波としての扱いが必要であることを，この実験事実は示している．

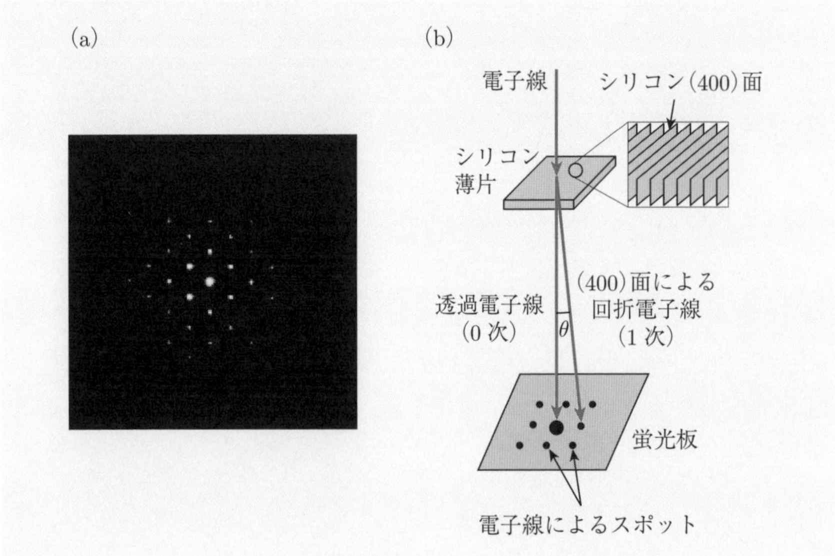

図 2.5　単結晶シリコン薄片からの電子線回折像 (a) と，回折像が得られる原理 (b)

図 2.5 に示した装置は**透過電子顕微鏡**（**TEM**）と呼ばれ，材料の研究開発には不可欠である．図 2.5(a) の回折スポットを拡大表示すると，図 2.6 のような模様が見える．電子の運動方向は電場と磁場により変えられるので，ちょうど光学顕微鏡で μm サイズの微小領域を接眼レンズの大きさまで拡大できるのと同じように，1 つの点に見える電子線の回折スポットを拡大表示することが可能である．図 2.6 に示す模様は，我々が考える結晶内の原子配列とよく対応している．実際，薄片内に含まれる各原子において電子が散乱されるとして，それらの干渉を詳細に計算すると，回折スポット内部には薄片内の原子配列に対応した干渉模様が現れることが示される（実際の計算は複雑なので電子顕微鏡の専門書を参照されたい）．このような形で，ナノメートル以下のスケールでの原子配列を可視化することが可能である．

図 2.6　ジルコニア結晶における原子配列構造の透過電子顕微鏡（TEM）像（東京大学大学院工学系研究科 柴田直哉教授のご厚意で掲載）

2.6 物質波の波長

前節で述べたように，我々は，古典力学においては粒子として記述される電子が，波としての性質を併せ持つと考えざるを得ない事象を多く目撃している．アインシュタインは，古典力学的には波である電磁波が粒子の集合としての性質も併せ持つと主張した．その逆に，古典力学的な粒子はすべて波としての性質，すなわち**物質波**を持つと主張したのがド・ブロイである．表 2.1 に示すように，アインシュタインの光量子仮説に基づく光子と古典力学的粒子の物理量を比較したときに，質量ゼロの光子と有限の質量 m を持つ古典力学的粒子の間には共通性を見出しにくい．もし古典力学的粒子が波としての性質を併せ持つとすれば，光子が持つのと同じ運動量と波長との関係 $p = \frac{h}{\lambda}$ に従って，古典力学的粒子も物質波の波長 λ を持つべきであるというのが彼の主張である．すなわち，古典力学的粒子に関して，

$$p = mv = \frac{h}{\lambda} \tag{2.6}$$

光子のエネルギーは光速に比例するので，その表式を速度が異なる古典力学的粒子に適用することはできない．

(2.6) を変形すれば，

$$\lambda = \frac{h}{mv} \tag{2.7}$$

であり，プランク定数 h は 6.62×10^{-34} kg m（m s^{-1}）（単位を (2.7) に合わせて変形している）であるから，質量そして運動量が極めて小さい粒子以外は，物質波の波長が粒子のサイズと同等以上のオーダーを取ることはない．例えば，質量 1 kg で 1 m s^{-1} で運動する物体であれば，物質波の波長は 10^{-34} m のオーダーになり，人類が観測したり，何かの物性と関連させて議論することはおよ

表 2.1　ド・ブロイによる物質波の考え方を踏まえた，光子と古典力学的粒子の比較

	光子	古典力学的粒子
質量	ゼロ	m
速度	c（光速）	v
運動量	$p = \frac{h}{\lambda}$	$p = mv = \frac{h}{\lambda}$
運動エネルギー	$E = cp = \frac{hc}{\lambda}$	$E = \frac{1}{2}mv^2$

そ不可能な長さである．

電子の特徴として，電位差により容易に加速可能なことがある．100〜1000 V の電位差は容易に得られるし，特殊な実験装置を使えば 10^6 V オーダーの電位差も得られる．このような高電圧で電子を加速することで，電子の物質波の波長は，結晶における原子の配列間隔のオーダーである 1 Å 未満にまで容易に小さくできる．

例題 2.2（**電子の加速電圧と物質波の波長**）

電子の物質波の波長を 1.0 Å にするための加速電圧を求めよ．

【解答】 電位差 V で加速された電子の運動エネルギーは

$$E = eV$$

ここで，e は電荷素量，m は電子の質量である．したがって，電子の運動量は

$$p = \sqrt{2mE} = \sqrt{2meV}$$

電子の物質波の波長は

$$\lambda = \frac{h}{p} = \frac{h}{\sqrt{2meV}}$$

λ に対応する V を求めると

$$V = \frac{h^2}{2me\lambda^2} = \frac{(6.6 \times 10^{-34}\ \mathrm{J\ s})^2}{(2)(9.1 \times 10^{-31}\ \mathrm{kg})(1.6 \times 10^{-19}\ \mathrm{C})(1.0 \times 10^{-10}\ \mathrm{m})^2}$$
$$= 1.5 \times 10^2\ \mathrm{V}$$

■

例題 2.3（**光子のエネルギーと波長**）

波長 1.0 Å を持つ光子のエネルギーを eV（エレクトロンボルト）単位で求めよ．

【解答】

$$E = \frac{hc}{\lambda} = \frac{(6.6 \times 10^{-34}\ \mathrm{J\ s})(3.0 \times 10^{8}\ \mathrm{m\ s^{-1}})}{(1.0 \times 10^{-10}\ \mathrm{m})(1.6 \times 10^{-19}\ \mathrm{J\ eV^{-1}})} = 1.2 \times 10^4\ \mathrm{eV}$$

なお，E は波長に反比例するので，可視光よりやや長い波長 1 μm では $E = 1.2$ eV となる．これは光のエネルギーを扱う際によく用いる関係なので，覚えておくとよい．

■

波長 1 Å を持つ電子の運動エネルギーは 150 eV なのに対して，同じ波長を持つ光子（X 線）の運動エネルギー 12 keV と非常に大きい．このような高エネルギーの光子を得るためには，原子核の周囲に存在する電子が持つ状態間のエネルギー差を利用して，電子がエネルギーの高い状態から低い状態へと遷移する際のエネルギー差を光子のエネルギーとして得ることになる（第 10 章で述べるフェルミの黄金律）．その遷移を起こすためには，高エネルギーで原子核近傍に束縛された電子を弾き出す必要がある．これには，状態間の遷移よりもさらに大きなエネルギーが必要で，数十 keV を要する．このエネルギーを原子核周囲の電子に供給するためには，真空中で電位差により加速した電子を原子に衝突させるのが普通である．

波長が原子の配列間隔程度の粒子あるいは波を用いて，回折によって結晶の原子配列構造を明らかにできることは，すでに述べた通りである．この目的には，X 線と電子線の両方が，その性質（粒子のエネルギーに起因する結晶の深さ方向への侵入長など）に応じて使い分けられる．一方で，図 2.6 に示したような原子像を観察するためには，電子線が専ら用いられる．これは電子が荷電粒子なので，電子線を微小領域に収束させたり，逆に回折した電子線のスポットサイズを拡大したりすることが電磁場の制御により可能だからである．可視光でいえば，レンズの役割に相当する．X 線を構成する光子は電荷を持たないので，X 線のビームサイズを拡大・縮小するには，反射によるしかない．（X 線をレンズに通すと，回折・散乱などの構成原子との相互作用が強く，可視光のようには透過しない．）このような反射による X 線の制御は電磁場による電子線の制御ほど高精度に行うことができず，X 線による原子解像度の顕微鏡は実現されていない．

2.7 ボーアの原子模型

原子核の周囲に存在する電子が特定波長の光のみを放出するための「原子核周囲の電子が特定のエネルギーを持つ状態のみを取りうる」という要件を説明するために，物質波の考え方を原子核周囲の電子に適用したのがボーアであった．古典力学的には，原子核周囲の電子には，原子核の正電荷と電子の負電荷による静電引力と，電子が回転運動していることによる遠心力がかかり，両者がつりあって回転運動の半径を決めている．この考え方では，電子の半径は連続的な値を取ることができ，原子からの特定波長の発光を説明することができない．そこで，ボーアは，電子が原子核周囲を回転する際の周長（軌道の半径を r として $2\pi r$）は，電子の円周運動の速度によって決まる電子の波長の整数倍になるべきであるというモデルを提唱した．これに従えば，電子の半径は特定の値のみを取ることになり，対応するエネルギーも特定の**離散的**な（飛び飛びの）値を取る．このように，原子核周囲の電子は特定の状態のみを取ることになり，離散的な状態間の遷移により特定のエネルギー（および波長）を有する光子のみが生成されるというモデルが完成し，原子からの発光を説明できた．

水素原子以外の複数原子を持つ原子に関して，電子間の相互作用を考慮していないなど問題はあるものの，**ボーアの原子模型**は後に発展した量子力学の考え方を直観的に分かりやすい形で取り込んだ，古典力学から量子力学へのすばらしい架け橋であった．

2章の問題

□ **1**　密度 1.0 g cm^{-3} で 1 辺が 1 μm の立方体が真空中に静止している．その 1 面に 400 nm の光を 1.0 ns の間だけ照射して，立方体を 1.0 μm s^{-1} の速さで動かしたい．必要な光の強度を単位 W cm^{-2} で求めよ．ただし，光は立方体への照射面で完全に吸収されると仮定し，熱による粒子の変形などは無視する．

□ **2**　図 2.5 において，シリコン (400) 面の間隔は 0.14 nm である．入射する電子が 10 kV で加速されており，シリコン薄片と蛍光板の距離が 10 cm のとき，蛍光板上での透過電子線による 0 次のスポットとシリコン (400) 面による 1 次の回折スポットの間の距離を求めよ．

□ **3**　**（ボーアの水素原子模型）**　真空中で原子核の周囲を円運動する電子について考える．原子核と電子の距離（円運動の半径）を r とすると，古典力学による力のバランス，すなわちクーロン力と遠心力のバランスから

$$\frac{1}{4\pi\varepsilon_0}\frac{e^2}{r^2} = \frac{p^2}{mr}$$

ただし，ε_0 は真空の誘電率，e は電荷素量，p は電子の運動量である．ボーアが仮定したように，円周軌道の長さが電子の物質波の波長の n 倍（整数倍）の条件を満たすとき，r を n の式で表せ．また，$n = 1$ に対応する r の値を求めよ．

第3章 量子力学の基本仮定とシュレーディンガー方程式

この章では，波と粒子の性質を併せ持つ「物体」の運動を記述するシュレーディンガー方程式と，それに基づく物体の運動に関する考え方を紹介する．前章で，波の性質を併せ持ち運動する粒子に関して，その波としての干渉に基づいて決定された「レール」の上を粒子が運動するというイメージを示した．本章では，この考え方を，具体的に数学的な扱いも含めて述べる．ただし，扱うのは単一粒子の運動に限り，いわゆるシュレーディンガーの波動力学の考え方を説明する．より高度な取り扱いについては，興味を持った読者がさらに詳しい書物にあたることを期待する．

3.1 シュレーディンガー方程式とそれに至る考え方

シュレーディンガーの考え方に基づけば，粒子の運動は偏微分方程式で記述される（シュレーディンガー方程式）．

$$i\hbar\frac{\partial\Psi}{\partial t} = \widehat{H}\Psi \tag{3.1}$$

ここで，右辺の $\widehat{H}$ は位置 x に関する偏微分と粒子が受けるポテンシャルエネルギー V を含む**演算子**（右側に来る関数に作用する掛け算や微分などの演算操作の集団）である．本書では，数学的な複雑さをできるだけ避けるために，特に断りのない限り 1 次元の系のみを扱う．

$$\widehat{H} = -\frac{\hbar^2}{2m}\frac{\partial^2}{\partial x^2} + V(x) \tag{3.2}$$

境界条件，初期条件のもとでシュレーディンガー方程式を解くと，**波動関数** Ψ（位置 x と時刻 t の関数）が得られる．方程式に虚数単位 i が入っているので，Ψ は複素関数である．

古典力学と異なり，波動関数 Ψ そのものが粒子の位置や速度などの運動に直接関係する物理量を表すのではない．そもそも，複素関数が我々の観測できる物理量，すなわち実数に直接対応することはない．後の節で詳しく述べるように，Ψ に種々の演算操作を施すことで，物理量が現れる．また，Ψ の絶対値の 2 乗

$$|\Psi(x,t)|^2 = \Psi^*(x,t)\Psi(x,t) \tag{3.3}$$

が，時刻 t において位置 x に粒子を観測できる確率を表す．ここで，Ψ^* は Ψ の複素共役を表す．

さて,「粒子を観測できる確率」こそが，量子力学の最も特徴的な考え方である．粒子の運動するレールがどの場所に敷かれていて，ある時刻に粒子がレール上のどの場所にいるかを表すのが $|\Psi|^2$ である．ただし各時刻における粒子の場所を曖昧さなく記述することができないのが量子力学である．したがって，粒子の場所は「観測」することで明らかになる．同じ条件のもとで粒子の運動を繰り返し観測した場合，運動開始後の同じ時刻に粒子を観測しても，粒子が見つかる位置は毎回変わり，その位置の確率分布が $|\Psi|^2$ により記述される．また，いったん粒子の位置を「観測」すると，その時刻において粒子の位置が特定されるので，$|\Psi|^2$ はデルタ関数に変化する．すなわち，粒子の観測が波動関数を変形させて，その後の波動関数の時間変化も異なるものにしてしまう．したがって，古典力学のように粒子の運動の軌跡を描くことは不可能である．以上の考え方をイメージしたのが図 3.1 である．

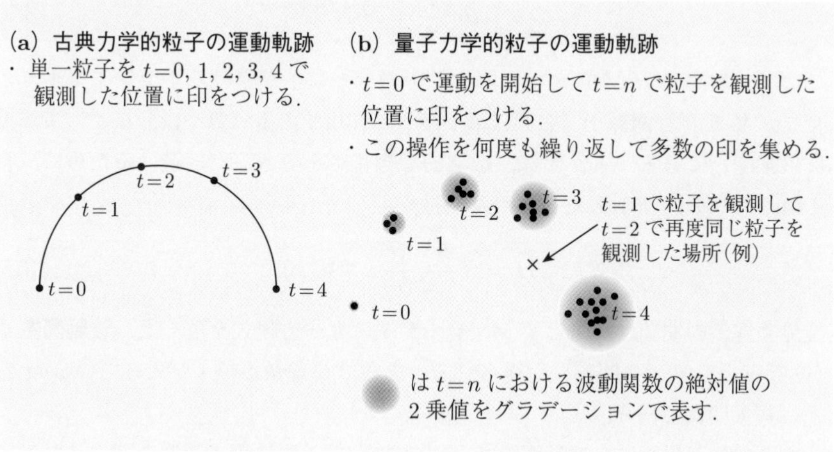

図 3.1　粒子の運動軌跡に関する考え方の違い：古典力学 (a) vs. 量子力学 (b)

シュレーディンガーの方程式は，彼の洞察力により着想されたものであり，別の原理から導かれたものではない．しかし，現在までにこの方程式で説明不可能な現象は見つかっていないので，量子力学の世界を記述する方程式として今日では広く認められている．本書では，シュレーディンガーの方程式の妥当性を議論するのではなく，その考え方に基づいて，いかに量子力学的な現象（そして我々が観察可能な現象との相関）を説明するかに重点を置く．いわば，シュレーディンガーの方程式に馴染むことを目的とする．しかしながら，シュレーディンガーがその方程式を着想するもとになった考え方をたどることは意義がある.(少なくとも，シュレーディンガー方程式の形を思い出すのに重宝する.)

量子力学の考え方を大胆に簡略化して述べれば，粒子の運動はその波としての干渉効果により決まる．波は，各地点での変位が全体として波形を形成して，それが時間とともにある方向に進んでいく現象である．ある地点 x での時刻 t における変位は，

$$a(x,t) = A_{00}\cos(kx-\omega t+\phi) = \mathrm{Re}[A_0 e^{i(kx-\omega t)}] \tag{3.4}$$

と表される．A_{00} は実数の定数，A_0 は複素数の定数である．Re[ ] は複素関数の実部を示す．古典力学では，$|A(x,t)|^2$ が波の強度・エネルギーに比例する．(3.4) の形は，音波でも，電磁波でも，水を伝わる波でも同じである．ここで，k は波数，ω は角振動数，φ は初期条件で決まる位相である．k と ω は，それぞれ位置と時間が変化した際に振動の位相が変化する程度を表す係数であり，それぞれ**波数**と**角振動数**と呼ばれる．これらは，波の波長 λ，振動数 ν と以下のように対応している．

$$k = \frac{2\pi}{\lambda}, \quad \omega = 2\pi\nu \tag{3.5}$$

(3.4) の最後の項は，波の干渉を表す計算を楽に行うための便法である．cos や sin 同士の四則演算が面倒なので，オイラーの公式を用いて複素関数で波を表し，干渉の計算を複素関数の形で行った後，最後に実部だけを取れば計算が比較的楽に済むことを反映した書き方である．古典力学における波を表す際に複素関数を使うのはあくまで計算で楽をするのが目的であり，量子力学のように複素関数を用いて現象の本質を記述しようとしているのではないことに注意してほしい．

ここで，光量子仮説や物質波の考え方に現れた物理量の対応関係を復習しておきたい．光子のエネルギーに関しては，

$$E = h\nu = \hbar\omega \tag{3.6}$$

粒子の物質波の波長に関しては

$$p = \frac{h}{\lambda} = \hbar k \tag{3.7}$$

ここで，

$$\hbar = \frac{h}{2\pi} \tag{3.8}$$

すなわち，プランク定数を 2π で割ったものである．$\hbar$ を**換算プランク定数**，あるいは単に**プランク定数**と呼ぶ場合もある．ときに，**ディラック定数**とも呼ばれる．

(3.4) に現れた $A = A_0 e^{i(kx-\omega t)}$，すなわち，その絶対値の 2 乗が古典力学における光の電界強度に対応する複素関数に注目する．A を試しに時間微分すると，

$$\frac{\partial}{\partial t}A = -i\omega A \tag{3.9}$$

両辺に係数 $i\hbar$ をかければ，

$$i\hbar\frac{\partial}{\partial t}A = \hbar\omega A \tag{3.10}$$

右辺に，A の係数として，光量子仮説に基づく光子のエネルギーが現れる．同様に右辺に光子の運動量 $\hbar k$ が現れるような関数 A に対する演算を考えると，

$$-i\hbar\frac{\partial}{\partial x}A = \hbar k A \tag{3.11}$$

が得られる．したがって，光子のエネルギー，運動量には，以下の演算子が関係しているように思える．

$$\widehat{E} = i\hbar\frac{\partial}{\partial t} \quad \text{（エネルギー演算子）} \tag{3.12}$$

$$\widehat{p} = -i\hbar\frac{\partial}{\partial x} \quad \text{（運動量演算子）} \tag{3.13}$$

これら演算子を関数 A に作用させることにより，A の係数として光子の物理量

（それぞれ，エネルギーと運動量）が得られるという解釈になる．この，粒子に関する情報をすべて持つ関数に演算子を作用させて物理量を読みだす考え方を，粒子一般に適用するのがシュレーディンガーの波動力学である．

では，このような演算子を用いて，いかに方程式（等式関係）を得るか？　古典力学においては，質量 m を持った粒子の運動量を p として，全エネルギーは

$$E = \frac{p^2}{2m} + V \tag{3.14}$$

ここで，V は粒子が感じるポテンシャルである．運動量 p を対応する演算子に「書き換える」と，

$$\widehat{E} = \frac{\widehat{p}^2}{2m} + V = -\frac{\hbar^2}{2m}\frac{\partial^2}{\partial x^2} + V \tag{3.15}$$

一方，質量のない光子のエネルギーに対応する演算子は (3.12) である．シュレーディンガー方程式 (3.1) は，質量のある粒子のエネルギーに対応する演算子と，質量のない光子のエネルギーに対応する演算子を同じ関数に作用させたら，等式関係が成り立つ（！）と主張しているように見える．光量子仮説と物質波の考え方が混然一体となったような不思議な等式であるが，これがシュレーディンガーが見出した量子力学の支配方程式である．

さて，古典力学における光の強度は，量子力学のシュレーディンガー方程式 (3.1) における波動関数 Ψ の解釈に何らかの示唆を与えうるだろうか．演算子を作用させる相手の関数 A に着目して，光の強度は $|A|^2$ に比例する．光量子仮説に基づくと，光強度が大きいことは光子が多いことを意味する．であれば，$|\Psi|^2$ が 1 粒子の存在確率（それが大きいほど多数回観測を繰り返したときに見出す粒子は多い）を表すというシュレーディンガーの考え方は，光量子仮説から派生したものであると想像することができるのではないだろうか．

3.2 数学的準備

シュレーディンガー方程式に基づく量子力学では，関数に演算子を作用させる操作と，その結果出てくる固有値を多用する．まずは，これらに関する数学的な基本事項をまとめよう．以下では，演算子には記号 $\widehat{\ }$ をつけ，関数は $\boldsymbol{f}$, $\boldsymbol{g}$ などと太字で，固有値は a, b などと普通の表記で表す．また，話を簡単にするために，空間は x の 1 次元で考える．しかし，3 次元でも考え方は全く同じである．

♦ **内積**　以下のように定義する．

定義 3.1（内積）

$$(\boldsymbol{f}, \boldsymbol{g}) = \int_{\text{all space}} \boldsymbol{f}^* \boldsymbol{g}\, dx \tag{3.16}$$

以後，(,) を内積の記号とする．積分を毎回書くのが面倒なだけと思ってほしい．量子力学の書籍でよく見かける $\langle f|g \rangle$ という表記とも同じ意味である．(,) で内積を表現すると，左側の関数に複素共役が掛かることを忘れやすいので，注意してほしい．

♦ **エルミート演算子**　演算子 $\widehat{A}$ を以下のように内積の左側の関数に作用させても右側の関数に作用させても同じ内積の値を与えるとき，その演算子を**エルミート演算子**と呼ぶ．

定義 3.2（エルミート演算子）

$$(\widehat{A}\boldsymbol{f}, \boldsymbol{g}) = (\boldsymbol{f}, \widehat{A}\boldsymbol{g}) \tag{3.17}$$

以上は単なる定義であるが，その量子力学における重要性が次節で明らかになる．

定理 3.3

エルミート演算子の固有値は実数である．

[証明]　固有値関係

$$\widehat{A}\boldsymbol{f} = a\boldsymbol{f} \tag{3.18}$$

を仮定する．

$$(\boldsymbol{f}, \widehat{A}\boldsymbol{f}) = (\boldsymbol{f}, a\boldsymbol{f}) = a|\boldsymbol{f}|^2, \tag{3.19}$$

$$(\widehat{A}\boldsymbol{f}, \boldsymbol{f}) = (a\boldsymbol{f}, \boldsymbol{f}) = a^*|\boldsymbol{f}|^2 \tag{3.20}$$

$\widehat{A}$ がエルミート演算子であれば，

$$(\boldsymbol{f}, \widehat{A}\boldsymbol{f}) = (\widehat{A}\boldsymbol{f}, \boldsymbol{f}) \to a|\boldsymbol{f}|^2 = a^*|\boldsymbol{f}|^2 \tag{3.21}$$

$a^* = a$ なので a は実数．■

定理 3.4

エルミート演算子の異なる固有値に対応する固有関数は直交する．

すなわち，固有値 a_n に対応する固有関数を $\boldsymbol{f}_n$（絶対値が 1 になるように規格化されている）とすると，

$$(\boldsymbol{f}_m, \boldsymbol{f}_n) = \delta_{mn} \tag{3.22}$$

ここで，δ_{mn} は**クロネッカーのデルタ**と呼ばれ，m, n が等しければ 1 を，そうでなければ 0 を取る．

例題 3.1

定理 3.4 を証明せよ．

【解答】　$\widehat{A}$ をエルミート演算子として，

$$\widehat{A}\boldsymbol{f}_m = a_m\boldsymbol{f}_m, \quad \widehat{A}\boldsymbol{f}_n = a_n\boldsymbol{f}_n \quad (m \neq n,\ a_m \neq a_n)$$

と表す．

$$(\boldsymbol{f}_m, \widehat{A}\boldsymbol{f}_n) = a_n(\boldsymbol{f}_m, \boldsymbol{f}_n), \tag{1}$$

$$(\widehat{A}\boldsymbol{f}_m, \boldsymbol{f}_n) = a_m^*(\boldsymbol{f}_m, \boldsymbol{f}_n) = a_m(\boldsymbol{f}_m, \boldsymbol{f}_n) \tag{2}$$

2 番目の等号には，エルミート演算子の固有値は実数であることを用いた．$\widehat{A}$ はエルミート演算子なので

$$(\widehat{A}\boldsymbol{f}_m, \boldsymbol{f}_n) = (\boldsymbol{f}_m, \widehat{A}\boldsymbol{f}_n)$$

が成り立つ．(2) から (1) を辺々引くと，左辺はゼロになる．したがって，

$$0 = (a_m - a_n)(\boldsymbol{f}_m, \boldsymbol{f}_n)$$

$a_m \neq a_n$ なので $(\boldsymbol{f}_m, \boldsymbol{f}_n) = 0$，すなわち，$\boldsymbol{f}_m$ と $\boldsymbol{f}_n$ は直交する．■

◆ **交換関係**　演算子 $\widehat{A}$ と $\widehat{B}$ について，

定義 3.5（交換関係）

$$[\widehat{A}, \widehat{B}] = \widehat{A}\widehat{B} - \widehat{B}\widehat{A} \tag{3.23}$$

$[\widehat{A}, \widehat{B}] = 0$ となる演算子同士を交換可能，$[\widehat{A}, \widehat{B}] \neq 0$ となる演算子同士を交換不可能と表現する．

定理 3.6

エルミート演算子 $\widehat{A}$, $\widehat{B}$ が交換不可能なとき

$$\widehat{A}\boldsymbol{f} = a\boldsymbol{f}, \quad \widehat{B}\boldsymbol{f} = b\boldsymbol{f}$$

を同時に満たす固有関数 $\boldsymbol{f}$ は存在しない．

この定理は，次節で述べる同時観察が不可能な物理量に関係する．

［証明］　交換不可能な演算子 $\widehat{A}$, $\widehat{B}$ について

$$\widehat{A}\boldsymbol{f} = a\boldsymbol{f}, \quad \widehat{B}\boldsymbol{f} = b\boldsymbol{f} \tag{3.24}$$

を同時に満たす固有関数 $\boldsymbol{f}$ が存在すると仮定する．

$$\widehat{B}(\widehat{A}\boldsymbol{f}) = a(\widehat{B}\boldsymbol{f}) = ab\boldsymbol{f}, \tag{3.25}$$

$$\widehat{A}(\widehat{B}\boldsymbol{f}) = b(\widehat{A}\boldsymbol{f}) = ba\boldsymbol{f} \tag{3.26}$$

a, b は実数なので $ab = ba$．したがって，

$$\widehat{B}\widehat{A}\boldsymbol{f} = \widehat{A}\widehat{B}\boldsymbol{f}, \tag{3.27}$$

$$(\widehat{B}\widehat{A} - \widehat{A}\widehat{B})\boldsymbol{f} = 0 \tag{3.28}$$

これが不特定の関数に対して成り立つためには，$\widehat{A}\widehat{B} - \widehat{B}\widehat{A} = 0$．すなわち，$\widehat{A}$, $\widehat{B}$ は交換可能となり，仮定に矛盾する．したがって，(3.24) の2式を同時に満たす関数 $\boldsymbol{f}$ は存在しない．　■

3.3　シュレーディンガー方程式とそれに関連する量子力学的考え方

(3.1) のシュレーディンガー方程式には時間と位置の両方に関する微分が含まれるが，ポテンシャル V が位置のみの関数で時間に依存しない場合は，まず位置に関する微分方程式を解き，そこから時間の依存性も含めた波動関数を得る．

波動関数が位置に関する項と時間に関する項の積で表されるとする．(3.1) の時間依存性を満たす波動関数の形として，

$$\Psi(x,t) = \psi(x)\exp(-i\omega t) \tag{3.29}$$

を仮定する．これを (3.1) に代入すると

$$\widehat{H}\psi(x) = \varepsilon\psi(x) \tag{3.30}$$

が得られる．これを**定常状態のシュレーディンガー方程式**と呼ぶことがある．ただし，

$$\varepsilon = \hbar\omega \tag{3.31}$$

である．ε は波動関数 $\Psi(x,t)$ にエネルギー演算子を作用させて得られる固有値であり，粒子のエネルギーに相当する．(3.1) のシュレーディンガー方程式の解である波動関数を得るためには，(3.30) の位置に関する微分方程式を解いて $\psi(x)$ を得て，それを (3.29) に代入すればよい．(3.30) を満たす ψ と ε の組合せは，ハミルトニアンに含まれるポテンシャル V や境界条件に依存するが，一般的には複数（多数）存在する．それぞれの波動関数で表される粒子の状態を**固有状態**と呼び，添字 n で区別する．固有状態 n に対応する波動関数は $\psi_n(x)$，エネルギーは $\varepsilon_n = \hbar\omega_n$ である．時間を含む波動関数も固有状態 n の数だけ存在し，$\Psi_n(x,t) = \psi_n(x)\exp(-i\omega_n t)$ となる．

ここで，異なる固有状態に対応する波動関数は直交する．

$$\int_{\text{all space}} \psi_m^*(x)\psi_n(x)dx = \delta_{mn} \tag{3.32}$$

ただし，δ_{mn} はクロネッカーのデルタである．これは前節で示した定理 3.4 に由来している．

さて，粒子に関する情報は波動関数に含まれるわけだが，ここではそれらを波動関数から引き出す方法を学ぼう．

(1)　粒子の位置 x における存在確率

時刻 t において粒子が座標 x と $x+dx$ の間に存在する確率

$$P(x,t)dx = |\Psi(x,t)|^2 dx = \Psi^*(x,t)\Psi(x,t)dx \tag{3.33}$$

ただし，時刻 t において，粒子が存在しうる空間全体のどこかに粒子が存在しないといけないので，$P(x,t)$ を全空間で積分したら 1 になる，すなわち，波動関数は規格化されている必要がある．

$$\int_{\text{all space}} P(x,t)dx = \int_{\text{all space}} |\Psi(x,t)|^2 \, dx = 1 \tag{3.34}$$

(2)　粒子の物理量

エネルギーや運動量などの物理量に対応する演算子が (3.12), (3.13) のように存在する．これら演算子（一般化して $\widehat{A}$ と表す）を波動関数に作用させた際に得られる関係

$$\widehat{A}\psi_n(x) = a_n\psi_n(x) \tag{3.35}$$

において，粒子の固有状態 n に対応する物理量が a_n，波動関数（固有関数）が $\psi_n(x)$ である．実数の物理量である固有値を与えるため，それに対応する演算子はエルミートである．

(3)　重ね合わせの原理

粒子の波動関数は，一般的には複数の固有関数 $\psi_n(x)$ の線形結合で表される．

$$\Psi(x,t) = \sum_n c_n\psi_n(x)e^{-i\omega_n t} \tag{3.36}$$

ここで，c_n は時間に依存しない係数（複素数）である．この原理は数学的にはシュレーディンガー方程式の線形性から成り立つものであるが，その量子力学的意味は大きい．粒子の波動関数が固有関数の線形結合であるとき，演算子 $\widehat{A}$ に対応する物理量 a を観測すると，観測された瞬間に粒子は足しあわされている固有状態のどれかを取る．すなわち，波動関数は複数の固有関数の線形結合から単一の固有関数 $\psi_m(x)$ に瞬時に変化して，その固有値 a_m が物理量として観測される．このように，足しあわされている固有状態のうち粒子がどれを取るかが観察するまで分らないというのが，量子力学における不確定性原理の 1 つの表現である．

演算子 $\widehat{A}$ に対応する物理量 a を繰り返し数多く観察することによって得られる a の期待値は以下のようになる．

$$\langle a\rangle = (\Psi, \widehat{a}\,\Psi) = \int_{\text{all space}} \Psi^* \widehat{A}\Psi\, dx = \sum_n |c_n|^2 a_n \tag{3.37}$$

すなわち，波動関数の重ね合わせにおける状態 n の係数が c_n であるときに，物理量 a の期待値は $|c_n|^2$ の重みづけを持った各固有状態の物理量 a_n の加重平均となる．個々の観察ではいずれかの固有状態 m に粒子が存在することが判明して物理量 a_m が観察されることを考えると，$|c_m|^2$ は固有状態 m に粒子が存在することが観察される確率であるとも解釈できる．

(4)　同時観察が不可能な物理量

2 つの物理量 a, b に対応する演算子 $\widehat{A}, \widehat{B}$ の交換関係 $\widehat{A}\widehat{B} - \widehat{B}\widehat{A}$ がゼロでない，すなわち，2 つのエルミート演算子が交換不可能であるとき，a, b を同時に観測することはできない．これは a, b に関する固有値関係 (3.35) を同時に満たす波動関数が存在しないこと（前節の定理 3.6）に由来する．

以上が，シュレーディンガー方程式に基づいて粒子の量子力学的振る舞いを記述するための最低限の必要事項である．次章以降，具体例を取り上げながら量子力学的考え方になじむことにしよう．

3 章の問題

□ **1**　運動量演算子 $\widehat{p} = -i\hbar\frac{\partial}{\partial x}$，エネルギー演算子 $\widehat{\varepsilon} = i\hbar\frac{\partial}{\partial x}$ が，ともにエルミート演算子である，すなわち，演算子を $\widehat{A}$，波動関数を Ψ として

$$\int_{\text{all space}} \Psi^* \widehat{A}\Psi\, dx = \int_{\text{all space}} (\widehat{A}\Psi)^* \Psi\, dx$$

であることを示せ．

□ **2**　(3.37) に示した以下の式を証明せよ．

$$\int_{\text{all space}} \Psi^* \widehat{A}\Psi\, dx = \sum_n |c_n|^2 a_n \tag{3.38}$$

□ **3**　運動量演算子 $\widehat{p} = -i\hbar\frac{\partial}{\partial x}$ と位置演算子 $\widehat{x} = x$ の交換関係を求め，量子力学においては物体の運動量と位置を同時に観測することができないことを示せ．
また，エネルギー演算子 $\widehat{E} = i\hbar\frac{\partial}{\partial t}$ と時間演算子 $\widehat{t} = t$ についても同様に考察せよ．

□ **4**　以下の交換関係を証明せよ．

$$\widehat{H}\widehat{x} - \widehat{x}\widehat{H} = -\frac{i\hbar}{m}\widehat{p_x}, \quad \widehat{H}\widehat{p_x} - \widehat{p_x}\widehat{H} = i\hbar\frac{\partial V}{\partial x}$$

第4章　自由空間中の粒子の運動

シュレーディンガー方程式を解く最も簡単な練習問題として，ポテンシャルが一定の空間における粒子の運動を考えよう．そこから得られる波動関数（固有関数）は，粒子が空間を移動するイメージとはかけ離れて,「粒子が広い空間の中でどこにいるか分からない」というものである．しかし，前章で扱った重ね合わせの原理を用いて「波束」を作ることで，粒子が存在する可能性がある空間中の範囲を絞り込み，粒子の運動経路を考えることが可能になる．波束の概念こそが，シュレーディンガーの波動力学と古典力学を橋渡しするものである．最後に，波束の中央（粒子を見出す可能性が最も高い場所）に注目すれば，その運動は古典力学の運動方程式に従うことが示される．

4.1　ポテンシャルが一定の空間における粒子の波動方程式とその解

空間中のポテンシャルが一定値 U_0 であるとする．シュレーディンガー方程式は

$$i\hbar\frac{\partial}{\partial t}\Psi(x,t)=\left(-\frac{\hbar^2}{2m}\frac{\partial^2}{\partial x^2}+U_0\right)\Psi(x,t) \tag{4.1}$$

ポテンシャルが時間に依存しないので，我々が解くべきは定常状態のシュレーディンガー方程式である．

$$\left(-\frac{\hbar^2}{2m}\frac{\partial^2}{\partial x^2}+U_0\right)\psi_n(x)=\varepsilon_n\psi_n(x) \tag{4.2}$$

添字の n は複数の解（固有状態）を区別するためのものである．(4.1) を満たす波動方程式は,

$$\Psi_n=\psi_n(x)\exp(-i\omega_n t) \tag{4.3}$$

の形を取る．$\omega_n=\frac{\varepsilon_n}{\hbar}$ である．

(4.2) を変形して,

$$-\frac{\hbar^2}{2m}\frac{\partial^2}{\partial x^2}\psi_n(x)=(\varepsilon_n-U_0)\psi_n(x) \tag{4.4}$$

ここで，ε_n-U_0 は正の実数であり，粒子の運動エネルギーに相当する．(4.4)

を満たす波動関数は，x で 2 階微分すると符号を変えるだけで形を保つものであり，

$$\psi_n(x) = A_n \exp(ik_n x) \tag{4.5}$$

の一般形を持つ．A_n は実数の係数である．(4.5) を (4.4) に代入して，

$$\frac{\hbar^2 k_n^2}{2m} = \varepsilon_n - U_0 \tag{4.6}$$

これで，粒子のエネルギーと波動関数中の k_n が関連づけられる．ここまでの議論では，k_n はいかなる実数も値として取りうる．

さて，波動関数 $\psi_n(x)$ に関して，$|\psi_n(x)|^2$ を x について全空間で積分すると 1 になるという規格化条件が満たされる必要がある．(4.5) より

$$|\psi_n(x)|^2 = A_n^2 \,(x \text{ によらない一定値})$$

であり，その積分値が有限な値を取るためには，積分区間も有限な範囲に限定される必要がある．言い換えると，$-\infty$ から $+\infty$ までという x の区間を考えると，A_n が無限小となり，数学的に扱いにくい．そこで，x の区間を $-L \leq x \leq L$ に限定して**周期的境界条件**を課す．これは $x = L$ と $x = -L$ がつながっていて，区画 $-L \leq x \leq L$ の外側にも区画内と同じ現象が繰り返されるという，物理的に不思議な境界条件である．例えば，粒子が $+x$ 方向に運動して $x = L$ を超えると，反対側の区画の境界である $x = -L$ から同じ粒子が出現して $+x$ 方向に運動し続けるという描像である．このような現象には遭遇したくないので，L を非常に大きな値に取って，区画の端に粒子が近づかない時間範囲でその運動を議論することにする．シュレーディンガー方程式は位置に関する 2 階微分を含むので，区画の境界でも波動関数が 2 階微分可能なように，波動関数とその 1 次微分が連続になる境界条件が必要となる．したがって，周期的境界条件は

$$\begin{aligned} \psi_n(-L) &= \psi_n(L), \\ \frac{\partial \psi_n}{\partial x}(-L) &= \frac{\partial \psi_n}{\partial x}(L) \end{aligned} \tag{4.7}$$

と表される．要は，境界において波動関数の値と位置に対する傾きが連続にな

るということである．(4.5) の形の波動関数に関しては，$x = -L$ から $x = L$ までに位相が 2π の整数倍変化すればよい．言い換えると，波長が区画の長さ $2L$ の整数分の 1 になればよい．したがって，

$$k_n = \frac{2\pi}{\frac{2L}{n}} = \frac{\pi n}{L} \tag{4.8}$$

が満たされる必要がある．これが，k_n に関する制約式であり，その間隔 $\frac{\pi}{L}$ は区画の幅が大きくなるほど小さくなる．L が非常に大きければ，k_n はほぼ連続的な値を取るといえる．$|\psi_n(x)|^2 = A_n^2$ が $x = -L$ から $x = L$ まで積分されて 1 になるので，

$$A_n = \frac{1}{\sqrt{2L}}$$

である．

以上をまとめると，ポテンシャルが U_0 で一定の区画（$-L \leq x < L$）を運動する粒子の波動関数は時間依存の項も含めて

$$\varphi_n(x,t) = \frac{1}{\sqrt{2L}} \exp\left(i(k_n x - \omega_n t)\right) \tag{4.9}$$

となる．

4.2 波束の考え方

(4.9) によれば，粒子の存在確率は

$$P(x,t) = |\phi_n(x,t)|^2 = \frac{1}{2L} \tag{4.10}$$

となり，どの位置，時刻でも同じ値を取る．つまり，粒子がある 1 つの固有状態を取る限り，その粒子は観察の結果空間中のどの位置でも等確率で見いだされることになる．これでは，粒子の「運動」は全く議論できない．

そこで，固有関数 (4.9) を線形結合してできた

$$\Psi(x,t) = \sum_k c_k \varphi_k,$$
$$\varphi_k = A_k \exp\left(i(kx - \omega(k)t)\right) \tag{4.11}$$

もシュレーディンガー方程式 (4.1) を満たすことを利用して，粒子の運動を考えてみよう．c_k は線形結合における固有関数の重みを示す係数である．A_k は固有関数の規格化定数で，

$$\int_{\text{all space}} \psi_m^* \psi_n \, dx = \delta_{mn} \tag{4.12}$$

となるように定める．ここで，波長（波数）が少しずつずれた正弦波を多数足すと，互いの干渉によりある位置の振幅が大きくなる（図 4.1）．固有関数 (4.9) は cos を実部に sin を虚部に持つので，図 4.1 に示した正弦波の重ね合わせは，波動関数の実部および虚部で同様に起こっている．このように重ね合わせで形成された波動関数の絶対値の 2 乗は，実部と虚部の 2 乗の足し合わせであるから，同様にある位置にピークを持つ関数となる．このような形を取る波動関数を用いれば，粒子がある空間範囲に存在している様子を表すことができる．このように多数の波を重ね合わせて形成された，ある空間に局在した波のことを，**波束**と呼ぶ．波束は，量子力学において粒子が空間を運動するという描像と，その波としての性質を橋渡しする極めて重要な概念である．

波束の形をした波動関数は空間的に拡がりを持つ．これが粒子の存在確率分布を表すということは，繰り返し同じ条件のもとで起こる粒子の運動に関して，粒子の位置を何度も同じ時刻に観察すると，粒子の位置が観察ごとに異なることを表す．現在議論しているのは単一粒子の運動であるから，波動関数の空間

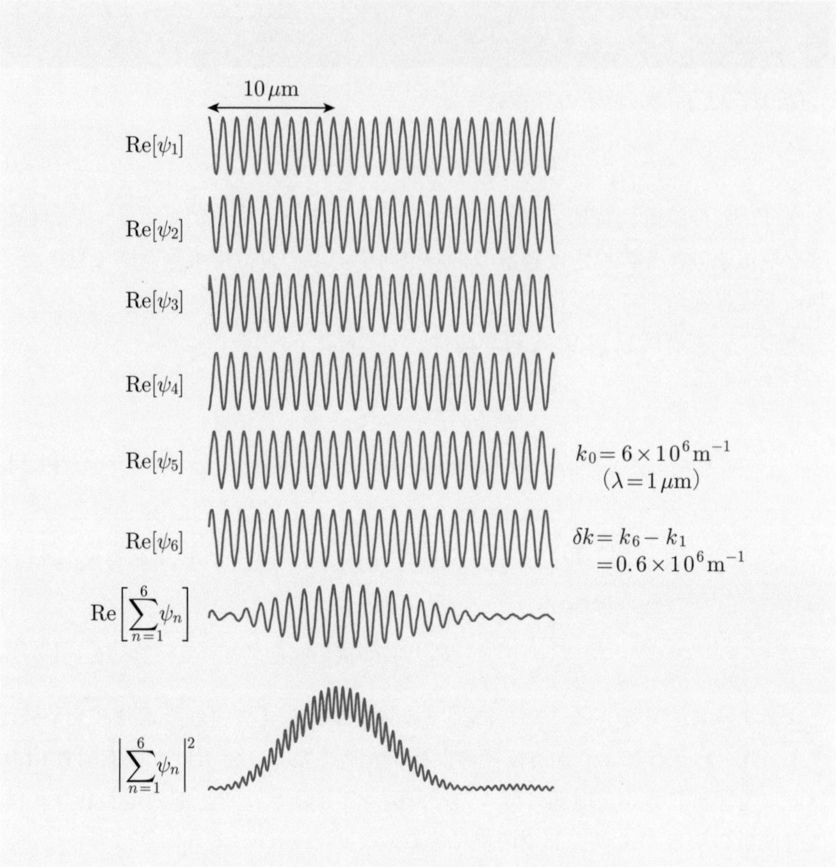

図 4.1　ポテンシャル一定の空間を運動する粒子の波動関数 $\psi_n = e^{ik_nx}$（波数 $k_0 = 6\times10^6\,\mathrm{m}^{-1}$ を中心に，$0.1\times10^6\,\mathrm{m}^{-1}$ ずつ異なる波数を持つ）と，それらを足し合わせてできた波動関数の実部および絶対値の 2 乗（粒子の存在確率分布）.

的広がりに対応して粒子が粉々に分裂するのではないことをしっかりと理解する必要がある.

4.3 ガウス関数型の波束の運動

ポテンシャル一定の空間における粒子の存在確率分布の時間変化をより定量的に議論するために，波動関数としてガウス関数を考えよう．時刻 $t = 0$ における波動関数が，

$$\Psi(x,0) = \left(\frac{1}{\pi\alpha^2}\right)^{\frac{1}{4}} e^{-\frac{x^2}{2\alpha^2}} e^{ik_0 x} \tag{4.13}$$

であるとする．最後の $e^{ik_0 x}$ は，粒子の波数の期待値を k_0 にするために入れてある．波動関数の絶対値の 2 乗

$$|\Psi(x,0)|^2 = \left(\frac{1}{\pi\alpha^2}\right)^{\frac{1}{2}} e^{-\frac{x^2}{\alpha^2}} \tag{4.14}$$

は，

$$\int_{-\infty}^{\infty} |\Psi(x,0)|^2 \, dx = 1 \tag{4.15}$$

を満たしており（章末問題 1 参照），$x = 0$ を中心に標準偏差

$$\delta x|_{t=0} = \frac{\alpha}{\sqrt{2}} \tag{4.16}$$

の範囲に粒子を見出す可能性があることを示す．

$\Psi(x,0)$ を**フーリエ変換**すると，

$$F(k) = \left(\frac{\alpha^2}{\pi}\right)^{\frac{1}{4}} e^{-\frac{\alpha^2}{2}(k-k_0)^2} \tag{4.17}$$

となる（章末問題 2）．すなわち，

$$\Psi(x,0) = \frac{1}{\sqrt{2\pi}} \int_{-\infty}^{\infty} F(k) e^{ikx} \, dk \tag{4.18}$$

である．したがって，$\Psi(x,0)$ は，ポテンシャル一定の空間における粒子の固有関数 (4.9) の $t = 0$ における形である e^{ikx} に，$F(k)$ という係数をかけて重ね合わせたものである．積分の形を取るのは，k の間隔を非常に小さく取って足し合わせているためである．

第 3 章の最後で重ね合わせの原理に関連して述べたように，固有関数を線形結合して波動関数を構成する際の係数 c_n に関して，$|c_n|^2$ は観測の結果状態 n に粒子を見出す確率を表す．ここでは，波数 k を取る状態に粒子を見出す確率は $|F(k)|^2$ に比例する．$|F(k)|^2$ は k_0 を中心に標準偏差

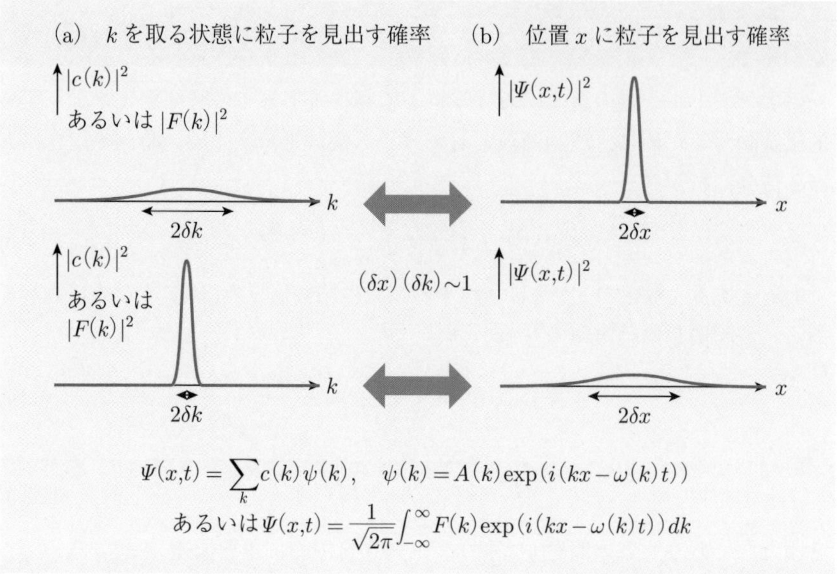

図 4.2　波束の空間的拡がり $2\delta x$ (a) と，それを構成する固有関数 e^{ikx} を線形結合する際の k の範囲 $2\delta k$ (b) との関係

$$\delta k|_{t=0} = \frac{1}{\sqrt{2}\,\alpha} \tag{4.19}$$

の範囲に k の値を取って，粒子の固有関数 (4.9) を足し合わせることを示す．位置 x の標準偏差 (4.16) と重ね合わせに含まれる k の標準偏差を掛け合わせると $\frac{1}{2}$，ほぼ 1 となる．したがって，観察の結果として粒子を見出す可能性のある空間範囲 δx を狭めるためには，広い範囲（およそ $\frac{1}{\delta x}$）にわたって k の値を持つ固有関数を足し合わせる必要がある．この関係を概念的に示すと，図 4.2 のようになろう．

粒子の固有関数 (4.9) に運動量演算子 $\widehat{p}_x$ を作用させると固有値 $\hbar k$ が得られる．すなわち，粒子の運動量を観察すると $\hbar k$ が値として得られる．(4.11) のように固有関数の重ね合わせで波動関数を作った場合には，足し算に含まれる k のうちのある値が，重ね合わせの係数である $c(k)$ の絶対値の 2 乗 $|c(k)|^2$ に比例した重みづけを持って観察される（3.3 節の「(3) 重ね合わせの原理」を参照）．(4.18) のように $F(k)$（正確には $F(k)$ を規格化定数で割った値）を係数として固有関数を線形結合した場合は，k の重みづけは $|F(k)|^2$ に比例する．し

たがって，粒子の運動量を何度も観察した際に得られる期待値は $\hbar k_0$，分散は

$$\delta p_x = \hbar \delta k = \frac{\hbar}{\sqrt{2}\,\alpha} \tag{4.20}$$

である．(4.16) と (4.20) から，$t = 0$ において

$$(\delta x)(\delta p_x) = \frac{\hbar}{2} \tag{4.21}$$

が得られる．これは粒子の位置を何度も観察した際の分散と，運動量を何度も観察した際に得られる分散が，積を取ると $\hbar$ 程度になってしまうという，**不確定性原理**そのものを表す関係である．

さて，$t > 0$ での波動関数を考えよう．シュレーディンガーの量子力学の考え方に従って，(4.18) に含まれる固有関数 e^{ikx} を時間変化の項を含む $e^{i(kx-\omega(k)t)}$ に置き換えればよい．

$$\Psi(x,t) = \frac{1}{\sqrt{2\pi}} \int_{-\infty}^{\infty} F(k) e^{i(kx-\omega(k)t)}\, dk \tag{4.22}$$

ただし，個々の固有関数は定常状態のシュレーディンガー方程式を満たし，

$$\omega(k) = \frac{\hbar k^2}{2m} \tag{4.23}$$

である．$F(k)$ の表式 (4.17) を代入して，

$$\Psi(x,t) = \left(\frac{\alpha^2}{4\pi^3}\right)^{\frac{1}{4}} \int_{-\infty}^{\infty} e^{-\frac{\alpha^2}{2}(k-k_0)^2} e^{i(kx-\omega(k)t)}\, dk \tag{4.24}$$

k に関する積分は解析的に実行できて，

$$\Psi\,(x,t) = \left(\frac{1}{\pi\alpha^2}\right)^{\frac{1}{4}} \frac{1}{\sqrt{1+i\xi t}} \exp\left(\frac{-\frac{x^2}{2\alpha^2} + i\,(k_0 x - \omega_0 t)}{1+i\xi t}\right), \tag{4.25}$$

$$\xi = \frac{\hbar}{m\alpha^2}, \quad \omega_0 = \frac{\hbar k_0^2}{2m} \tag{4.26}$$

が得られる．大変複雑な式になってしまったが，我々の興味は粒子を見出すことのできる位置の確率分布であり，

$$|\Psi(x,t)|^2 = \sqrt{\frac{1}{\pi\alpha^2(1+\xi^2 t^2)}} \exp\left(-\frac{(x-v_{\mathrm{g}}t)^2}{\alpha^2(1+\xi^2 t^2)}\right), \tag{4.27}$$

$$v_{\mathrm{g}} = \frac{\hbar k_0}{m} \tag{4.28}$$

図で表すと図 4.3 のようになる．

ここから，いくつかの重要な知見が得られる．

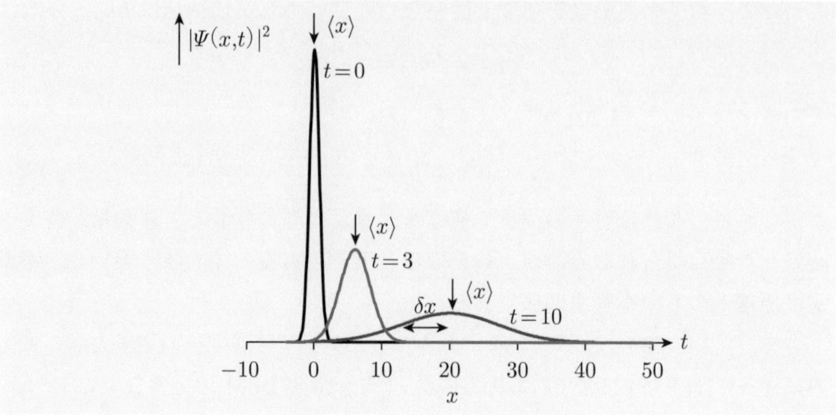

図 4.3　ポテンシャル一定の空間を運動する粒子の存在確率分布 $|\Psi(x,t)|^2$ の時間変化

まずは，観察によって粒子を見出す位置 x の確率分布の中心値 $\langle x \rangle$ が時間とともに移動する速度である．$x = v_{\mathrm{g}} t$ が $|\Psi(x,t)|^2$ の中心であるから，$\langle x \rangle$ は速度 v_{g} で移動する．運動量の期待値は $\langle p_x \rangle = \hbar \langle k \rangle = \hbar k_0$ であるから，

$$\langle p_x \rangle = m v_{\mathrm{g}} = m \frac{dx}{dt} \tag{4.29}$$

という，古典力学でおなじみの式が得られる．これはシュレーディンガー方程式から導かれる，物理量の期待値は古典力学における運動方程式に従うという，極めて重要な定理の結果である．詳細は第 5 章で扱おう．

次に注目するのは，粒子の存在確率分布 $|\Psi(x,t)|^2$ の空間幅である．(4.27) の標準偏差を取ると，

$$\delta x|_t = \frac{\alpha}{\sqrt{2}} \sqrt{1 + \xi^2 t^2} = \frac{\alpha}{\sqrt{2}} \sqrt{1 + \left(\frac{\hbar}{m\alpha^2} \right)^2 t^2} \sim \frac{\hbar t}{\sqrt{2}\, m\alpha} \tag{4.30}$$

となる．最後の近似は，t が十分大きいときに成り立つ．観察の結果粒子を見出す可能性がある領域の空間幅は，時間とともに拡がる．ここでは 1 次元の空間で議論したが，3 次元空間中の粒子であっても本質は同じである．この δx が時間とともに大きくなることが，第 3 章の図 3.1 においてグラデーションで表した $|\Psi(x,t)|^2$ の範囲が時間とともに拡がっていた理由である．すなわち，長い時間経過してから粒子を観察すると，期待値 x から大きく外れた位置に粒子を見出す確率が増えることになる．この程度があまりに大きいと，粒子の軌跡を議論することが困難になる．

例題 4.1（電子の波束の拡がり）

第 2 章で示した電子顕微鏡や，昔のテレビに用いられていたブラウン管，真空管のように，真空中を運動する電子の動きを電磁場で制御して各種機能を発現している例は多くある．金属でできた電子銃から高温や高電界によって真空中に放出された電子は，今学んでいるポテンシャル一定の場を運動する粒子として扱うことができる．100 V で加速された電子の波束が，$t=0$ で標準偏差 10 μm を持っていたとする．ここから 1 m 進んだ後の電子波束の標準偏差を議論せよ．

【解答】 古典力学的に考えて，電子の加速電圧を 100 V と仮定すると，

$$\frac{1}{2}mv_{\mathrm{G}}=eV, \quad v_{\mathrm{G}}=\sqrt{\frac{2eV}{m}}=\sqrt{\frac{2(1.6\times10^{-19}\,\mathrm{C})(1\times10^{2}\,\mathrm{V})}{9.1\times10^{-31}\,\mathrm{kg}}}=6\times10^{6}\,\mathrm{m\ s^{-1}}$$

ここで，e は電子の電荷である．$t=0$ における電子波束の標準偏差は問題文より $\delta x|_{t=0}=1\times10^{-5}$ m, $\alpha=\sqrt{2}\,\delta x|_{t=0}=1.4\times10^{-5}$ m である．電子が 1 m 移動するのに必要な時間は $\tau=1.6\times10^{-7}$ s．これらの値を用いると，(4.30) における標準偏差の拡がりを表す因子は，

$$\begin{aligned}\sqrt{1+\xi^2t^2}&=\sqrt{1+\left(\frac{\hbar}{m\alpha^2}\right)^2t^2}\\&=\sqrt{1+\left(\frac{6.6\times10^{-34}\,\mathrm{J\ s}}{(9.1\times10^{-31}\,\mathrm{kg})(1.4\times10^{-5}\,\mathrm{m})^2}\right)^2(1.6\times10^{-7}\,\mathrm{s})^2}\\&=1.1\end{aligned}$$

となり，波束の標準偏差の拡がりはほとんど無視できるといえる． ■

1 m オーダーのサイズを持つ空間を運動する電子に関しては，電子の速度にもよるものの，多くの場合その位置の不確定性は粒子の運動中にほとんど拡がらない．一方で，マイクロメートル以下の空間における電子の運動を上記と同様に考えると，位置の不確定性の時間に伴う拡がりが無視できない，すなわち，電子の軌跡を線のように表すことが難しいという結論になる．電磁界の存在下ではポテンシャルが一定とみなすことは不可能だが，波束に関する基本的な考え方は同じである．

4.4 群　速　度

ここまではガウス関数型の波動関数を扱ってきたが，より一般的な波束の運動を定式化してみよう．波動関数 Ψ は (4.11) のように多くの固有関数 $e^{i(kx-\omega(k)t)}$ の足し合わせにより形成されていると仮定する．ここで，k は中心値 k_0，幅 Δk を持つとする．ω は k の関数なので，k に関するテイラー展開の一次の項までで近似する．

$$k = k_0 + \Delta k \quad (k_0 \gg \Delta k), \quad \omega(k) = \omega(k_0) + \frac{d\omega}{dk}\Delta k \tag{4.31}$$

ただし，$\frac{d\omega}{dk}$ は $k = k_0$ における値である．この関係を (4.11) に代入して

$$\begin{aligned}\Psi(x,t) &= \sum_{\Delta k} c_k A_k \exp\left(i\left((k_0+\Delta k)x - \left(\omega(k_0) + \frac{d\omega}{dk}\Delta k\right)t\right)\right)\\ &= \exp\left(ik_0\left(x - \frac{\omega(k_0)}{k_0}t\right)\right)\sum_{\Delta k} c_k A_k \exp\left(i\Delta k\left(x - \frac{d\omega}{dk}t\right)\right)\end{aligned} \tag{4.32}$$

結果として exp( ) の項を 2 つ掛け合わせた形になる．第 1 項の波数は k_0，第 2 項の波数は Δk で，$k_0 \gg \Delta k$ である．したがって，ある空間範囲（x の変化）に対応して，第 1 項は激しく振動し，第 2 項はゆるやかに変動し包絡線を描く（図 4.4）．

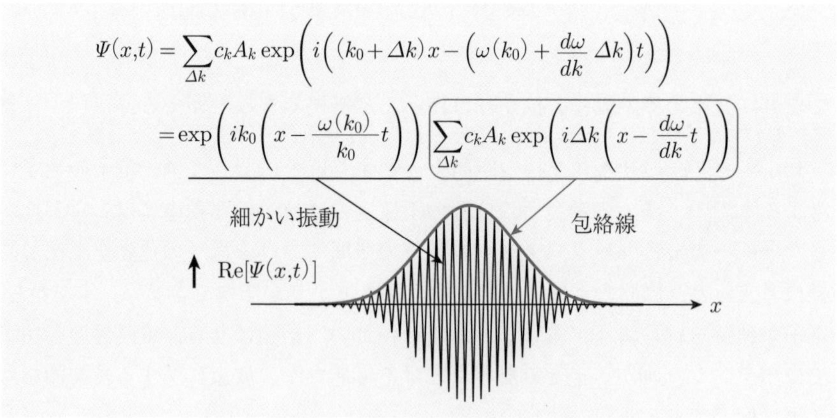

図 4.4　波束を表す式と波束の形状の関係

第2項に関しては，Δk が異なる項の足し算なので，形を推測することが難しい．だが，$x = \frac{d\omega}{dk}t$ においては exp( ) がすべて1になるので，明らかに最大値を取る．x がこの値から少しずれた場合は，exp( ) の位相が Δk との積により少しずつずれて，異なる Δk の値で exp( ) を足し合わせたときの値が減少する．x の値が $\frac{d\omega}{dk}t$ から大きく外れると，Δk が少し変化しただけで exp( ) の位相が大きく変化するので，位相が異なる多数の exp( ) の足し合わせとなり合計値はゼロに近づくと予想される．したがって，(4.32) の第2項は図4.4に示したガウス関数に近い包絡線を描くと考えられる．波束が表す粒子の位置の期待値，すなわち包絡線の最大値を取る点が時間とともに移動する速度は，

$$v_{\mathrm{g}} = \left(\frac{d\omega}{dk}\right)_{k=k_0} = \frac{1}{\hbar}\left(\frac{dE}{dk}\right)_{k=k_0} \tag{4.33}$$

この v_{g} を，波束を構成する多数の波動関数の「群れ」が時間とともに移動するという意味で，**群速度**を呼ぶ．

なお，波束の群速度は，その細かい振動成分（(4.32) の第1項）が空間移動する速度（**位相速度**）

$$v_\phi = \frac{\omega(k_0)}{k_0} \tag{4.34}$$

とは必ずしも等しくならない．一方，古典力学における電磁波では，群速度は波数 k に比例しており，位相速度と等しくなる．

例題 4.2

ポテンシャルが0の空間を運動する粒子の群速度 v_{g} と位相速度 v_ϕ を求めよ．ただし，波束を構成する固有関数の波数 k は k_0 を中心に分布している．

【解答】 粒子の固有関数は (4.9) で表される．ここで，

$$E = \frac{\hbar^2 k^2}{2m}, \quad \omega = \frac{E}{\hbar} = \frac{\hbar k^2}{2m}$$

群速度は

$$v_{\mathrm{g}} = \left(\frac{d\omega}{dk}\right)_{k=k_0} = \frac{\hbar k_0}{m}$$

なお，この式はガウス関数型の波束が空間移動する速度 (4.28) と同じ形である．

(同じ物理現象を扱っているので当然の結果.) 位相速度は

$$v_\phi = \frac{\omega(k_0)}{k_0} = \frac{\hbar k_0}{2m}$$

これは群速度の半分である. ■

4 章の問題

□ **1** (4.15) を示せ. ただし, 積分公式

$$\int_{-\infty}^{\infty} e^{-ax^2}\, dx = \sqrt{\frac{\pi}{a}}$$

を用いてよい.

□ **2** (4.13) をフーリエ変換して (4.17) を導け. ただし, 積分公式

$$\int_{-\infty}^{\infty} e^{-a^2x^2+bx}\, dx = \frac{\sqrt{\pi}}{a} e^{\frac{b^2}{4a^2}}$$

を用いてよい.

□ **3** シリコン結晶中を移動する電子を考える. 電子の速度は 1×10^7 cm s^{-1} で, $t = 0$ で波束の標準偏差 10 nm を持っていたとする. この電子が 1 μm 移動する間に, 波束の標準偏差はどれだけ拡がるか, 桁 (オーダー) で議論せよ. ただし, 電子はポテンシャル一定の空間を運動すると仮定し, 電子の質量としてはシリコン結晶中の電子の有効質量 (第 9 章で説明する) である 1.7×10^{-31} kg を用いよ.

第5章 不確定性原理とエーレンフェストの定理

波束に関する量子力学の考え方に慣れたところで，再び量子力学における基本的な考え方を学ぼう．

5.1 不確定性原理

前章で言及した**不確定性原理**は，ある空間範囲に局在した粒子の波動関数が固有関数の重ね合わせ（波束）で表される場合に物理量を観測すると，波束に含まれる固有関数に対応する固有値の「どれか」が物理量として得られることに由来するものであった．一方で，量子力学の考え方に基づいて，より数学的に不確定性原理を導くこともできる．

物理量 a を多数回観測した場合に得られる平均値 $\langle a \rangle$ から，それぞれの観察の際に得られた値がどのくらいばらつくかを分散として定義する．

$$\Delta a = \sqrt{\langle a^2 \rangle - \langle a \rangle^2} \tag{5.1}$$

$\langle a \rangle$ からのずれはプラスマイナス両方向にわたるので，そのまま $a - \langle a \rangle$ の平均を取るとゼロになってしまうだろう．そこで，a の 2 乗値の平均と a の平均値の 2 乗の差を取り，その平方根を分散として定義する．

定理 5.1

非可換な演算子に対応する物理量同士について

$$(\Delta p)(\Delta x) \geq \frac{\hbar}{2}, \quad (\Delta E)(\Delta t) \geq \frac{\hbar}{2}$$

[証明]　簡単のため $\langle p \rangle = \langle x \rangle = 0$ としよう．(そうでない場合も証明可能だが，計算が非常に煩雑になる.）波動関数 ϕ に関して，

$$f = (i\lambda\hat{p} + \hat{x})\phi \tag{5.2}$$

を定義する．ここで，λ は任意の実数である．複素関数の大きさに関して，

$$(f, f) \geq 0 \tag{5.3}$$

が成り立つことを以下で利用する.

$$\begin{aligned}(f, f) &= ((i\lambda\widehat{p} + \widehat{x})\phi, (i\lambda\widehat{p} + \widehat{x})\phi) \\ &= \lambda^2(\widehat{p}\phi, \widehat{p}\phi) - i\lambda(\widehat{p}\phi, \widehat{x}\phi) + i\lambda(\widehat{x}\phi, \widehat{p}\phi) + (\widehat{x}\phi, \widehat{x}\phi)\end{aligned} \tag{5.4}$$

$\widehat{p}, \widehat{x}$ はエルミートなので，そのままの形で $(,)$ の右側に移動できる.

$$\begin{aligned}(f, f) &= \lambda^2(\phi, \widehat{p}^2\phi) - i\lambda(\phi, \widehat{p}\widehat{x}\phi) + i\lambda(\phi, \widehat{x}\widehat{p}\phi) + (\phi, \widehat{x}^2\phi) \\ &= \lambda^2\langle p^2\rangle - i\lambda(\phi, (\widehat{p}\widehat{x} - \widehat{x}\widehat{p})\phi) + \langle x^2\rangle\end{aligned} \tag{5.5}$$

（期待値の定義 (3.37) を参照）交換関係

$$\widehat{p}\widehat{x} - \widehat{x}\widehat{p} = -i\hbar \tag{5.6}$$

を代入して

$$(f, f) = \lambda^2\langle p^2\rangle - \hbar\lambda + \langle x^2\rangle \geq 0 \tag{5.7}$$

この不等式が任意の λ について成り立つためには，2次方程式の解と係数の関係から

$$\hbar^2 - 4\langle p^2\rangle\langle x^2\rangle \leq 0 \tag{5.8}$$

分散の定義より（平均値を0と簡略化しているので）

$$\Delta p = \sqrt{\langle p^2\rangle}, \quad \Delta x = \sqrt{\langle x^2\rangle} \tag{5.9}$$

(15.8), (15.9) より，

$$(\Delta p)(\Delta x) \geq \frac{\hbar}{2} \tag{5.10}$$

粒子の運動量と位置を観察すると，そのばらつき（分散）の積は $\frac{\hbar}{2}$ よりも小さくなることはない．すなわち，不確定性原理が示された．E と t に関しても同様な不確定性原理を示すことができる．以上の議論は，演算子同士の交換関係 (15.6) が0でないことがベースになっているので，不確定性原理は「同時観察が不可能な」物理量同士に課される制約であることに注意が必要である． ■

5.2 期待値の時間微分とエーレンフェストの定理

演算子 $\widehat{A}$ に対応する期待値 $\langle a \rangle$ の時間微分を計算してみよう．

$$\begin{aligned}\frac{d\langle a \rangle}{dt} &= \frac{d}{dt}\int \Psi^* \widehat{A}\Psi \, d\overrightarrow{r} \\ &= \int \frac{d\Psi^*}{dt}\widehat{A}\Psi \, d\overrightarrow{r} + \int \Psi^* \frac{d\widehat{A}}{dt}\Psi \, d\overrightarrow{r} + \int \Psi^* \widehat{A}\frac{d\Psi}{dt} \, d\overrightarrow{r} \qquad (5.11)\end{aligned}$$

ここで，$d\overrightarrow{r}$ は一般化した座標で，3 次元であれば $dxdydz$ である．また，積分範囲は空間全体である．右辺第 2 項 $\int \Psi^* \frac{dA}{dt}\Psi d\overrightarrow{r}$ は積の微分則を形式的に適用して生じたもので．演算子 $\widehat{A}$ の中に t を含む項がなければゼロになる．シュレーディンガー方程式を変形して

$$i\hbar\frac{d\Psi}{dt} = \widehat{H}\Psi, \qquad -i\hbar\frac{d\Psi^*}{dt} = \widehat{H}\Psi^* \qquad (5.12)$$

$$\frac{d\Psi}{dt} = -\frac{i}{\hbar}\widehat{H}\Psi, \quad \frac{d\Psi^*}{dt} = \frac{i}{\hbar}\widehat{H}\Psi^* \qquad (5.13)$$

(15.13) を (15.11) に代入して，

$$\frac{d\langle a \rangle}{dt} = \int \frac{i}{\hbar}\widehat{H}\Psi^* \widehat{A}\Psi \, d\overrightarrow{r} + \int \Psi^* \frac{d\widehat{A}}{dt}\Psi \, d\overrightarrow{r} - \int \Psi^* \widehat{A}\frac{i}{\hbar}\widehat{H}\Psi \, d\overrightarrow{r} \qquad (5.14)$$

ここで，ハミルトニアン $\widehat{H}$ はエルミート演算子だから

$$\begin{aligned}\frac{d\langle a \rangle}{dt} &= \int \frac{i}{\hbar}\Psi^* \widehat{H}\widehat{A}\Psi \, d\overrightarrow{r} + \int \Psi^* \frac{d\widehat{A}}{dt}\Psi \, d\overrightarrow{r} - \int \Psi^* \widehat{A}\frac{i}{\hbar}\widehat{H}\Psi \, d\overrightarrow{r} \\ &= \int \Psi^* \left(\frac{i}{\hbar}\widehat{H}\widehat{A} + \frac{d\widehat{A}}{dt} - \frac{i}{\hbar}\widehat{A}\widehat{H}\right)\Psi \, d\overrightarrow{r} \\ &= \int \Psi^* \left(\frac{d\widehat{A}}{dt} + \frac{i}{\hbar}[\widehat{H}\widehat{A} - \widehat{A}\widehat{H}]\right)\Psi \, d\overrightarrow{r} \qquad (5.15)\end{aligned}$$

この関係から派生して，

$$\dot{\widehat{\mathbf{A}}} = \frac{d\widehat{A}}{dt} + \frac{i}{\hbar}[\widehat{H}\widehat{A} - \widehat{A}\widehat{H}] \qquad (5.16)$$

を物理量 a の期待値の時間微分に対応する演算子，略して物理量 a の**時間微分演算子**と呼ぶことがある．

例題 5.1（速度演算子）

(15.15) において演算子 $\widehat{A}$ として位置演算子 $\widehat{x} = x$ を取り，粒子の速度の期待値 $\langle v \rangle = \frac{d\langle x \rangle}{dt}$ を求めよ．

【解答】　演算子の形式的な微分として $\frac{d\widehat{x}}{dt} = 0$，交換関係

$$\widehat{H}\widehat{x} - \widehat{x}\widehat{H} = -\frac{i\hbar}{m}\widehat{p_x}$$

より（第 3 章の章末問題 4 を参照），

$$\langle v \rangle = \frac{d\langle x \rangle}{dt} = \int \varPsi^* \left(\frac{1}{m}\widehat{p_x} \right) \varPsi \, d\overrightarrow{r} = \frac{\langle p_x \rangle}{m} \tag{5.17}$$

これは第 4 章 (4.28) と同じ式を一般的な場合について求めたものである．■

この関係から，位置の時間微分演算子である速度演算子を以下のように表すことができる．

$$\widehat{v}_x = \widehat{\dot{x}} = \frac{1}{m}\widehat{p_x} \tag{5.18}$$

速度演算子の時間微分演算子は，加速度に対応する演算子であり，以下のようになる（この証明は章末問題 1）．

$$\widehat{a} = \widehat{\dot{v}} = \frac{1}{m}\left(\frac{\partial \widehat{p}}{\partial t} + \frac{i}{\hbar}[\widehat{H}\widehat{p} - \widehat{p}\widehat{H}] \right) = -\frac{1}{m}\frac{\partial V}{\partial x} \tag{5.19}$$

したがって，粒子の加速度 a の期待値は

$$\langle a \rangle = -\frac{1}{m}\left\langle \frac{\partial V}{\partial x} \right\rangle \tag{5.20}$$

ポテンシャル V の位置微分 $-\frac{\partial V}{\partial x}$ は，粒子に働く外力 F である．ポテンシャルには不確定性はないので，(15.20) の右辺は $-\frac{1}{m}\frac{\partial V}{\partial x}$ であり，

$$m\langle a \rangle = F \tag{5.21}$$

すなわち，粒子の加速度の期待値に関しては，古典力学の運動方程式がそのまま成立することになる．

(15.17) と (15.21) は，量子力学に従う粒子の運動には不確定性があるものの，繰り返し同じ条件で運動する粒子を様々な時刻で多数回観測してその物理量（位置，速度，加速度など）の期待値を取れば，それらは古典力学の運動方程式にそのまま従うことを示す．言い換えれば，波束型の波動関数で表される粒子の運動は，波束の中心に注目する限り古典力学の運動方程式に従うということである．これを**エーレンフェストの定理**と呼ぶ．これこそが，電子など量

子力学的にふるまう粒子の運動にも（物理量の期待値で議論する限りは）古典力学の運動法則を適用することを可能にしている，いわば量子力学と古典力学の橋渡しとなる極めて重要な定理である．

5 章の問題

□ **1**　(15.19) を証明せよ．

□ **2**　粒子が波束の波動関数

$$\Psi(x,t)=\sum_k c_k A_k \exp\left(i(kx-\omega(k)t)\right)$$

で表されるとき，粒子の速度の期待値を求め，(5.17) と同じ式が得られることを示せ．ただし，c_k は複素定数，A_k は固有関数の規格化定数で，

$$\int_{\text{all space}} \left(A_{k_1}\exp(i(k_1x-\omega(k_1)t))\right)^* \left(A_{k_2}\exp(i(k_2x-\omega(k_2)t))\right) d\overrightarrow{r}=\delta_{k_1k_2}$$

である．

第6章　トンネル現象

これまで，ポテンシャルが一定の空間における波動関数，および粒子の運動を表す波束の振る舞いを扱った．ここでは，量子力学における最も特徴的な現象の1つである，トンネル現象について学ぶ．

6.1　ポテンシャル障壁に衝突する波束の振る舞い

結論を先に眺めてイメージをつかもう．波束（1粒子の存在確率の空間分布）がポテンシャル一定の空間をどう振る舞うかについては第4章で学んだ．波束がポテンシャルの山に衝突したらどうなるか？　答えが図6.1に示されている．x 軸の正方向に進む波束が粒子の運動エネルギーよりも高いポテンシャルの山に衝突する場合を想定している．波束がいくつも描かれているのは，一定の時間間隔で波束を重ねて表示しているためである．図中の数字が時間経過を示す．

古典力学においては，粒子がその運動エネルギーよりも高いポテンシャルの山を透過することはあり得ない．しかし，量子力学では，粒子がポテンシャルの山を透過する．これが量子力学に特徴的な**トンネル現象**である．同時に，波束は入射側にも反射されている．すなわち，ポテンシャルの山に衝突した後，波

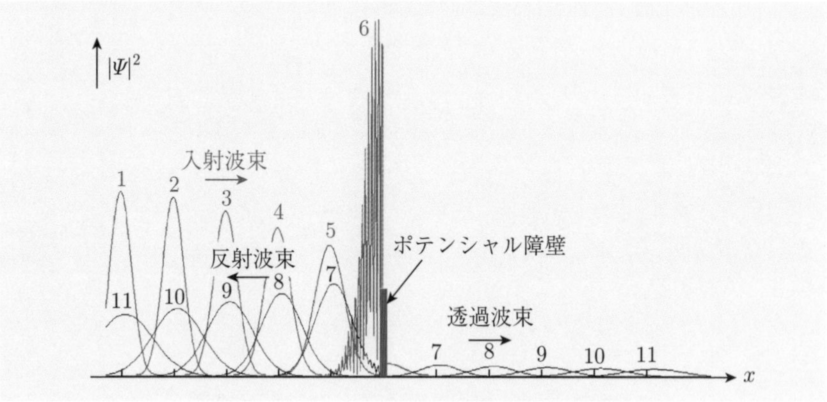

図6.1　ポテンシャル障壁への波束の衝突

束は2つに分裂する．これは，粒子が2つに分裂するという意味ではない．波束は，あくまで1つの粒子の存在確率を示すものである．波束がポテンシャル障壁の入射側と透過側に分裂したということは，粒子が障壁を透過する場合と障壁に反射される場合が両方存在するという意味である．では，粒子が障壁を透過する確率，すなわちトンネル確率は透過前後の波束の面積の比になるのか？残念ながら，そう単純ではない．詳しくは後の節で学ぼう．

このような波束の振る舞いを厳密に記述することは容易ではない．しかし，もし波束を構成する平面波型の固有関数 $\psi_n = A_n \exp(ik_n x - \omega_n t)$ の波数 k が概ね同じ値を取っていれば，すなわち，k の分散 δk に対して中心値 k_0 の絶対値が十分に大きければ，障壁に入射する波束の振る舞いは，k_0 を持つ平面波が障壁に入射する際の振る舞いでほぼ近似できるだろう．つまり，波束を構成する平面波はすべて同じ確率でポテンシャル障壁を透過すると考えられるであろう．したがって，粒子がポテンシャル障壁を透過する確率を議論するためには，平面波の波動関数がポテンシャル障壁に入射する際の振る舞いを定量的に記述することで良い見通しが得られるであろう．

例題 6.1（k_0 と δk のオーダー比較）

後で学ぶように，電子のトンネル現象が有意に起こる障壁の幅は，高さ数 eV であれば数 nm 程度である．そこで，粒子の運動エネルギーの期待値として 1 eV，波束の空間的広がりとして $\delta x = 10\,\mathrm{nm}$ を仮定しよう．ポテンシャル一定の空間を粒子が運動するとして，波束を構成する平面波型の固有関数が持つ k の中心値 k_0 と拡がり δk をオーダーで比較せよ．

【解答】 粒子の運動エネルギーは $E = \frac{\hbar^2 k^2}{2m}$ で表されるから，波束を構成する k の中心値は

$$k_0 = \frac{\sqrt{2mE}}{\hbar} = \frac{\sqrt{(2)(9.1\times10^{-31}\,\mathrm{kg})(1\mathrm{eV})(1.6\times10^{-19}\,\mathrm{J\ eV^{-1}})}}{(1.0\times10^{-34}\,\mathrm{J\ s})} \approx 5\times10^{9}\,\mathrm{m^{-1}}$$

一方，4.3 節で学んだように，$(\delta x)(\delta k) \sim 1$．したがって，

$$\delta k \sim \frac{1}{\delta x} = \frac{1}{1\times10^{-8}\,\mathrm{m}} = 10^{8}\,\mathrm{m^{-1}}$$

このように，$\delta k \ll k_0$ であり，波束を構成する粒子の固有関数はすべて $k = k_0$ の値を取ると近似できる． ■

6.2　ポテンシャル障壁に入射する粒子の固有関数の振る舞い

粒子が障壁を透過する確率を求めるため，まずは，図 6.2 に示すポテンシャル場におけるシュレーディンガー方程式の解を求めよう．

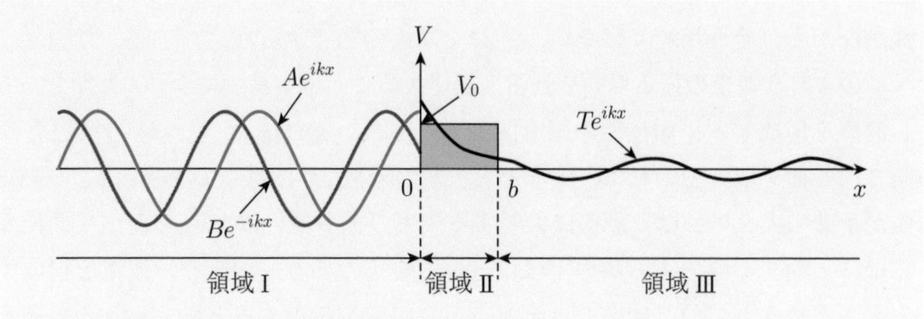

図 6.2　ポテンシャル場とそこに存在する平面波型波動関数の概形

ポテンシャルは時間に依存しないので，定常状態のシュレーディンガー方程式を解けばよい．

$$\left(-\frac{\hbar^2}{2m}\frac{d^2}{dx^2}+V\right)\psi=E\psi \tag{6.1}$$

ここでは，粒子の運動エネルギーよりもポテンシャルが高いこと（$E<V_0$）を仮定する．ポテンシャルは位置 x によって異なり，

$$V=0 \quad (x<0,\ b\leq x)$$

$$V=V_0 \quad (x\leq x<b)$$

なので，領域 I（$x<0$），領域 II（$0\leq x<b$），領域 III（$b\leq x$）の 3 つに分けて考える．ポテンシャルに従って空間を分割してシュレーディンガー方程式を解き，後述のように領域の境界で波動関数の連続条件を 1 階微分まで課して未定定数を消去する手法は，量子力学の問題を解く際に頻繁に用いられるので，ぜひここで慣れてほしい．

◆ 領域 I（$x<0$）

$$-\frac{\hbar^2}{2m}\frac{d^2}{dx^2}\psi=E\psi \tag{6.2}$$

一般解は

$$\psi_{\rm I}=Ae^{ikx}+Be^{-ikx} \tag{6.3}$$

ただし,

$$\frac{\hbar^2 k^2}{2m} = E, \quad k = \frac{\sqrt{2mE}}{\hbar} \tag{6.4}$$

◆ **領域 II（$\boldsymbol{0 \leq x < b}$）**

$$\frac{\hbar^2}{2m}\frac{d^2}{dx^2}\psi = (V_0 - E)\psi \tag{6.5}$$

一般解は

$$\psi_{\mathrm{II}} = Ce^{-\beta x} + De^{\beta x} \tag{6.6}$$

ただし,

$$\frac{\hbar^2 \beta^2}{2m} = V_0 - E, \quad \beta = \frac{\sqrt{2m(V_0 - E)}}{\hbar} \tag{6.7}$$

◆ **領域 III（$\boldsymbol{b \leq x}$）**

$$-\frac{\hbar^2}{2m}\frac{d^2}{dx^2}\psi = E\psi \tag{6.8}$$

一般解は e^{ikx} と e^{-ikx} の項を両方含む．ただし，ここでは領域 I から領域 III に透過する粒子の運動を考えており，領域 III は $x \to \infty$ まで $V = 0$ なので，どこかで反射されて戻ってくる粒子の存在は考えられない．そこで，$-x$ 方向への運動を表す e^{-ikx} の項は波動関数に含めず計算を楽にする．

$$\psi_{\mathrm{III}} = Te^{ikx} \tag{6.9}$$

言い換えると，領域 I で $+x$ 方向に運動する粒子を初期条件として考えることで，領域 III の波動関数に含まれる e^{-ikx} の係数はゼロであると物理的考察から決めていることになる．

なお，(6.9) において k の値は領域 I の (6.3) と共通である（ポテンシャルが共通なので）．

以上の波動関数に含まれる A, B, C, D, T は未定定数であり，ψ_{I}, ψ_{II}, ψ_{III} をつなぎ合わせたら全空間でシュレーディンガー方程式を満たす波動関数になるように，領域の境目における条件から決定される．シュレーディンガー方程式は 2 階の微分方程式なので，その解は 2 階微分可能，すなわち波動関数とその 1 階微分は考えている空間全体で連続である必要がある．そこで，領域の境目にこの連続条件を適用する．

♦$\boldsymbol{x = 0}$

$$\psi_{\mathrm{I}} = \psi_{\mathrm{II}} \quad \rightarrow \quad A + B = C + D \tag{6.10}$$

$$\psi'_{\mathrm{I}} = \psi'_{\mathrm{II}} \quad \rightarrow \quad ik(A - B) = -\beta(C - D) \tag{6.11}$$

ここで，$\psi' = \frac{d\psi}{dx}$ である．

♦$\boldsymbol{x = b}$

$$\psi_{\mathrm{II}} = \psi_{\mathrm{III}} \quad \rightarrow \quad Ce^{-\beta b} + De^{\beta b} = Te^{ikb} \tag{6.12}$$

$$\psi'_{\mathrm{II}} = \psi'_{\mathrm{III}} \quad \rightarrow \quad -\beta(Ce^{-\beta b} - De^{\beta b}) = ikTe^{ikb} \tag{6.13}$$

以上のように，定数 5 個に対して 4 個の制約式が得られた．残り 1 つの自由度は，波動関数の規格化条件（考えている空間全体で $|\psi|^2$ を積分すると 1 になる．すなわち，空間全体では粒子の存在確率は 1 になる）により決定される．逆に，後で波動関数に適当な規格化定数を掛ければ，$A = 1$ として計算を簡略化しても問題ない．残りの 4 定数を決定するために，(6.10)〜(6.13) を行列の形でまとめる．

$$\begin{pmatrix} 1 & -1 & -1 & 0 \\ ik & -\beta & \beta & 0 \\ 0 & e^{-\beta b} & e^{\beta b} & -e^{ikb} \\ 0 & \beta e^{-\beta b} & -\beta e^{\beta b} & ike^{ikb} \end{pmatrix} \begin{pmatrix} B \\ C \\ D \\ T \end{pmatrix} = \begin{pmatrix} -1 \\ ik \\ 0 \\ 0 \end{pmatrix} \tag{6.14}$$

これを解くことで各定数の表式が得られる（章末問題 1 参照）．粒子の透過に関係した定数は T であり，

$$T = \frac{2i\beta k}{F} e^{-ikb}, \tag{6.15}$$

$$F = (k^2 - \beta^2)\sinh(\beta b) + 2i\beta k \cosh(\beta b) \tag{6.16}$$

と表される．この T の値を用いて，粒子が障壁を透過する確率を求めるのだが，その前に概念的な準備が必要である．

6.3 確率密度とそのフラックス

量子力学における粒子の存在確率を考える前に，まずは簡単に古典力学における粒子がある面を通過する数を考えよう．いま，空間中に均質な粒子が密度 ρ で存在しており，すべて $+x$ 方向に速度 v で移動していると仮定する．このとき，x 軸と垂直な面（大きさは単位面積）を単位時間の間に通過する粒子の数は，

$$J = \rho v \tag{6.17}$$

である．このように，ある対象（粒子の集団）が単位時間の間に単位面積を通過する量を，**フラックス**（**流束**）と呼ぶ．

ここで，粒子は空間中で生成・消滅が可能で，密度の時間変化 $\frac{\partial\rho}{\partial t}$ が存在すると考える．x 軸と垂直に x と $x+\Delta x$ に単位面積の面を取り，それらに挟まれた微小な体積における時間 Δt の間の粒子数の収支を考える．

$$\text{（流入）} = \text{（流出）} + \text{（蓄積）}$$

の形で収支を書き出すと，上記フラックスの定義を用いて，

$$J(x)\Delta t = J(x+\Delta x)\Delta t + \frac{\partial\rho}{\partial t}\Delta x\Delta t, \tag{6.18}$$

$$\frac{J(x+\Delta x)-J(x)}{\Delta x} = -\frac{\partial\rho}{\partial t}, \tag{6.19}$$

$$\frac{\partial J}{\partial x} = -\frac{\partial\rho}{\partial t} \tag{6.20}$$

(16.20) は粒子数の収支を表す基本的な式で，**連続の式**と呼ばれる．物理の様々な局面に顔を出す．

さて，量子力学におけるトンネル現象に話を戻そう．我々の実用上の興味は，金属から電界によって真空中に放出される電流や，フラッシュメモリにおいて薄い絶縁体を突き抜ける電流のように，同じ境界条件・初期条件のもとで運動する非常に多数の粒子がどれだけ障壁の向こう側にトンネルするかという集団的な振る舞いにある．図 6.1 のように，単一粒子の波動関数 Ψ が障壁を突き抜ける様子が分かったとして，粒子が壁を突き抜ける確率を存在確率 $|\Psi|^2$ によって議論することは妥当であろうか？　答えはノーである．極端な例として，粒子の波動関数（波束）が障壁を突き抜けた後，その群速度がほぼゼロになってしまったら，粒子は障壁を超えた側に存在しても，障壁を超えた側のある地点

には，非常に長い時間をかけないと到達しない．実用上の興味としては，ある時間の間に障壁に入射する粒子の数に対して，同じ時間の間に障壁を透過して出てくる粒子の数を比較したい．そのためには，粒子の存在確率ではなく，そのフラックスを考える必要がある．

天下り的ではあるが，量子力学における粒子の**確率密度フラックス**として，

$$J_{\mathrm{p}} = \mathrm{Re}[\Psi^* \widehat{v_x} \Psi] \tag{6.21}$$

を定義する．ここで

$$\widehat{v_x} = \frac{\widehat{p_x}}{m} \tag{6.22}$$

は速度演算子である（第 5 章の例題 5.1 を参照）．$|\Psi|^2$ が粒子の確率密度であり，$\widehat{v_x}\Psi$ は固有値として粒子の速度を与えるから，(6.21) は粒子の存在確率の密度と速度を掛け合わせたフラックスに相当するような気がする．実部を取るのは，複素関数から物理量を得るためと受け止めたい．(6.21) の定義が本当に粒子の存在確率密度フラックスを表していることを証明する必要がある．このためには，粒子の存在確率密度について連続の式が成立することを示せばよい．

例題 6.2（確率密度フラックの定義の妥当性）

(6.21) で定義される粒子の存在確率密度フラックスが，連続の式 (6.20) を満たすことを示せ．

【解答】

$$\Psi^* \widehat{v_x} \Psi = \Psi^* \frac{-i\hbar}{m} \frac{\partial}{\partial x}\, \Psi = -\frac{i\hbar}{m} \Psi^* \frac{\partial \Psi}{\partial x}$$

これを利用して，存在確率密度フラックスは

$$\begin{aligned} J_{\mathrm{p}} = \mathrm{Re}[\Psi^* \widehat{v_x} \Psi] &= \frac{1}{2} \left\{ (\Psi^* \widehat{v_x} \Psi) + (\Psi^* \widehat{v_x} \Psi)^* \right\} \\ &= -\frac{i\hbar}{2m} \left\{ \left(\Psi^* \frac{\partial \Psi}{\partial x} \right) - \left(\Psi^* \frac{\partial \Psi}{\partial x} \right)^* \right\} \\ &= -\frac{i\hbar}{2m} \left(\Psi^* \frac{\partial \Psi}{\partial x} - \Psi \frac{\partial \Psi^*}{\partial x} \right), \end{aligned}$$

$$\frac{\partial J_{\mathrm{p}}}{\partial x} = -\frac{i\hbar}{2m} \left(\frac{\partial \Psi^*}{\partial x} \frac{\partial \Psi}{\partial x} + \Psi^* \frac{\partial^2 \Psi}{\partial x^2} - \frac{\partial \Psi}{\partial x} \frac{\partial \Psi^*}{\partial x} - \Psi \frac{\partial^2 \Psi^*}{\partial x^2} \right)$$

右辺 ( ) の中の第 1 項と第 3 項が打ち消しあうので，

$$\frac{\partial J_{\mathrm{p}}}{\partial x} = -\frac{i\hbar}{2m}\left(\Psi^* \frac{\partial^2 \Psi}{\partial x^2} - \Psi \frac{\partial^2 \Psi^*}{\partial x^2}\right) \tag{6.23}$$

シュレーディンガー方程式

$$i\hbar \frac{\partial \Psi}{\partial t} = -\frac{\hbar^2}{2m}\frac{\partial^2 \Psi}{\partial x^2} + V\Psi$$

を変形して，

$$\frac{\partial^2 \Psi}{\partial x^2} = -\frac{i2m}{\hbar}\frac{\partial \Psi}{\partial t} + \frac{2m}{\hbar^2}V\Psi,$$

$$\frac{\partial^2 \Psi^*}{\partial x^2} = \frac{i2m}{\hbar}\frac{\partial \Psi^*}{\partial t} + \frac{2m}{\hbar^2}V\Psi^*$$

これらを (6.23) に代入して

$$\frac{\partial J_{\mathrm{p}}}{\partial x} = -\frac{i\hbar}{2m}\left(-\frac{i2m}{\hbar}\Psi^*\frac{\partial \Psi}{\partial t} + \frac{2m}{\hbar^2}\Psi^* V\Psi - \frac{i2m}{\hbar}\Psi\frac{\partial \Psi^*}{\partial t} - \frac{2m}{\hbar^2}\Psi V\Psi^*\right)$$

右辺 ( ) の中の第 2 項と第 4 項が打ち消しあうので，

$$\frac{\partial J_{\mathrm{p}}}{\partial x} = -\left(\Psi^*\frac{\partial \Psi}{\partial t} + \Psi\frac{\partial \Psi^*}{\partial t}\right) = -\frac{\partial}{\partial t}\left(\Psi^*\Psi\right) = -\frac{\partial |\Psi|^2}{\partial t}$$

このように，確率密度 $|\Psi|^2$ と J_{p} は連続の式を満たす．したがって，(6.21) は粒子の存在確率密度のフラックスとして妥当な定義である．

では，例として平面波型の固有関数に関する確率密度のフラックスを求めよう．

$$\Psi = Ae^{i(kx-\omega_{\mathrm{k}}t)}, \tag{6.24}$$

$$\begin{aligned} J_{\mathrm{p}} &= \mathrm{Re}\left[\Psi^* \widehat{v_x}\Psi\right] \\ &= \mathrm{Re}\left[A^* e^{-i(kx-\omega_{\mathrm{k}}t)}\left(-\frac{i\hbar}{m}\frac{\partial}{\partial x}\right)Ae^{i(kx-\omega_{\mathrm{k}}t)}\right] \\ &= \frac{\hbar k\,|A|^2}{m} \end{aligned} \tag{6.25}$$

J_{p} として，固有関数に対応する速度 $\frac{\hbar k}{m}$ と確率密度 $|A|^2$ を掛け合わせた形が得られる． ■

6.4 ポテンシャル障壁を粒子が透過する確率

前節で定義した粒子の確率密度フラックス J_{p} に基づき，粒子が障壁を透過する確率 η を以下のように定義する．障壁を挟んで，入射側に少しずれた地点の座標を x_{in}，出射側に少しずれた地点の座標を x_{out} として，

$$\eta = \frac{\displaystyle\int_0^\tau J_{\mathrm{p}}(x_{\mathrm{out}})dt}{\displaystyle\int_0^\tau J_{\mathrm{p}}(x_{\mathrm{in}})dt} \tag{6.26}$$

式で書くと難しく見えるが，要は障壁の入射側と出射側で，一定時間 τ の間に粒子が通過する確率を比較するということである．単一粒子の確率密度のフラックスを考えると，いつどこで観察するかでその値は異なる．例えば，ある地点を波束が完全に通り過ぎた後は，その地点の粒子の確率密度のフラックスはゼロである．したがって，一定時間の間に粒子が障壁を透過する確率として，(6.26) の定義を用いる．

粒子の運動を表す波動関数としては波束を考える必要がある．しかし，前節で述べたように，波束を構成する平面波型の固有関数の波数 k はほぼ k_0 に等しい値を持つと考えられる．したがって，それぞれの平面波型の固有関数（$k = k_0$）で表される粒子が障壁を透過する確率を議論することで，波束で表される粒子の障壁透過確率もほぼ同じ値として得られるであろう．

平面波型の固有関数に関する確率密度のフラックスは (6.25) で表され，位置にも時間にも依存しない．よって，図 6.2 に示すように障壁の前後でポテンシャルが同一の場合，領域 I も III も同じく $k = k_0$ なので，(6.26) で定義される透過確率は，

$$\eta = \frac{\frac{\hbar k_0 |T_{k_0}|^2}{m}}{\frac{\hbar k_0 |A_{k_0}|^2}{m}} = \frac{|T_{k_0}|^2}{|A_{k_0}|^2} \tag{6.27}$$

となる．入射粒子の波動関数の係数 A_{k_0} が持つ任意性は，T_{k_0} との比を取るので特に気にしなくてよい．なので，6.2 節では $A_{k_0} = 1$ とした．(6.15), (6.16) を代入して，

$$
\begin{aligned}
\eta &= \frac{|T_{k_0}|^2}{|A_{k_0}|^2} \\
&= |T_{k_0}|^2 \\
&= \frac{4\beta^2 k_0^2}{(k_0^2-\beta^2)^2 \sinh^2(\beta b) + 4\beta^2 k_0^2 \cosh^2(\beta b)}
\end{aligned}
\tag{6.28}
$$

$\cosh^2 x - \sinh^2 x = 1$ を用いて

$$
\begin{aligned}
\eta &= \frac{4\beta^2 k_0^2}{4\beta^2 k_0^2 + (k_0^2+\beta^2)^2 \sinh^2(\beta b)} \\
&= \frac{1}{1 + \frac{(k_0^2+\beta^2)^2}{4\beta^2 k_0^2} \sinh^2(\beta b)} \\
&= \frac{1}{1 + \frac{V_0^2}{4E(V_0-E)} \sinh^2(\beta b)}
\end{aligned}
\tag{6.29}
$$

ただし，(6.7) を用いて一部 k_0, β を V_0 と E に直した．

$\beta b \gg 1$ が成り立つとき，

$$
\begin{aligned}
\sinh^2(\beta b) &= \frac{e^{2\beta b} - 2 + e^{-2\beta b}}{4} \\
&\cong \frac{e^{2\beta b}}{4} \gg 1
\end{aligned}
\tag{6.30}
$$

また，V_0 と E はほぼ同じオーダーの値を取るので，

$$
\frac{V_0^2}{4E(V_0-E)} \sim 1 \tag{6.31}
$$

したがって，粒子の透過確率はオーダーの見積もりとして，

$$
\eta \sim e^{-2\beta b} = e^{-\frac{2b}{\hbar}\sqrt{2m(V_0-E)}} \tag{6.32}
$$

例題 6.3（矩形のポテンシャル障壁を粒子が透過する確率）

図 6.2 のポテンシャルにおいて，運動エネルギー 1 eV の電子が幅 1 nm，高さ 5 eV の障壁を透過する確率を求めよ．

【解答】 (6.7) より

$$\begin{aligned}\beta &= \frac{\sqrt{2m(V_0 - E)}}{\hbar} \\ &= \frac{\sqrt{(2)(9.1\times10^{-31}\,\mathrm{kg})((5-1)\times1.6\times10^{-19}\,\mathrm{J})}}{(1.05\times10^{-34}\,\mathrm{J\,s})} \\ &= 1.0\times10^{10}\,\mathrm{m}^{-1}\end{aligned}$$

これを含めて，(6.29) に必要な数値を代入する．

$$\begin{aligned}\eta &= \frac{1}{1+\frac{V_0^2}{4E(V_0-E)}\sinh^2(\beta b)} \\ &= \frac{1}{1+\frac{(5\,\mathrm{eV})^2}{(4)(1\,\mathrm{eV})((5-1)\mathrm{eV})}\sinh^2((10^{10}\,\mathrm{m}^{-1})(10^{-9}\,\mathrm{m}))} \\ &= 5.2\times10^{-9}\end{aligned}$$

なお，(6.32) を用いると

$$\eta \sim e^{-2\beta b} = \exp(-(2)(10^{10}\,\mathrm{m}^{-1})(10^{-9}\,\mathrm{m})) = 2.0\times10^{-9}$$

となり，数倍の範囲で電子の透過確率を求めることができる．たとえ 1 nm の障壁であっても，矩形のポテンシャル障壁を粒子が透過するのは天文学的な確率であるといえる． ■

なお，障壁の内部である領域 II の波動関数 (6.6) から分かるように，障壁の端から波動関数の大きさは指数関数的に減少して，端から $\frac{1}{\beta}$ 離れると大きさは $\frac{1}{e}$ になる．このように，$\frac{1}{\beta}$ は波動関数が障壁の中に「染み込む」長さを表している．障壁の幅が $\frac{1}{\beta}$ 程度よりも小さくなると，粒子の透過確率は $\frac{1}{10}$ よりも大きくなる．(6.7) より，粒子の質量が小さいほど，また粒子の運動エネルギーが障壁の高さに近づくほど $\frac{1}{\beta}$ は大きくなり，粒子が障壁を透過する確率が上がる．

6.5　電界のかかった障壁のトンネル現象

実際に粒子が障壁をトンネルするのは，大きな電界が作用した場合である．例えば，金属（導体）に挟まれた絶縁体が形成するポテンシャル場は図 6.3(a) に示す矩形となるが，そこに電界 F を印加すると，(b) に示すようなポテンシャル場になる．金属中では，自由に動ける電子や正孔によって外部からの電界が遮蔽されるため，電界は絶縁体にのみ作用して，三角形のポテンシャル障壁を形成する．

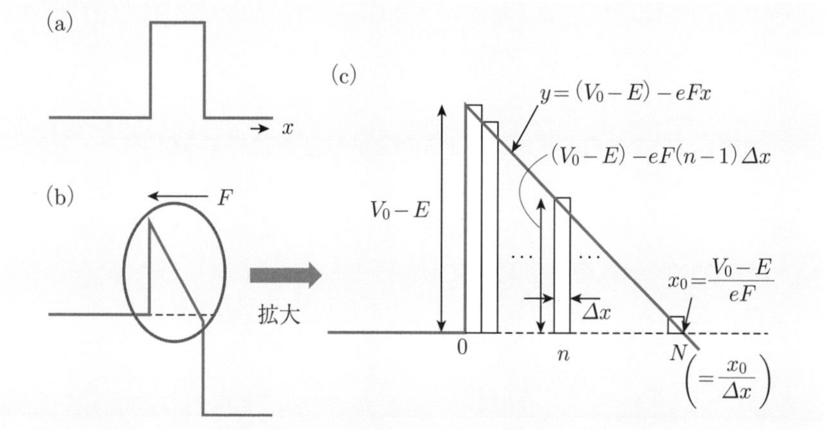

図 6.3　金属（導体）に挟まれた絶縁体が形成するポテンシャル場 (a) と，絶縁体に電界を印加した際の三角ポテンシャル (b, c)

このとき障壁を電子が透過する確率を考えるため，図 6.3(c) に示すように三角形のポテンシャル障壁を矩形の集合で近似する．n 番目の矩形が有するポテンシャル障壁の高さは，電子の運動エネルギーに対して，$(V_0 - E) - eF(n-1)\Delta x$ の高さを持つ．ここで，e は電荷素量である．この矩形障壁を電子が透過する確率は，(6.32) を用いて，

$$P_n = \exp\left(-\frac{2\Delta x}{\hbar}\sqrt{2m\{(V_0 - E) - eF(n-1)\Delta x\}}\right) \tag{6.33}$$

障壁全体を粒子が透過する確率は，各矩形障壁を電子が透過する確率の積で表される．

$$
\begin{aligned}
P &= P_1 P_2 \cdots P_N \\
&= \exp\left(-\frac{2\Delta x}{\hbar}\sum_{n=1}^{N}\sqrt{2m\{(V_0-E)-eF(n-1)\Delta x\}}\right) \\
&= \exp\left(-\sum_{n=1}^{N}\frac{2\sqrt{2meF}}{\hbar}\left(\sqrt{\frac{V_0-E}{eF}-(n-1)\Delta x}\right)\Delta x\right) \qquad (6.34)
\end{aligned}
$$

$\Delta x \to 0$ とすると，(6.34) における exp の中身は積分となる．

$$
\begin{aligned}
P &= \exp\left(-\frac{2\sqrt{2meF}}{\hbar}\int_0^{x_0}\sqrt{\frac{V_0-E}{eF}-x}\,dx\right) \\
&= \exp\left(-\frac{4\sqrt{2m}}{3\hbar}\frac{(V_0-E)^{\frac{3}{2}}}{eF}\right) \qquad (6.35)
\end{aligned}
$$

例題 6.4（三角形のポテンシャル障壁を粒子が透過する確率）

図 6.3(b) のように，電子が感じるポテンシャルが高さ $V_0 - E = 4\,\mathrm{eV}$，底辺 1 nm の三角ポテンシャルとなる場合を考える．

(1)　このために必要な電界 F の大きさを求めよ．

(2)　粒子が三角ポテンシャルを透過する確率を求めよ．

【解答】　(1)　4 V の電位差が 1 nm にかかるので

$$
F = (4\,\mathrm{V})(1\times10^{-9}\,\mathrm{m}) = 4\times10^{9}\,\mathrm{V\ m^{-1}}
$$

(2)　(6.35) より，粒子が三角ポテンシャルを透過する確率は

$$
\begin{aligned}
P &= \exp\left(-\frac{4\sqrt{2m}}{3\hbar}\frac{(V_0-E)^{\frac{3}{2}}}{eF}\right) \\
&= \exp\left(-\frac{4\sqrt{(2)(9.1\times10^{-31}\,\mathrm{kg})}}{3(1.05\times10^{-34}\,\mathrm{J\ s})}\frac{(4\times1.6\times10^{-19}\,\mathrm{J})^{\frac{3}{2}}}{(1.6\times10^{-19}\,\mathrm{C})(4\times10^{9}\,\mathrm{V\ m^{-1}})}\right) \\
&= 1.1\times10^{-6}
\end{aligned}
$$

$P = 1.1\times10^{-6}$ となる．同じ高さ，幅 1 nm の矩形ポテンシャル障壁を電子が透過する確率に比べて 200 倍ほど大きな確率である．■

ファウラー–ノルドハイム（Fowler-Nordheim）の式（トンネル電流を表す式）

これまでに求めたのは，1 つの粒子が障壁を透過する確率である．一方，我々が実際に観察できるのは，金属などの固体内に存在する電子の集団が，障壁をある確率で透過した結果得られる**トンネル電流**である．これを求めるためには，障壁に当たるすべての電子に対して，透過確率をかけて積分を取る．固体内の電子は，速度の期待値を用いた古典力学的な近似に基づくと，以下の運動エネルギーを持つ．

$$E = E_x + E_y + E_z, \tag{6.36}$$

$$E_x = \frac{1}{2}mv_x^2, \quad E_y = \frac{1}{2}mv_y^2, \quad E_z = \frac{1}{2}mv_z^2 \tag{6.37}$$

電子がエネルギー E を持つ確率は，後半で扱う統計力学によれば，フェルミ分布関数で表される．

$$f(E) = \frac{1}{1+\exp(\frac{E-E_\mathrm{F}}{kT})} \tag{6.38}$$

ここで，E_F はフェルミエネルギー，いわば電子のエネルギーの代表値である．電子がこの値よりも小さいエネルギーを持つ確率はほぼ 1 であり，それよりも大きなエネルギーを持つ確率はほぼ 0 である．

x, y, z 成分の速度 $v_x \sim v_x + dv_x$, $v_y \sim v_y + dv_y$, $v_z \sim v_z + dv_z$ を持つ電子が占める空間体積は $\Delta V = \frac{h^3}{(m\,dv_x)(m\,dv_y)(m\,dv_z)}$．この範囲の速度を持つ電子の密度は，エネルギー E を持つ粒子の存在確率が $2f(E)$ である（係数 2 は 1 つの状態を 2 つの電子が占有することに由来）ことから，

$$\rho(v_x, v_y, v_x) = \frac{1}{\Delta V}2f(E) = dv_x\ dv_y\ dv_z\left(\frac{m}{h}\right)^3 2f(E) \tag{6.39}$$

x 軸に垂直に障壁が存在するとして，障壁への電子のフラックスは $\rho(v_x, v_y, v_x)v_x$ であり，障壁を透過する電子のフラックスは透過確率をかけて $\rho(v_x, v_y, v_x)v_x\ P(E)$．以上を v_x, v_y, v_x で積分すると，様々な速度を持って運動する電子の集団が障壁に衝突して，その結果障壁を透過する電子の総フラックス n が得られる．

$$n = \int_{-\infty}^{\infty} dv_y \int_{-\infty}^{\infty} dv_z \int_0^{\infty} dv_x \left(\frac{m}{h}\right)^3 2f(E)v_x P(E) \tag{6.40}$$

積分を実行すると，

$$n = \frac{mkT}{2\pi^2\hbar^3}\int_0^{\infty} dE_x \ln\left(1+\exp\left(-\frac{E_x - E_\mathrm{F}}{kT}\right)\right)\exp\left(-\frac{4\sqrt{2m}}{3\hbar eF}(V_0 - E_x)^{\frac{3}{2}}\right) \tag{6.41}$$

$E_x > E_\mathrm{F}$ のとき，$\exp\left(-\frac{E_x - E_\mathrm{F}}{kT}\right) \ll 1$ なので ln( ) がゼロになり，積分の中身はほぼゼロになる．さらに細かい計算過程が存在するが，煩雑なので省略する．結論として，トンネル電流は以下の式で表される．

$$
\begin{aligned}
J &= en \\
&= \frac{emkT}{2\pi^2\hbar^3}\int_0^{E_\mathrm{F}} dE_x \ln\left(1+\exp\left(-\frac{E_x - E_\mathrm{F}}{kT}\right)\right)\exp\left(-\frac{4\sqrt{2m}}{3\hbar eF}(V_0 - E_x)^{\frac{3}{2}}\right) \\
&= \frac{e^3F^2}{16\pi^2\hbar(V_0 - E_\mathrm{F})}\exp\left(-\frac{4\sqrt{2m}}{3\hbar eF}(V_0 - E_\mathrm{F})^{\frac{3}{2}}\right) \qquad (6.42)
\end{aligned}
$$

運動速度（運動エネルギー）の分布を持つ電子の集団全体に対して，エネルギーごとに透過確率をかけて電子が障壁を透過するフラックスを求める．結果として，(6.42) に表されるように，電子はすべて運動エネルギー E_F を持つように見えるトンネル電流の式が得られた．指数関数の項は，(6.35) に求めた三角ポテンシャルの透過確率そのものである．

6 章の問題

□ **1** 連立方程式 (6.14) を解いて (6.15) と (6.16) を求めよ．

□ **2** 右図に示す時間に依存しない段差状ポテンシャルに，波数 k，運動エネルギー E を持った平面波状の波動関数 ψ_in が入射し，$+x$ 方向に進む波動関数 ψ_+ と $-x$ 方向に進む波動関数 ψ_- が生じる．このとき，波動関数が $+x$ 方向に透過する確率 η を E および ΔV を用いて表せ．ただし，ΔV は以下の関係を満たし，負の値も取る．

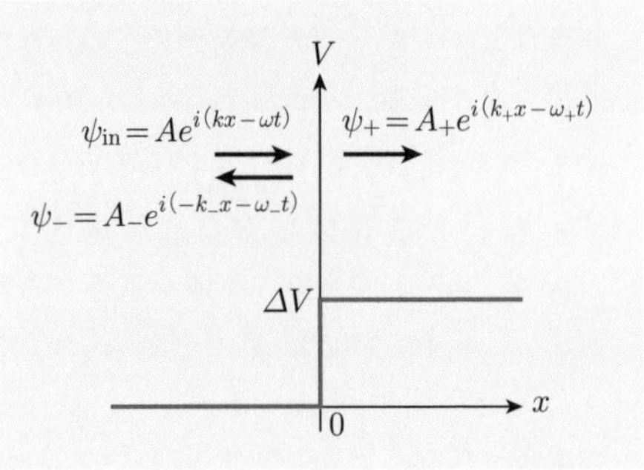

$$
E = \frac{\hbar^2k^2}{2m} > \Delta V
$$

また，η を $\frac{\Delta V}{E}$ の関数としてプロットせよ．概形と特徴的な数値が示されていればよい．

□ **3** ファウラー–ノルドハイムのトンネル電流の式 (6.42) を用いて，例題 6.4 の三角形ポテンシャル障壁を透過する電子の電流密度を求めよ．

第7章 ポテンシャルに閉じ込められた粒子

この章からは，量子力学的にふるまう粒子の特徴が現れるもう 1 つの典型例として，微小な空間に閉じ込められた粒子のエネルギーを扱う．まずは最も簡単な例として，単一の空間に閉じ込められた粒子を扱おう．

7.1 線対称なポテンシャル場における波動関数

具体的な問題を解く前に，まず今後の問題すべてに共通する重要な定理を示そう．

定理 7.1

ポテンシャルが原点について線対称 $V(-x) = V(x)$ であれば，それに対応する波動関数は偶関数か奇関数になる．すなわち，

$$\psi(-x) = \pm\psi(x)$$

[証明]　まず，1 次元の問題では，1 つのエネルギー準位には 1 つの波動関数が対応する（エネルギーの**縮退**がない）ことを示そう．

もしエネルギー準位が縮退すると，波動関数 ψ_1, ψ_2 ともにシュレーディンガー方程式

$$\left(-\frac{\hbar^2}{2m}\frac{d^2}{dx^2} + V(x)\right)\psi = E\psi \tag{7.1}$$

を満たす．このとき，(7.1) を変形して

$$\begin{aligned} -\frac{\hbar^2}{2m}\frac{1}{\psi_1}\frac{d^2\psi_1}{dx^2} &= E - V(x), \\ -\frac{\hbar^2}{2m}\frac{1}{\psi_2}\frac{d^2\psi_2}{dx^2} &= E - V(x) \end{aligned} \tag{7.2}$$

(7.2) を辺々引いて

$$\frac{1}{\psi_1}\frac{d^2\psi_1}{dx^2} - \frac{1}{\psi_2}\frac{d^2\psi_2}{dx^2} = 0, \tag{7.3}$$

$$\psi_2\frac{d^2\psi_1}{dx^2} - \psi_1\frac{d^2\psi_2}{dx^2} = 0 \tag{7.4}$$

(7.4) が成り立つとき，以下も成り立つ．

$$\frac{d}{dx}\left(\frac{d\psi_1}{dx}\psi_2 - \psi_1\frac{d\psi_2}{dx}\right) = 0 \tag{7.5}$$

ただし，$\frac{d\psi_1}{dx}\frac{d\psi_2}{dx}$ の項が ± で打ち消しあうことに注意．(7.5) を積分して，

$$\frac{d\psi_1}{dx}\psi_2 - \psi_1\frac{d\psi_2}{dx} = C_1\,(\text{定数}) \tag{7.6}$$

ψ は規格化条件を満たすので，$x \to \pm\infty$ において $\psi \to 0$．よって，$C_1 = 0$．したがって，

$$\frac{d\psi_1}{dx}\psi_2 - \psi_1\frac{d\psi_2}{dx} = 0, \tag{7.7}$$

$$\frac{1}{\psi_1}\frac{d\psi_1}{dx} = \frac{1}{\psi_2}\frac{d\psi_2}{dx} \tag{7.8}$$

辺々積分して

$$\ln(\psi_1) = \ln(\psi_2) + C_2\,(\text{定数}) \tag{7.9}$$

したがって，

$$\psi_1 = C_3\psi_2 \tag{7.10}$$

ただし，C_3 は定数．(7.10) は ψ_1, ψ_2 が従属していることを示し，仮定と矛盾する．よって，同一のエネルギー固有値に属する独立な波動関数は（1次元の問題では）存在しない．

次に，$\psi(-x) = \pm\psi(x)$ を示そう．

$$\left(-\frac{\hbar^2}{2m}\frac{d^2}{dx^2} + V(x)\right)\psi(x) = E\psi(x) \tag{7.11}$$

において x を $-x$ に置換する．

$$\left(-\frac{\hbar^2}{2m}\frac{d^2}{dx^2} + V(-x)\right)\psi(-x) = E\psi(-x) \tag{7.12}$$

$V(-x) = V(x)$ であれば，

$$\left(-\frac{\hbar^2}{2m}\frac{d^2}{dx^2}+V(x)\right)\psi(-x)=E\psi(-x) \tag{7.13}$$

なので，(7.11), (7.13) より，$\psi(x)$, $\psi(-x)$ は同じエネルギー固有値に属する従属な波動関数である．すなわち，

$$\psi(-x)=C_4\psi(x) \tag{7.14}$$

ただし，C_4 は定数である．この関係をもう一度用いると

$$\psi(x)=\psi(-(-x))=C_4\psi(-x)=C_4^2\psi(x) \tag{7.15}$$

したがって，

$$C_4^2=1,\quad C_4=\pm 1 \tag{7.16}$$

これより，

$$\psi(-x)=\pm\psi(x)$$

であることが示された．■

電子の物質波の波長と閉じ込め空間のサイズ

2.6 節で学んだとおり，運動エネルギー $E=1\,\mathrm{eV}$ を持つ電子の物質波の波長は

$$\lambda=\frac{h}{\sqrt{2mE}}$$

より 1.2 nm となる．1 eV は可視光の光子のエネルギーのオーダーであり，可視光と相互作用できる電子が持つ典型的なエネルギーである．

7.2 節以降で学ぶことの本質は，粒子の物質波の波長が，粒子が感じるポテンシャルの空間サイズと同じオーダーになったときに，粒子の物質波に定在波条件が課され，ポテンシャル一定の自由空間とは異なる物質波およびエネルギーを持つということである．

あるポテンシャル場により電子を閉じ込めて 1 eV のオーダーの運動エネルギーを持たせるためには，1 eV の電子が持つ物質波に等しい 1 nm 程度の空間幅に電子を閉じ込める必要があるといえる．7.2 節以降の内容をもとに計算すると，以上の非常に直観的な議論によりオーダーとしては正しい結論が得られることが納得できるであろう．

7.2 無限大ポテンシャル障壁に閉じ込められた粒子

準備が整ったところで，1 次元の閉じ込め空間における粒子の振る舞いを考えよう．シュレーディンガー方程式

$$\left(-\frac{\hbar^2}{2m}\frac{d^2}{dx^2}+V(x)\right)\psi(x)=E\psi(x) \tag{7.17}$$

を，以下のポテンシャルのもとで解く．

$-\frac{l}{2}\leq x\leq\frac{l}{2}$ で $V=0$，それ以外で $V\to\infty$

$x<-\frac{l}{2}$，$\frac{l}{2}<x$ では，ポテンシャルが無限大に発散しているので，シュレーディンガー方程式を解くことができない．すなわち，波動関数が存在しない．波動関数を考えられるのは $-\frac{l}{2}\leq x\leq\frac{l}{2}$ の区間のみで，ここでシュレーディンガー方程式は

$$-\frac{\hbar^2}{2m}\frac{d^2\psi}{dx^2}=E\psi \tag{7.18}$$

変形して

$$\frac{d^2\psi}{dx^2}=-\frac{2mE}{\hbar^2}\psi \tag{7.19}$$

後は，(7.19) を境界条件

$$\psi\left(-\frac{l}{2}\right)=\psi\left(\frac{l}{2}\right)=0 \tag{7.20}$$

を満たすように解けばよい．ここで考えているポテンシャルは原点について線対称なので，波動関数は偶関数か奇関数である．さらに，(7.18) を満たすためには，2 階微分すると符号を変えて元に戻る関数が必要である．したがって，波動関数は $\sin(x)$ もしくは $\cos(x)$ の形を取る．すなわち，

$$\psi=A\sin(kx) \tag{7.21}$$

もしくは

$$\psi=A\cos(kx) \tag{7.22}$$

これらを (7.18) に代入すると，

$$E=\frac{\hbar^2k^2}{2m} \tag{7.23}$$

を得る．これが量子状態のエネルギーである．

では，微分方程式と境界条件を満たす k の値を求めよう．ここでは直観的に考えよう．k は波動関数である正弦波の波長 λ と

$$k = \frac{2\pi}{\lambda} \tag{7.24}$$

の関係にある．境界条件 (7.20) を満たす正弦波のうち，最も長い波長は，閉じ込め領域の幅 l の 2 倍である．すなわち，$\lambda = 2l$．これより短い波長は，$2l$ を整数 n で割ると得られる．

$$\lambda = \frac{2l}{n} \tag{7.25}$$

これを (7.24) に代入すれば，

$$k = \frac{2\pi}{\lambda} = \frac{\pi n}{l} \tag{7.26}$$

が得られる．固有状態のエネルギーは，(7.23) より

$$E = \frac{\hbar^2 k^2}{2m} = \frac{\pi^2 \hbar^2}{2ml^2} n^2 \tag{7.27}$$

n を状態を表す番号として**量子数**と呼ぶ．量子数 n を持つ状態のエネルギーは，n の 2 乗に比例する．量子数が大きいほど，エネルギーは大きく，波動関数の波長は短い（(7.25) 参照）．あるいは，波動関数と x 軸の交点（波動関数の節）の数が多い．この傾向は波動関数とエネルギーの関係一般に成り立つので，直観的にイメージできるようにしたい．

さて，波動関数であるが，これは区画 $-\frac{l}{2} \leq x \leq \frac{l}{2}$ に存在する正弦波が偶関数であれば cos，奇関数であれば sin である．n が奇数のとき $x = 0$ は正弦波の腹にあたるので，量子数が奇数であれば波動関数は cos，偶数であれば波動関数は sin となる．最後に，(7.21), (7.22) における係数 A であるが，区画 $-\frac{l}{2} \leq x \leq \frac{l}{2}$ に必ず粒子が存在することから，粒子の存在確率 $|\psi|^2$ をこの区画全体で積分した値が 1 になるように定める．

$$1 = \int_{-\frac{l}{2}}^{\frac{l}{2}} |\psi|^2 \, dx = A^2 \int_{-\frac{l}{2}}^{\frac{l}{2}} |\cos(kx)|^2 \, dx = A^2 \frac{l}{2}, \tag{7.28}$$

$$A = \sqrt{\frac{2}{l}} \tag{7.29}$$

波動関数が sin の場合も同様である．有限幅の区画に閉じ込められた粒子が**離散的**な（飛び飛びの）エネルギーを持つことは，量子力学の最も重要な結論の 1 つである．(7.27) より，状態 2 と状態 1 の間のエネルギー差は，

$$\varDelta E = E_2 - E_1 = \frac{3\pi^2\hbar^2}{2ml^2} \tag{7.30}$$

例題 7.1

電子（$m = 9.1 \times 10^{-31}\,\mathrm{kg}$）について，(7.30) の $\varDelta E$ が

(1)　室温で振動する原子の典型的なエネルギー $kT \sim \frac{1}{40}\,\mathrm{eV}$ と等しくなる

(2)　可視光の光子の典型的なエネルギー $2\,\mathrm{eV}$ と等しくなる

ときの閉じ込め区画の幅 l を求めよ．

【解答】　(7.30) より

$$l = \frac{\sqrt{3}\,\pi\hbar}{\sqrt{2m\varDelta E}}$$

(1) のとき，

$$l = \frac{(1.73)(3.14)(1.05 \times 10^{-34}\,\mathrm{J\,s})}{\sqrt{(2)(9.1 \times 10^{-31}\,\mathrm{kg})(0.025 \times 1.6 \times 10^{-19}\,\mathrm{J})}} = 6.6 \times 10^{-9}\,\mathrm{m}$$

量子力学特有のエネルギーの**離散化**が観察可能になるのは，電子がナノメートルサイズの領域に閉じ込められているときのみである．

同様に，(2) のとき，

$$l = 7.4 \times 10^{-10}\,\mathrm{m}$$

量子状態の間を電子が遷移して可視光の光子とエネルギーをやり取りする（第 10 章を参照）ためには，電子は 1 nm 未満のサイズの空間に閉じ込められていなければならない．これは，およそ原子核の周囲に電子が存在する領域のサイズ（ラフにいえば原子の大きさ）である．■

量子力学発展の歴史において，原子からの発光が特定波長で強いことを観察し，人類は古典力学では説明できない新しい物理を見出した．このエネルギーの離散化は，ナノメートルよりも小さい原子の周囲の空間で起こっている現象なのである．

7.3　3 次元の閉じ込め空間に存在する粒子

本書では 1 次元の問題のみを基本的に取り扱うが，例外として，無限大障壁で隔たれた 3 次元空間中の粒子についても扱う．その理由は，波動関数を x, y, z それぞれの座標の関数の掛け算で表す変数分離法の良い例だからである．

ここで考えるポテンシャルは，$-\frac{l}{2} \le x, y, z \le \frac{l}{2}$ で $V = 0$，それ以外で $V \to \infty$ である．シュレーディンガー方程式は

$$-\frac{\hbar^2}{2m}\left(\frac{\partial^2}{\partial x^2}+\frac{\partial^2}{\partial y^2}+\frac{\partial^2}{\partial z^2}\right)\psi = E\psi \tag{7.31}$$

ただし，

$$-\frac{l}{2} \le x, y, z \le \frac{l}{2} \tag{7.32}$$

ここで，波動関数 ψ が x, y, z 成分の積で書けると仮定する．

$$\psi = \psi_x\psi_y\psi_z \tag{7.33}$$

これを (7.31) に代入して両辺を $\psi = \psi_x\psi_y\psi_z$ で割ると，

$$-\frac{\hbar^2}{2m}\left(\frac{1}{\psi_x}\frac{\partial^2\psi_x}{\partial x^2}+\frac{1}{\psi_y}\frac{\partial^2\psi_y}{\partial y^2}+\frac{1}{\psi_z}\frac{\partial^2\psi_z}{\partial z^2}\right) = E \tag{7.34}$$

左辺はそれぞれ x, y, z の独立した微分なので，

$$E = E_x + E_y + E_z$$

として (7.34) は x, y, z それぞれの微分方程式の和であると考える．この解き方を**変数分離法**という．

$$-\frac{\hbar^2}{2m}\frac{\partial^2}{\partial x^2}\psi_x = E_x\psi_x, \tag{7.35}$$

$$-\frac{\hbar^2}{2m}\frac{\partial^2}{\partial y^2}\psi_y = E_y\psi_y, \tag{7.36}$$

$$-\frac{\hbar^2}{2m}\frac{\partial^2}{\partial z^2}\psi_z = E_z\psi_y \tag{7.37}$$

これらを解いて，以下の関係を得る．

$$E = \frac{\hbar^2}{2m}(k_x^2 + k_y^2 + k_z^2) = \frac{\pi^2\hbar^2}{2ml^2}(n_x^2 + n_y^2 + n_z^2) \tag{7.38}$$

x, y, z のそれぞれについて，量子数が奇数のとき波動関数は cos，偶数のときは sin になる．すなわち，s を自然数として，$n_x = 2s - 1$ のとき

$$\psi_x = \sqrt{\frac{2}{l}}\cos(k_x x) = \sqrt{\frac{2}{l}}\cos\left(\frac{n_x\pi}{l}x\right) \tag{7.39}$$

$n_x = 2s$ のとき，

$$\psi_x = \sqrt{\frac{2}{l}}\sin(k_x x) = \sqrt{\frac{2}{l}}\sin\left(\frac{n_x\pi}{l}x\right) \tag{7.40}$$

これらを組み合わせると，例えば，エネルギーが一番小さいエネルギー準位は $n_x = n_y = n_z = 1$ であり，

$$\psi_{111} = \left(\frac{2}{l}\right)^{\frac{3}{2}}\cos\left(\frac{\pi}{l}x\right)\cos\left(\frac{\pi}{l}y\right)\cos\left(\frac{\pi}{l}z\right), \tag{7.41}$$

$$E_{111} = E = \frac{\pi^2\hbar^2}{2ml^2}(1^2 + 1^2 + 1^2) = \frac{3\pi^2\hbar^2}{2ml^2} \tag{7.42}$$

粒子の運動エネルギーはゼロにならない．この最低の運動エネルギーを，しばしば**ゼロ点エネルギー**と呼ぶ．

エネルギーが2番目に小さい準位は，n_x, n_y, n_z のいずれか1つが2，その他が1のものであり，例えば，

$$\psi_{211} = \left(\frac{2}{l}\right)^{\frac{3}{2}}\sin\left(\frac{2\pi}{l}x\right)\cos\left(\frac{\pi}{l}y\right)\cos\left(\frac{\pi}{l}z\right), \tag{7.43}$$

$$E_{211} = E = \frac{\pi^2\hbar^2}{2ml^2}(2^2 + 1^2 + 1^2) = \frac{6\pi^2\hbar^2}{2ml^2} \tag{7.44}$$

である．同じ大きさのエネルギーを取る状態が，n_x, n_y, n_z のどれが2を取るかで3通りある．このように，あるエネルギーを取る状態が複数ある場合を，量子状態が「縮退する」という．1次元の問題では量子状態は縮退しないが，2次元以上だと縮退する場合がある．

例題 7.2

上記の 3 次元閉じ込めポテンシャルにおける粒子のエネルギーと縮退の数を，エネルギーの小さい方から 5 つについて記せ.

【解答】

E	(n_x, n_y, n_z)	縮退数
$E_0 = \frac{3\pi^2\hbar^2}{2ml^2}$	(1, 1, 1)	1
$6E_0$	(2, 1, 1), (1, 2, 1), (1, 1, 2)	3
$9E_0$	(1, 2, 2), (2, 1, 2), (2, 2, 1)	3
$11E_0$	(3, 1, 1), (1, 3, 1), (1, 1, 3)	3
$14E_0$	(1, 2, 3), (1, 3, 2), (2, 1, 3), (2, 3, 1), (3, 1, 2), (3, 2, 1)	6

■

7.4　有限高さのポテンシャル障壁による閉じ込め

図7.1のようなポテンシャルを仮定する．このようなポテンシャルを半導体デバイスの世界では**量子井戸**と呼び，ポテンシャルがゼロの部分を**井戸**，その両側のポテンシャルが大きな部分を**障壁**と呼ぶ．量子井戸は様々なデバイスに応用されているが，まずはその基本物理を探ることにしよう．

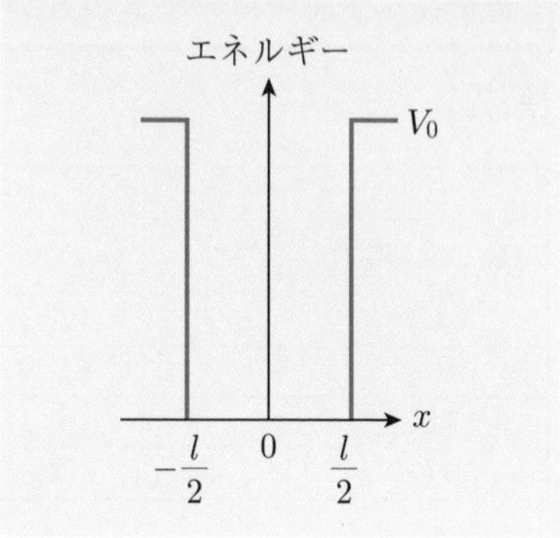

図7.1　有限高さポテンシャルによる粒子の閉じ込め領域

$-\frac{l}{2} \leq x \leq \frac{l}{2}$（井戸領域）におけるシュレーディンガー方程式は，無限大障壁の場合と同様に

$$-\frac{\hbar^2}{2m}\frac{d^2}{dx^2}\psi_{\mathrm{W}} = E\psi_{\mathrm{W}} \tag{7.45}$$

一方，$x \leq -\frac{l}{2}$, $\frac{l}{2} \leq x$（障壁領域）におけるシュレーディンガー方程式は，

$$\left(-\frac{\hbar^2}{2m}\frac{d^2}{dx^2} + V_0\right)\psi_{\mathrm{B}} = E\psi_{\mathrm{B}} \tag{7.46}$$

ただし，ここでは障壁を乗り越えない粒子を考えることにし，

$$E < V_0 \tag{7.47}$$

を仮定する．すでに考察したように，$x = 0$について線対称のポテンシャルにおける波動関数は，

$$\psi(-x) = \pm\psi(x) \tag{7.48}$$

を満たす．井戸領域では，無限大障壁の場合と同様に，シュレーディンガー方程式において2階微分した波動関数の符号が変わって同じ関数に戻ることから，波動関数はsinまたはcosとなる．また，波動関数とx軸が交わる節が少ないほどエネルギーが低いことから，原点と交わらない偶関数が最小エネルギーの波動関数になる．

偶関数，すなわち $\psi(-x) = \psi(x)$ のとき

$$\psi_{\mathrm{W}} = A\cos(kx), \tag{7.49}$$

$$\frac{\hbar^2 k^2}{2m} = E \tag{7.50}$$

一方，障壁領域では，シュレーディンガー方程式は

$$\frac{\hbar^2}{2m}\frac{d^2\psi_{\mathrm{B}}}{dx^2} = (V_0 - E)\psi_{\mathrm{B}} \tag{7.51}$$

と変形され，2 階微分しても符号が変わらない（$V_0 - E > 0$）ことから波動関数は $e^{\pm\beta x}$ の形を取る．また，$x \to \pm\infty$ において波動関数はゼロに収束しないといけないので，それぞれの領域において波動関数は以下の形を取ることになる．

$$\psi_{\mathrm{B}} = \begin{cases} Ce^{\beta x} & \left(x < -\dfrac{l}{2}\right), \qquad (7.52) \\ Ce^{-\beta x} & \left(x > \dfrac{l}{2}\right) \qquad (7.53) \end{cases}$$

ここで，β は以下の関係を満たす．

$$\frac{\hbar^2\beta^2}{2m} = V_0 - E \tag{7.54}$$

x 軸の区画の継ぎ目では，波動関数とその 1 階微分は連続であるという接続条件が満たされる必要がある． $x = \frac{l}{2}$ において，$\psi_{\mathrm{W}}\left(\frac{l}{2}\right) = \psi_{\mathrm{B}}\left(\frac{l}{2}\right)$ から

$$A\cos\frac{kl}{2} = Ce^{-\frac{\beta l}{2}} \tag{7.55}$$

$\frac{d\psi_{\mathrm{W}}}{dx}\left(\frac{l}{2}\right) = \frac{d\psi_{\mathrm{B}}}{dx}\left(\frac{l}{2}\right)$ から

$$-kA\sin\frac{kl}{2} = -\beta Ce^{-\frac{\beta l}{2}} \tag{7.56}$$

が得られる．$x = -\frac{l}{2}$ における接続条件も，同様に (7.55) と (7.56) を与える．（これは，波動関数の対称性に関する制約から波動関数の形を偶関数と奇関数に絞り込んでいるからである．）(7.56) を (7.55) で辺々割って，

$$k\tan\frac{kl}{2} = \beta \tag{7.57}$$

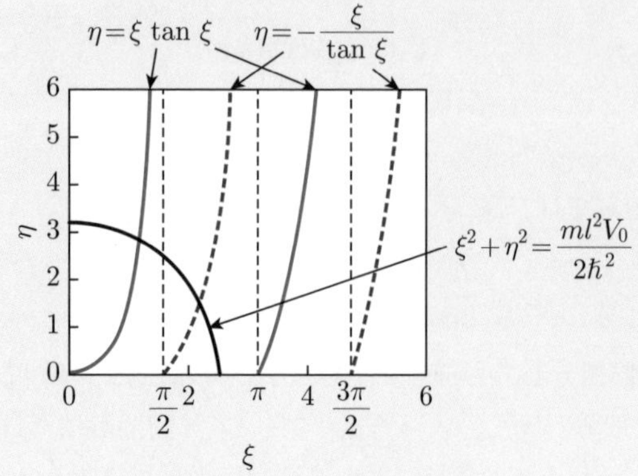

図 7.2　$\xi\left(=\frac{kl}{2}\right)$, $\eta\left(=\frac{\beta l}{2}\right)$ の値の組を求めるための図解法

が得られる．一方，(7.50) と (7.54) を辺々足して変形すると，

$$k^2 + \beta^2 = \frac{2mV_0}{\hbar^2} \tag{7.58}$$

が得られる．(7.57) と (7.58) から，問題の条件を満たす k と β が得られる．この問題の場合，(7.57) が素直に $\beta = f(k)$ の形を取っているので，k, β 空間の図解法で解を求めることができる．見通しをよくするため，

$$\xi = \frac{kl}{2}, \quad \eta = \frac{\beta l}{2} \tag{7.59}$$

ように変数を変換する．すると，(7.57) は

$$\eta = \xi \tan \xi \tag{7.60}$$

に，(7.58) は

$$\xi^2 + \eta^2 = \frac{ml^2 V_0}{2\hbar^2} \tag{7.61}$$

となる．(7.60) と (7.61) は ξ-η 平面上に図 7.2 のように表され，2 つの曲線の交点が問題を満たす ξ と η の組，すなわち，量子状態を表す．なお，tan の定義域は無数にあるため，(7.61) に相当する円の半径が大きい（質量 m，閉じ込め領域の幅 l，そしてポテンシャル高さ V_0 の値が大きい）ほど，多くの量子状態が存在する．

一方，奇関数の波動関数も忘れてはならない．$\Psi(-x) = -\Psi(x)$ のとき，井戸領域では，

$$\psi_{\mathrm{W}} = A\sin(kx) \tag{7.62}$$

障壁領域では，波動関数は偶関数でも奇関数でも同じ形を取る．

$$\psi_{\mathrm{B}} = \begin{cases} -Ce^{\beta x} & \left(x < -\dfrac{l}{2}\right), \quad (7.63) \\ Ce^{-\beta x} & \left(x > \dfrac{l}{2}\right) \quad (7.64) \end{cases}$$

k, β が満たすべき式も，同様に (7.50) と (7.54) である．区画の継ぎ目における接続条件を考える．$\psi_{\mathrm{W}}\left(\frac{l}{2}\right) = \psi_{\mathrm{B}}\left(\frac{l}{2}\right)$ から

$$A\sin\frac{kl}{2} = Ce^{-\frac{\beta l}{2}} \tag{7.65}$$

$\frac{d\psi_{\mathrm{W}}}{dx}\left(\frac{l}{2}\right) = \frac{d\psi_{\mathrm{B}}}{dx}\left(\frac{l}{2}\right)$ から

$$kA\cos\frac{kl}{2} = -\beta Ce^{-\frac{\beta l}{2}} \tag{7.66}$$

(7.66) を (7.65) で辺々割って，

$$\frac{k}{\tan\frac{kl}{2}} = -\beta \tag{7.67}$$

後は，偶関数の場合と同じ変数変換により，ξ と η の満たすべき式

$$\eta = -\frac{\xi}{\tan\xi}, \tag{7.68}$$

$$\xi^2 + \eta^2 = \frac{ml^2V_0}{2\hbar^2} \tag{7.69}$$

が得られる．(7.69) は (7.61) と同じである．(7.68) で表される曲線も，図 7.2 に示している．当然の物理として，ξ-η 平面上に (7.60) と (7.68) は交互に現れる．(7.50), (7.59) より，

$$E = \frac{\hbar^2k^2}{2m} = \frac{\hbar^2}{2m}\left(\frac{2\xi}{l}\right)^2 \tag{7.70}$$

であるから，ξ の小さい順にエネルギーの低い準位となる．すなわち，エネルギーの低い状態から，波動関数が偶関数，奇関数の順番で交互に並ぶことになるし，ξ すなわち k が大きくなると sin, cos の節の数が増えるから，エネルギーの高い状態ほど波動関数と x 軸の交点が増えることになる．

ここで，障壁の大きさが無限大の場合との違いを考察してみよう．無限大障壁の場合，エネルギー準位は

$$E_n^{\infty} = \frac{\hbar^2}{2m}\left(\frac{\pi n}{l}\right)^2 \tag{7.71}$$

である（$n = 1, 2, 3, \ldots$）．これは，(7.70) において $\xi = \frac{n\pi}{2}$ を意味するので，図 7.2 でいえば $\xi = \frac{n\pi}{2}$ の縦線に相当する．エネルギーが大きい状態になるほど，円弧と各曲線の交点が $\xi = \frac{n\pi}{2}$ の線からより原点方向に離れることが分かる．すなわち，高次の準位ほど，無限大障壁の場合に比べて (7.70) で表されるエネルギー準位が小さくなる．もちろん，エネルギー障壁 V_0 よりも大きなエネルギー準位は存在できない．このように，エネルギー準位と障壁の高さが近づくにつれて，量子閉じ込め効果が弱まり，エネルギー準位が無限大障壁の場合に比べて小さくなる．この傾向は，さらに複雑なポテンシャル場でも定性的に成り立つ．

次に，ポテンシャルの高さが有限の場合に特有の，障壁内部への波動関数の染み出しについて考える．これは，(7.52) あるいは (7.53) で表され，染み出しの特性長（波動関数の絶対値が $\frac{1}{e}$ に減衰する長さ）$\frac{1}{\beta}$ は (7.54) を用いて

$$\frac{1}{\beta} = \frac{\hbar}{\sqrt{2m(V_0 - E)}} \tag{7.72}$$

となる（第6章の例題 6.3 参照）．すなわち，エネルギー準位と障壁の高さが近づくにつれて，量子閉じ込め効果が弱まり，波動関数の障壁内への染み出しが顕著になることが分かる．この傾向も，エネルギー準位と同様に，さらに複雑なポテンシャル場でも定性的に成り立つ．これら2つの傾向は，ぜひ直観的に把握していただきたい．

7.5　放物線型ポテンシャルによる閉じ込め（調和振動子）

図 7.3 に示す放物線型のポテンシャル場（$V = \frac{1}{2}m\omega^2 x^2$）における粒子の運動を考えよう．ポテンシャルは時間に依存しないので，定常状態のシュレーディンガー方程式を解けばよい．

$$\left(-\frac{\hbar^2}{2m}\frac{d^2}{dx^2} + \frac{1}{2}m\omega^2 x^2\right)\psi = E\psi \tag{7.73}$$

$x \to \pm\infty$ では $V \to \infty$ なので，$\psi \to 0$ が境界条件となる．

(7.73) を解くのは数学的にいささか複雑な作業になるので，ここでは結果だけを示す．

$$\psi_n(x) = \left(\frac{\sqrt{\frac{2m\omega}{\hbar}}}{2^n(n!)}\right)^{\frac{1}{2}} H_n\left(\sqrt{\frac{m\omega}{\hbar}}\,x\right)\exp\left(-\frac{m\omega}{2\hbar}x^2\right), \tag{7.74}$$

$$E_n = \left(n + \frac{1}{2}\right)\hbar\omega \tag{7.75}$$

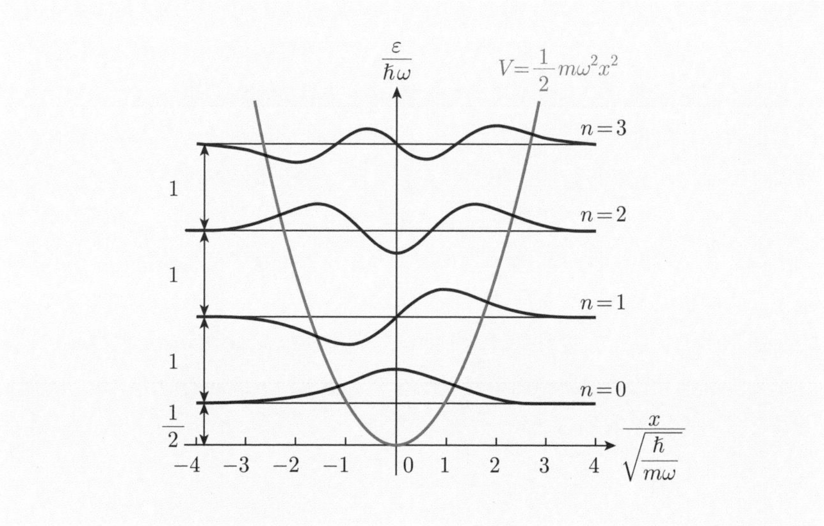

図 7.3　調和振動子の放物線型ポテンシャルとエネルギー準位．各準位の波動関数を，エネルギー準位を表す線を横軸として描いている．

ただし，量子状態の番号である量子数 n は，0 以上の整数を取る．$H_n(s)$ はエルミート多項式であり，

$$\exp(-t^2 + 2st) = \sum_{n=0}^{\infty} \frac{1}{n!} H_n(s) t^n \tag{7.76}$$

により定義される．具体的な形は，

$$\begin{aligned} H_0(s) &= 1, \\ H_1(s) &= 2s, \\ H_2(s) &= 4s^2 - 2, \\ H_3(s) &= 8s^3 - 12s, \\ H_4(s) &= 16s^4 - 48s^2 + 12 \end{aligned} \tag{7.77}$$

となっている．図 7.3 に，$n = 0, 1, 2, 3$ に対応する固有エネルギーと波動関数の形を示す．調和振動子の特徴は，最小の固有エネルギーが 0 ではなく $\frac{1}{2}\hbar\omega$ であることと（ゼロ点エネルギーの存在），それに続く量子準位のエネルギー間隔が等しく $\hbar\omega$ であることである．これらの特徴を，7.2 節で扱った無限高さ，7.4 節で扱った有限高さの矩形ポテンシャルに閉じ込められた粒子のものと比べてみよう．まず，ゼロ点エネルギーの存在は，閉じ込め系に共通した特徴である．次に，量子準位のエネルギーが等間隔で並ぶことは，矩形ポテンシャルに閉じ込められた粒子のエネルギー準位の間隔が量子数 n が大きいほど拡がる傾向とは異なる．これは，図 7.3 に示すように，量子準位のエネルギーと放物線ポテンシャルの交点 2 つの間隔（ポテンシャルで閉じ込められた領域の幅）が量子数 n が大きいほど広くなるためである．7.2 節で学んだように，閉じ込め領域の幅が広いとエネルギー準位の間隔は小さくなる．量子数 n が大きくなって，矩形ポテンシャルであれば量子準位の間隔が拡がる傾向を，放物線ポテンシャルでは閉じ込め領域の幅が拡がる効果で相殺して等間隔のエネルギー準位となっているのである．

例題 7.3

量子準位の間隔は，光の吸収・放出を伴う状態間の遷移により観察できる（第10章を参照）．例えば，CO_2 分子中での原子の振動は調和振動子で近似でき，実験によって約 $2400\,\mathrm{cm}^{-1}$（波長の逆数）に赤外線吸収のピークを持つことがわかっている．CO_2 分子振動の量子準位のエネルギー間隔を求めよ．

【解答】

$$\Delta E = \frac{hc}{\lambda} = \frac{(6.6\times 10^{-34}\,\mathrm{J\,s})(3.0\times 10^{10}\,\mathrm{cm\,s^{-1}})(2400\,\mathrm{cm^{-1}})}{(1.6\times 10^{-19}\,\mathrm{J\,eV^{-1}})} = 0.30\,\mathrm{eV}$$

なお，シリコン結晶については，$520\,\mathrm{cm}^{-1}$ に赤外線吸収のピークを持つことが観察されている．このシリコン原子の振動に関するエネルギー準位の間隔は，$64\,\mathrm{meV}$ となる． ■

7章の問題

□ **1** $-\frac{l}{2} \le x \le \frac{l}{2}$ で $V=0$，それ以外で $V\to\infty$ のポテンシャル場における粒子について，固有関数は

$$\psi_{\mathrm{o}} = \sqrt{\frac{2}{l}}\cos\left(\frac{\pi n}{l}x\right) \quad (n=2s-1),\quad \psi_{\mathrm{e}} = \sqrt{\frac{2}{l}}\sin\left(\frac{\pi n}{l}x\right) \quad (n=2s)$$

ただし，s は自然数である．この固有関数で記述される粒子の運動量を議論せよ．

□ **2** ごく薄い GaN 結晶を AlN 結晶で挟むと，バンドギャップが小さな材料を大きな材料で挟むので，次図のような電子が感じるポテンシャル場が形成される（半導体のバンドについては第9章で述べる）．

ここで，GaN の伝導帯に存在する電子は，AlN との境目でポテンシャル障壁 ΔE_{c} を感じるので，x 方向に1次元の有限ポテンシャルによる閉じ込め系（量子井戸）が形成される．ここでは，量子井戸を孤立した1つの閉じ込め領域として扱い，$\Delta E_{\mathrm{c}} = 2.0\,\mathrm{eV}$, $L_{\mathrm{w}} = 2.0\,\mathrm{nm}$ を仮定する．

(1) 電子の第1準位と第2準位のエネルギーの差を eV 単位で求めよ．ただし，GaN 結晶中の電子の質量として，有効質量 $m_{\mathrm{eff}} = 0.20\,m_0$（$m_0$ は真空中の質量）を用いよ．(有効質量の詳しい意味は第9章で説明する.)

(2) 伝導帯の量子井戸に形成されるエネルギー準位は，全部でいくつ存在するか．

(解答用の参考図：図7.2を目盛りとともに描いたもの)

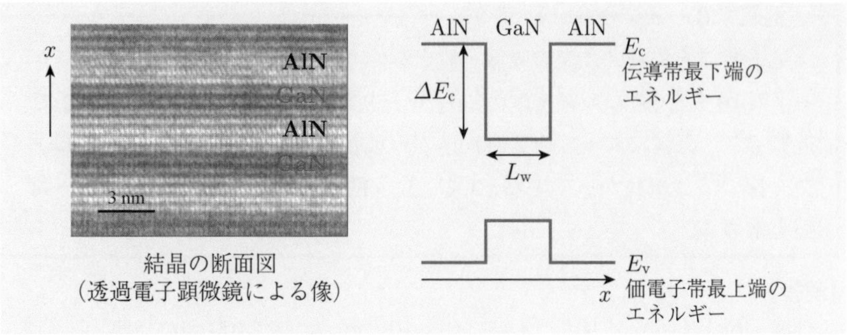

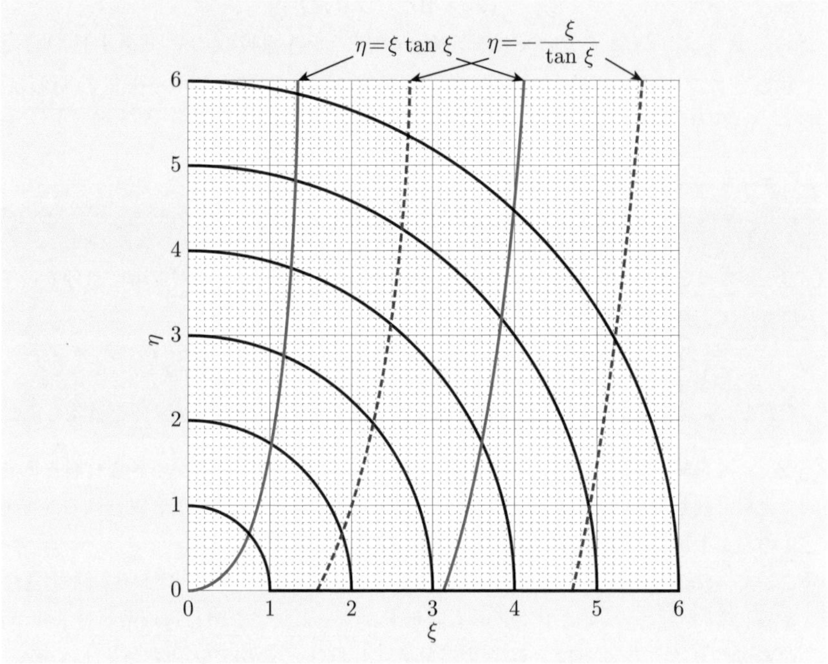

□ **3**　調和振動子の固有状態の波動関数を線形結合した波束

$$\Psi(x,t) = \sum_n c_n \psi_n(x) e^{-\frac{i\varepsilon_n}{\hbar}} \tag{7.78}$$

について，$|\Psi(x,t)|^2$ が時間軸で振動する周期を求めよ．これが波束で表される粒子の時間振動周期になる．

第8章　結合した閉じ込め領域

ここまでは単一の1次元閉じ込め領域を扱ってきた．次に，複数の閉じ込め領域が隣接する場合を考えてみよう．これは化学結合のモデルであり，次章で扱うバンド理論の基礎となるものである．

8.1　薄い障壁で隔てられた閉じ込め領域

簡単なモデルとして，図8.1に示すように同じ幅の閉じ込め領域が有限高さの障壁を隔てて2つ隣接する場合を考えよう．

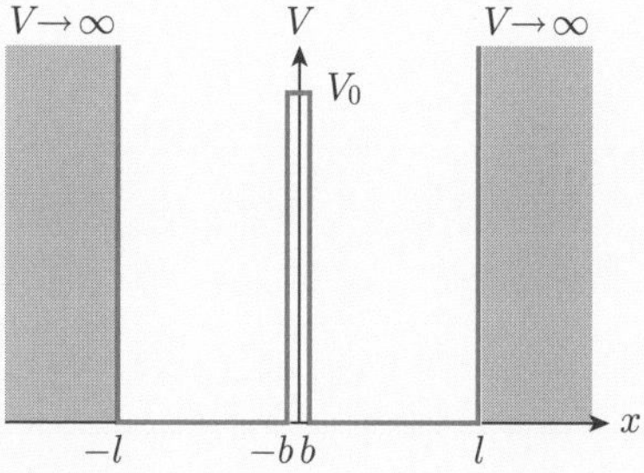

図 8.1　結合した閉じ込め領域のポテンシャル

このポテンシャルは以下のように表される．例の通り，それぞれの区画におけるシュレーディンガー方程式とその一般解を考える．

♦ **領域 I**　$-b < x < b$　ここでは $V = V_0$ $(> E)$

$$-\frac{\hbar^2}{2m}\frac{d^2}{dx^2}\psi = (E - V_0)\psi \tag{8.1}$$

両辺ともに波動関数の係数はマイナスなので，2回微分して符号がもとに戻る波動関数

$$\psi_{\mathrm{I}} = Ae^{\beta x} + Be^{-\beta x} \tag{8.2}$$

が一般解になる．ここで，係数 β は

$$\frac{\hbar^2\beta^2}{2m} = V_0 - E \tag{8.3}$$

を満たす.

♦ **領域 II** $b \le x \le l$ ここでは $V = 0$

$$-\frac{\hbar^2}{2m}\frac{d^2}{dx^2}\psi = E\psi \tag{8.4}$$

2 回微分したら波動関数の符号が変わるので，一般解は

$$\psi_{\rm II} = Ce^{ikx} + De^{-ikx} \tag{8.5}$$

係数 k は

$$\frac{\hbar^2 k^2}{2m} = E \tag{8.6}$$

を満たす.

♦ **領域 III** $-l \le x \le -b$ ($V = 0$) においても波動関数の一般解は領域 II と同じ形を取る.

$x < -l, l < x$ においては，ポテンシャルが無限大なので波動関数はゼロになる．したがって

$$\psi(\pm l) = 0 \tag{8.7}$$

これまでと同様に，ポテンシャル $V(x)$ は $x = 0$ に対して対称なので，波動関数は偶関数あるいは奇関数となる．1 次元なので 1 つの E には 1 つの固有関数のみが存在する．直観も動員してシュレーディンガー方程式の解を 1 つ見つければ目的達成である.

まず，ψ が偶関数のときを考えよう．$x = 0$ を含む領域 I では，ψ は当然偶関数であり

$$\psi_{\rm I} = A\cosh(\beta x) \quad (-b < x < b) \tag{8.8}$$

次に，領域 II と III を考えるのだが，$e^{\pm ikx}$ を線形結合してできるサインもしくはコサインを用いて (8.7) を満たす偶関数を作ればよい．区画ごとに別の関数を定義してもよい．できるだけ簡単な偶関数として，

$$\psi_{\rm II} = C\sin(k(l - x)) \quad (b \le x \le l) \tag{8.9}$$

$$\psi_{\rm III} = C\sin(k(l + x)) \quad (-l \le x \le -b) \tag{8.10}$$

の組合せであれば，サインのみを含む偶関数で，かつ (8.7) を満たす．k, β の

値を求めるために，$x = b$ における波動関数の接続条件を考えよう．

$$\psi_{\mathrm{I}}(b) = \psi_{\mathrm{II}}(b), \tag{8.11}$$

$$\frac{d\psi_{\mathrm{I}}}{dx}(b) = \frac{d\psi_{\mathrm{II}}}{dx}(b) \tag{8.12}$$

これらを書き下すと，(8.11) より

$$A\cosh(\beta b) = C\sin(k(l-b)) \tag{8.13}$$

(8.12) より

$$\beta A\sinh(\beta b) = -kC\cos(k(l-b)) \tag{8.14}$$

(8.14) を (8.13) で辺々割ると

$$\beta\tanh(\beta b) = -\frac{k}{\tan(k(l-b))} \tag{8.15}$$

が得られる．一方，(8.3) と (8.6) から，

$$\frac{\hbar^2}{2m}(k^2+\beta^2) = V_0 \tag{8.16}$$

(8.15) および (8.16) を満たす k と β の組合せが得られる．また，波動関数の係数同士の関係は，(8.13) から

$$A = \frac{\sin(k(l-b))}{\cosh(\beta b)}C \tag{8.17}$$

後は，規格化条件

$$\int_{-l}^{l} |\psi|^2\,dx = 1 \tag{8.18}$$

を満たすように波動関数の係数を決めればよい．

一方，ψ が奇関数のときは，波動関数は

$$\psi_{\mathrm{I}} = A\sinh(\beta x) \qquad (-b < x < b) \tag{8.19}$$

$$\psi_{\mathrm{II}} = C\sin(k(l-x)) \qquad (b \le x \le l) \tag{8.20}$$

$$\psi_{\mathrm{III}} = -C\sin(k(l+x)) \qquad (-l \le x \le -b) \tag{8.21}$$

となる．これについて，$x = b$ における波動関数の接続条件から

$$A\sinh(\beta b) = C\sin(k(l-b)), \tag{8.22}$$

$$\beta A\cosh(\beta b) = -kC\cos(k(l-b)) \tag{8.23}$$

(8.22) を (8.23) で辺々割って

$$\frac{1}{\beta}\tanh(\beta b) = -\frac{1}{k}\tan(k(l-b)) \tag{8.24}$$

これと (8.16) を満たすように k と β が決まる．

また，波動関数の係数同士の関係は，(8.22) から

$$A = \frac{\sin(k(l-b))}{\sinh(\beta b)}C \tag{8.25}$$

残念ながら，7.4 節で扱った有限高さのポテンシャル障壁による閉じ込めとは異なり，図解法で k と β の値を求めることはできず，(8.15) と (8.16) の組，あるいは (8.24) と (8.16) の組を数値的に解くしかない．実際に解くと，ごく近い k

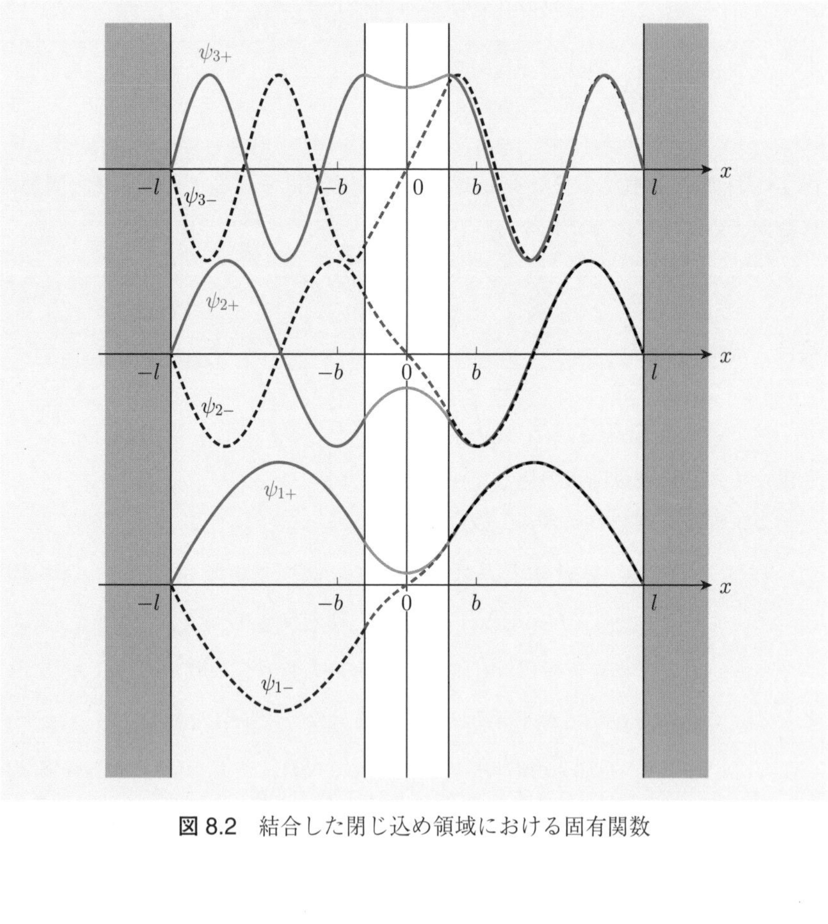

図 8.2　結合した閉じ込め領域における固有関数

の値が偶関数，奇関数の波動関数に対して得られる．k が小さい，すなわち固有エネルギーが小さい方から，量子状態に 1+, 1−, 2+, 2−, 3+, 3− と番号をつけることにしよう．+ は偶関数，− は奇関数の固有関数に対応させる．これらの状態に対応する固有関数をプロットすると，図 8.2 のようになる．

$x = 0$ 近傍の波動関数は $\cosh(\beta x)$ あるいは $\sinh(\beta x)$ の形になるので，障壁への波動関数の浸透長 $\frac{1}{\beta}$ が障壁厚さに対して十分大きいと，波動関数は障壁の中でも大きな絶対値を取りうる．(もちろん，奇関数のときには常に $\psi(0) = 0$ である.) このとき，粒子は障壁をトンネルして左右の閉じ込め領域の間を往来できるのではないかと予想される．

波動関数の時間依存性を考慮すると，このイメージはさらに明確になる．時間を含んだ波動関数の一般形は，定常状態のシュレーディンガー方程式の固有関数に $e^{-i\omega_n t}$ をかけて線形結合を取ったものである．

$$\Psi(x,t) = \sum_n c_n \varphi_n(x) e^{-i\omega_n t} \tag{8.26}$$

ただし，

$$\omega_n = \frac{\hbar k_n^2}{2m} \tag{8.27}$$

である．n は固有関数の番号である．係数 c_n は，初期条件に応じて決められる．例えば，図 8.3 に示すように，$t = 0$ において右側の閉じ込め領域に存在確率を持つように波動関数を定める．(実は，このとき $c_1 = c_2 = a$, $c_3 = c_4 = \cdots = 0$ (a は規格化条件を満たす定数) という単純な係数の組合せを考えただけである.) すると，時間の経過に伴い，(8.26) が表す粒子の存在確率 $|\Psi|^2$ は図 8.3 に示すように変化する．時刻 $t = 0$ では右側の閉じ込め領域にいた粒子が，$t = 0.5T$ には左側の閉じ込め領域に移動し，$t = T$ には再び右側の閉じ込め領域に粒子が戻るというように，粒子の位置が時間とともに振動する．$t = 0$ と $t = 0.5T$ の間では，粒子の存在確率は左右の閉じ込め領域に分かれる，すなわち，粒子はどちらの閉じ込め領域にも観察される可能性がある．ただし，障壁の内部に粒子を観察できる可能性は，ゼロではないが非常に小さい．

もちろん，図 8.3 に示したのは「観察される前」の粒子の存在確率であり，いったん観察してしまったら，その後の粒子の存在確率は別の経時変化をたどることになる．

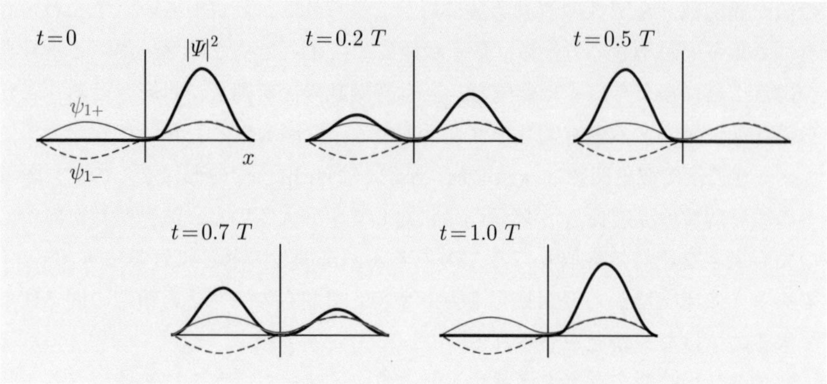

図 8.3　結合した閉じ込め領域における波動関数の時間変化

次に，粒子のエネルギー準位を考えよう．粒子の量子状態に対応するエネルギーは，上述のように得られた k の値から (8.6) により求められる．これを障壁の厚さ $2b$ の関数としてプロットしたのが図 8.4 である．2 つの閉じ込め領域を隔てる障壁が厚いとき，図 8.2 に示した波動関数が偶関数，奇関数の場合ともにエネルギーはほぼ等しい値を取る．しかし，障壁が薄くなると，図 8.4 に示すように偶関数の波動関数を持つ量子状態はエネルギーが低く，奇関数の波動

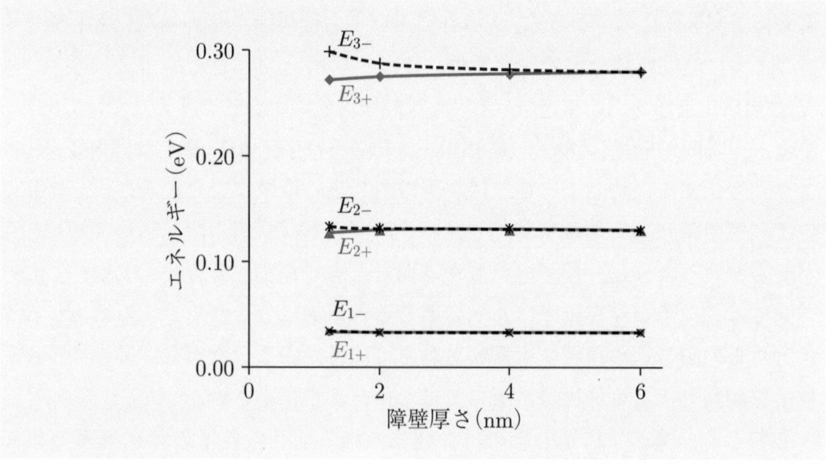

図 8.4　結合二重量子井戸におけるエネルギー準位の障壁厚さ依存性（井戸幅 3 nm，障壁高さ 0.3 eV）

関数を持つ量子状態はエネルギーが高くなる．このエネルギーの分裂幅は，エネルギーが高い状態ほど大きくなる．この現象は，薄く低い障壁に染み出した 2 つの閉じ込め領域の波動関数同士が相互作用して，エネルギーが安定化した状態（波動関数は偶関数）と不安定化した状態（波動関数は奇関数）に再編成されたものと解釈できる．それぞれの閉じ込め領域に局在した 2 つの量子状態から，2 つの閉じ込め領域に拡がった 2 つの量子状態が形成されており，状態の数は保存されている．

このように，複数の波動関数の空間的な重なりにより新たな波動関数が形成され，エネルギーが安定化した状態と不安定化した状態が生じることは，複数の原子が化学結合して分子や結晶を形成するメカニズムである．そして，同じ固有エネルギーを持つ多数の波動関数が相互作用して異なるエネルギーを持つ波動関数に再構成されることが，結晶に特有なエネルギー準位の帯（バンド）の起源となっているのである．バンドについては，第 9 章で学ぶ．

8 章の問題

□ **1**　図 8.3 に示した

$$\Psi = a(\psi_+ e^{-i\omega_+ t} + \psi_- e^{-i\omega_- t})$$

（a は規格化条件を満たす定数）について，粒子の存在確率分布 $|\Psi|^2$ が図 8.3 に示したように振動する周期 T と，ψ_+, ψ_- の固有エネルギー E_+, E_- の関係を導け．

第9章　周期ポテンシャル中の運動

ここまでは，1〜2 個の閉じ込め空間における粒子の運動を取り扱ってきた．閉じ込め空間が周期的に並ぶと，原子が周期的に並んだ結晶における電子の運動に対する良いモデルとなる．周期的閉じ込めポテンシャルを仮定してシュレーディンガー方程式を解くと，量子準位があるエネルギー領域に密集する**バンド**，および量子準位が存在しないエネルギー領域である**バンドギャップ**の存在が導かれる．これらは，今日の光・電子デバイスの動作原理を理解するための最も重要な基礎概念である．

9.1　周期ポテンシャルがもたらすバンド形成のイメージ

周期閉じ込めポテンシャルにおけるシュレーディンガー方程式を詳しく扱う前に，結晶におけるポテンシャルをいかに近似するかについて述べる．図 9.1 に示すように，原子核の周囲には電子と原子核の静電引力によるポテンシャルが存在する．例えばシリコン原子の場合，1s 軌道の電子は自由電子に比べて

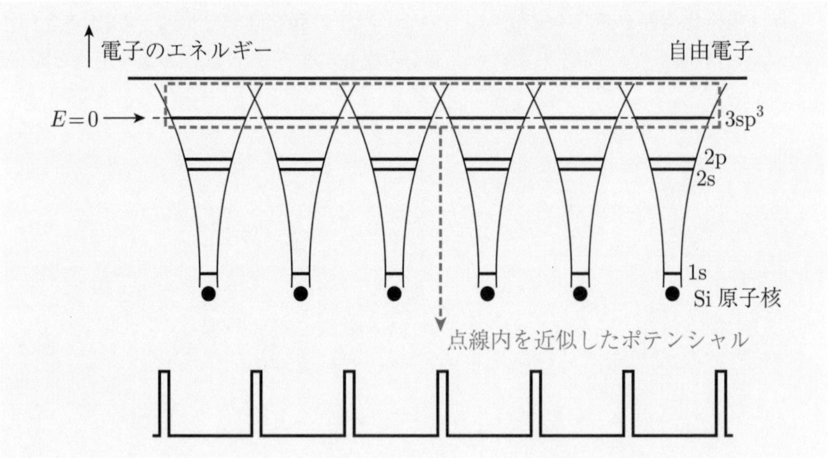

図 9.1　周期的に並んだ原子の形成するポテンシャル．電子が占有する最外殻の軌道が周期閉じ込めポテンシャルを形成する．

1800 eV ほど低いエネルギーを，2s, 2p, 3s, 3p 軌道の電子はそれぞれ約 150, 100, 13, 8 eV だけ自由電子に比べて低いエネルギーを持つ．このように，内殻軌道と最外殻軌道では，電子の持つエネルギーに著しい差が存在する．最外殻軌道の電子にとっては，原子と原子の間に存在するポテンシャル障壁はトンネルが可能なほどに低く，薄くなる．すると，隣接する原子同士の軌道が共鳴して結合準位を形成する．これは，第 8 章で扱った，薄い有限高さ障壁を隔てて存在するエネルギーの等しい量子準位同士が結合する現象と同じである．したがって，図 9.1 の下部に示した薄い障壁の周期閉じ込めポテンシャルは，周期配列した原子が形成するポテンシャル場を近似していると考えられる．もちろん，実際の結晶は 3 次元だが，ここではバンド形成の本質をできるだけ簡単に議論するために 1 次元のポテンシャルのみを扱う．

このようなポテンシャル場に形成される量子状態がどのようになるか，まず，直観的に考察してみよう．図 9.2 に示すように，孤立した閉じ込め領域には互いに独立な量子準位が形成される．閉じ込め領域を隔てる障壁が薄くなると，障壁に染み出した波動関数同士が相互作用して，新たな波動関数を形成する．このとき，閉じ込め準位のエネルギーは，孤立した閉じ込め領域の値よりも若干小さい値と若干大きい値の 2 つに分裂する．このことは，第 8 章で扱った結合閉じ込め領域の場合と同様である．それぞれの閉じ込め領域に属する 2 つの準位から，2 つの領域に拡がりエネルギーが異なる 2 つの準位が形成されるので，準位の数は保存されている．障壁の上限に近い準位ほど，障壁への波動関数の染み出しが大きくなるため，エネルギー準位の分裂幅が大きくなる．

このような波動関数同士の結合が多数の井戸間で起こると，エネルギーの値が微妙に異なる多数の準位が群れをなすことが予想される．これが**バンド**である．2 つの結合閉じ込め領域の場合からの推測として，障壁の上端に近いバンドのほうが，エネルギーの幅が大きくなると予想される．では，波動関数はどのような形を取るか？　2 つの結合閉じ込め領域の場合には，隣り合う領域同士で波動関数が同符号もしくは異符号で結合されていた．しかし，多数の閉じ込め領域が結合した場合，図 9.2 に例示するように，隣り合う領域同士で係数を微妙に変えながら相似形の波動関数が結合して，少しずつ形の異なる波動関数が多数存在すると予想される．異なるエネルギー準位には異なる波動関数が対応する必要があるので，個別閉じ込め領域の波動関数が線形結合する際の係

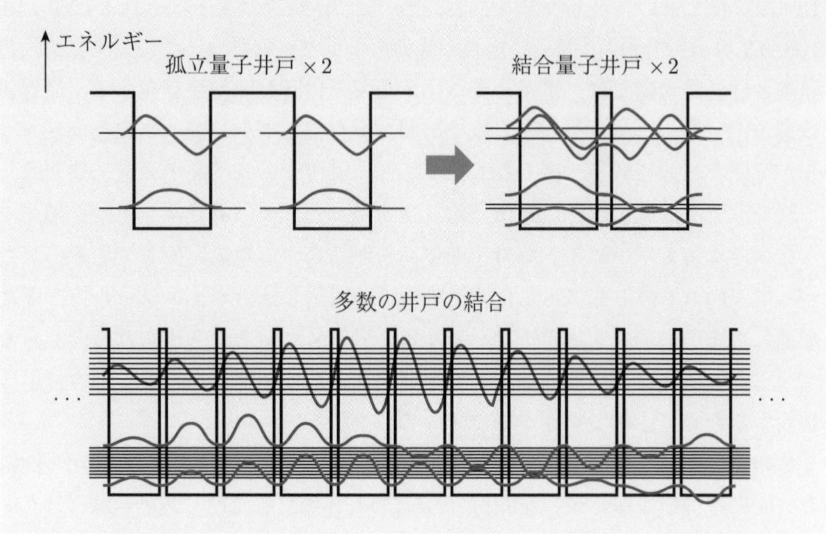

図 9.2　量子井戸の結合により形成される波動関数とエネルギー準位のイメージ

数が準位によって異なると考えられる．

以下では，このような周期的矩形ポテンシャルにおける粒子の量子準位を解析的に求めていこう．上記の予想，すなわち，隣接する井戸の間で相似形の波動関数が係数を微妙に変化させつつ結合することを数学的に表すのが，**ブロッホ関数**である．

9.2　ブロッホの定理

周期ポテンシャルにおける波動関数について，以下の定理がつねに成り立つ．

定理 9.1（ブロッホの定理）

周期 a のポテンシャルに対する波動関数は，

$$\psi(x) = e^{ikx}u(x) \tag{9.1}$$

の形で表すことができる．ただし，k は実数，$u(x)$ は周期 a を持つ．

$$u(x+a) = u(x) \tag{9.2}$$

(9.1) に $x = x + a$ を代入すると，

$$\begin{aligned}\psi(x+a) &= e^{ika}e^{ikx}u(x+a)\\ &= e^{ika}e^{ikx}u(x)\\ &= e^{ika}\psi(x)\end{aligned} \tag{9.3}$$

したがって，ブロッホの定理は，位置が a（1 周期）ずれると，波動関数が e^{ika} だけ位相変化すると表すこともできる．

(9.1) で表される波動関数，すなわちブロッホ関数は，上述のように周期 a の関数 $u(x)$ が e^{ikx} の位相を変えながら繰り返す形になる．実部または虚部を考えると，$u(x)$ に正弦波が掛かるので，$u(x)$ が高さを変えながら繰り返す形となる．このとき，k の逆数は $u(x)$ の高さの連続的な変化として表される波の波長に比例する．この様子を図 9.3 に示す．ただし，複素関数である各関数の形を可視化するために，関数の実部をプロットしている．波動関数の原子の配列間隔で細かく周期的に変化する成分を無視して包絡線に注目すると，e^{ikx} の形を取っており，波動関数はポテンシャル一定の空間中でのものと同じ形となる．すなわち，周期的なポテンシャル中に存在する粒子は，その影響を受けつつも，ポテンシャル一定の空間中と類似した振る舞いを示すことが予想される．ということは，粒子はポテンシャル障壁に閉じ込められるよりも，障壁を何度も突き抜けながらある程度自由に運動できるのではないかと予想される．その詳細は次節で考えることにして，まずはこのブロッホの定理を証明しよう．

周期 a のポテンシャル $U(x)$ に対するシュレーディンガー方程式を考える．

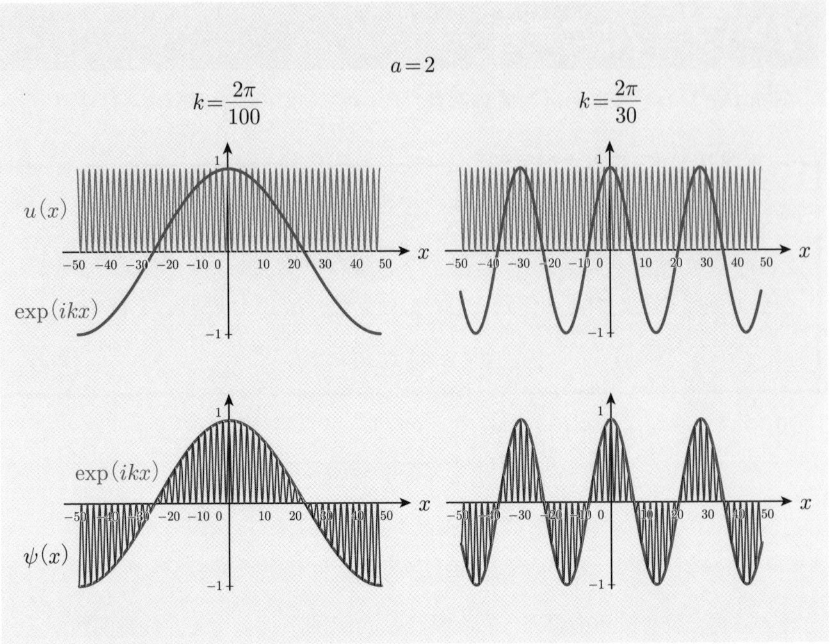

図 9.3　ブロッホ関数 $\Psi(x) = u(x)\exp(ikx)$ と各構成成分の実部

$$\left(-\frac{\hbar^2}{2m}\frac{d^2}{dx^2} + U(x)\right)\psi(x) = E\psi(x) \tag{9.4}$$

ただし，

$$U(x+a) = U(x) \tag{9.5}$$

である．(9.4) の変数 x を $x+a$ で置き換え，(9.5) を代入する．

$$\begin{aligned}\left(-\frac{\hbar^2}{2m}\frac{d^2}{dx^2} + U(x+a)\right)\psi(x+a) &= E\psi(x+a),\\ \left(-\frac{\hbar^2}{2m}\frac{d^2}{dx^2} + U(x)\right)\psi(x+a) &= E\psi(x+a)\end{aligned} \tag{9.6}$$

(9.4) と (9.6) を比較すると，波動関数 $\psi(x)$ と $\psi(x+a)$ は同じシュレーディンガー方程式の解である．1 次元では縮退する波動関数は存在しない（7.1 節前半を参照）ので，$\psi(x)$ と $\psi(x+a)$ は C を定数として以下の関係を満たす．

$$\psi(x+a) = C\ \psi(x) \tag{9.7}$$

同様に $x+2a, x+3a, \ldots, x+Na$ に対して以下が成り立つ．

$$
\begin{aligned}
&\psi(x+2a) = C\psi(x+a) = C^2\psi(x), \\
&\ldots, \\
&\psi(x+Na) = C^N\psi(x)
\end{aligned}
\tag{9.8}
$$

いま，考えている領域の長さを L として，周期的境界条件を課する．すなわち，L 離れた先の空間では同じ現象が繰り返されると考える．一見奇妙だが，数学的に意味のある波動関数を得るためには仕方ない．L を十分大きく取って，1 周期より外の現象は無視しよう．

考えている領域に N 個ポテンシャルが繰り返される，すなわち $L = Na$ のとき，

$$\psi(x+Na) = C^N\psi(x) = \psi(x), \tag{9.9}$$

$$C^N = 1 \tag{9.10}$$

この解は，

$$C = e^{i\frac{2\pi m}{N}} = e^{i\frac{2\pi m}{Na}a} = e^{ik_m a} \tag{9.11}$$

ただし，m は自然数で，

$$k_m \equiv \frac{2\pi m}{Na} = \frac{2\pi m}{L} \tag{9.12}$$

とする．m は整数で，

$$m = -\frac{N}{2}+1, \ldots, 0, \ldots, \frac{N}{2} \tag{9.13}$$

N は十分大きな値なので，標記を単純化するために偶数とする．m として区間 $[-\frac{N}{2}, \frac{N}{2}]$ よりも外の整数を取ることもできるが，これらの値は区間 $[-\frac{N}{2}, \frac{N}{2}]$ の中にある値のどれかと等価になるので，区画内の m だけを考えればよい．m は，ポテンシャルの繰り返し数と同じ N 個の異なる値を取る．なぜなら，(9.11) の指数関数の位相 $\frac{2\pi m}{N}$ に区画範囲外の m の値を入れると，区間 $[-\pi, \pi]$ より外側の位相を与え，区間 $[-\pi, \pi]$ 内のどれかの位相と等価になるからである．式で表せば，l を整数として，

$$k_{m+Nl} = \frac{2\pi(m+Nl)}{N} = \frac{2\pi m}{N} + 2\pi l = k_m + 2\pi l \quad \to \quad e^{ik_{m+Nl}a} = e^{ik_m a} \tag{9.14}$$

これにより，k_m の値の範囲にも，$-\frac{\pi}{a} \le k_m \le \frac{\pi}{a}$ という制約がつくことにな

る．これは周期ポテンシャル中の粒子に特有の性質であり，9.3 および 9.4 節で述べるようにバンドの形成とも深く関係している．

(9.7) に (9.11) を代入して，

$$\psi(x+a) = e^{ik_m a}\psi(x) \tag{9.15}$$

ここで，$\psi(x)$ が

$$\psi(x) = e^{ik_m x}u(x) \tag{9.16}$$

という形で表されると仮定すると，

$$\begin{aligned} u(x+a) &= e^{-ik_m(x+a)}\psi(x+a) \\ &= e^{-ik_m(x+a)}e^{ik_m a}\psi(x) \\ &= e^{-ik_m x}\psi(x) \\ &= u(x) \end{aligned} \tag{9.17}$$

すなわち，$u(x)$ は周期 a の関数となる．以上から，周期 a のポテンシャルに対応する波動関数は (9.16) で仮定した形，すなわち，周期 a の関数に位相が位置により変化する項 $e^{ik_m x}$ を掛け合わせた形を取ることが示された．

9.3 周期閉じ込めポテンシャルにおける粒子のエネルギー

いよいよ，周期的な矩形ポテンシャルに対する波動関数を求めることにしよう．図 9.4 のようにポテンシャルを定義する．

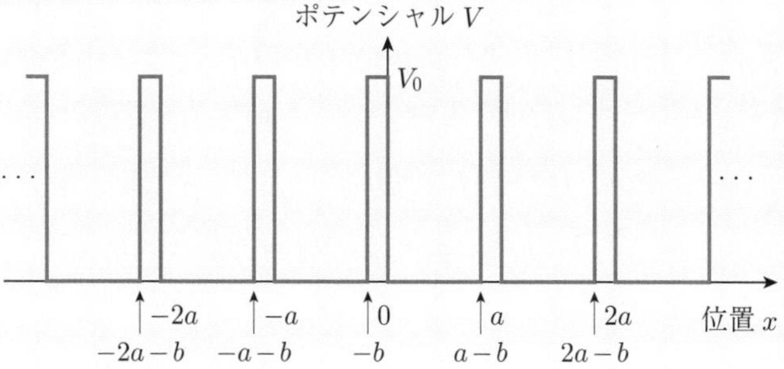

図 9.4 周期閉じ込めポテンシャル

時間を含まないポテンシャルに対するシュレーディンガー方程式は，いつもの通り．

$$\left(-\frac{\hbar^2}{2m}\frac{d^2}{dx^2}+V(x)\right)\phi=E\phi \tag{9.18}$$

$V(x)=0$ のとき（$0\leq x<a-b$）

$$\phi_1=Ae^{i\alpha x}+Be^{-i\alpha x}, \tag{9.19}$$

$$\alpha=\frac{\sqrt{2mE}}{\hbar} \tag{9.20}$$

$V(x)=V_0$ のとき（$-b\leq x<0$）

$$\phi_2=Ce^{\beta x}+De^{-\beta x}, \tag{9.21}$$

$$\beta=\frac{\sqrt{2m(V_0-E)}}{\hbar} \tag{9.22}$$

ただし $V_0>E$，また A,B,C,D は係数である．

$x=0$ での接続条件は，

$$\phi_1(0)=\phi_2(0), \tag{9.23}$$

$$\frac{d\phi_1}{dx}(0) = \frac{d\phi_2}{dx}(0) \tag{9.24}$$

次に $x = a - b$ での接続条件を考える．

$$\phi_1(a-b) = \phi_2(a-b), \tag{9.25}$$

$$\frac{d\phi_1}{dx}(a-b) = \frac{d\phi_2}{dx}(a-b) \tag{9.26}$$

ただし，$\phi_2(a-b)$ はこれまでには定義されていないので，(9.21) で定義した $\phi_2(-b)$ から，ブロッホの定理を用いて $\phi_2(a-b)$ の値を求める．

$$\phi_2(a-b) = \lambda\phi_2(-b), \tag{9.27}$$

$$\frac{d\phi_2}{dx}(a-b) = \frac{d}{dx}(\lambda\phi_2(-b)) = \lambda\frac{d\phi_2}{dx}(-b) \tag{9.28}$$

ただし，

$$\lambda = e^{ika} \tag{9.29}$$

これらの式から係数 A, B, C, D を求める．(9.23) から

$$A + B = C + D \tag{9.30}$$

(9.24) から

$$i\alpha(A - B) = \beta(C - D) \tag{9.31}$$

(9.27) から

$$Ae^{i\alpha(a-b)} + Be^{-i\alpha(a-b)} = \lambda(Ce^{-\beta b} + De^{\beta b}) \tag{9.32}$$

(9.28) から

$$i\alpha(Ae^{i\alpha(a-b)} - Be^{-i\alpha(a-b)}) = \beta\lambda(Ce^{-\beta b} - De^{\beta b}) \tag{9.33}$$

(9.30)～(9.33) を行列の形にまとめる．

$$\begin{pmatrix} 1 & 1 & -1 & -1 \\ i\alpha & -i\alpha & -\beta & \beta \\ e^{i\alpha(a-b)} & e^{-i\alpha(a-b)} & -\lambda e^{-\beta b} & -\lambda e^{\beta b} \\ i\alpha e^{i\alpha(a-b)} & -i\alpha e^{-i\alpha(a-b)} & -\beta\lambda e^{-\beta b} & \beta\lambda e^{\beta b} \end{pmatrix} \begin{pmatrix} A \\ B \\ C \\ D \end{pmatrix} = \begin{pmatrix} 0 \\ 0 \\ 0 \\ 0 \end{pmatrix} \tag{9.34}$$

まずは 0 でない A, B, C, D が存在するための条件を求める．左辺の行列の行列式 $= 0$ なので，

$$\lambda^2+1=\left(\frac{\beta^2-\alpha^2}{\alpha\beta}\sin\alpha(a-b)\sinh(\beta b)+2\cos\alpha(a-b)\cosh(\beta b)\right)\lambda \tag{9.35}$$

（行列式の計算は，付録（サポートページ）を参照）

これにより，波動関数が存在できる α, β の条件，すなわち E, k の条件を求める．(9.35) のままでは見通しが悪いので，$V_0 b$ を一定にしたまま，$b \to 0$ の極限を取る．このとき，$V_0 \to \infty$ となる．その結果，デルタ関数の障壁をトンネル効果で粒子が次々と通過する状況になる．$\sinh(x)$ および $\cosh(x)$ の $x \to 0$ における値を考える．

$$\cosh(x)=\frac{e^x+e^{-x}}{2}\to 1\quad (x\to 0) \tag{9.36}$$

$$\sinh(x)=\frac{e^x-e^{-x}}{2}\cong\frac{(1+x)-(1-x)}{2}\to x\quad (x\to 0) \tag{9.37}$$

これらを用いて，(9.35) は以下のように整理される．

$$\begin{aligned}\lambda^2+1&=\left(\frac{\beta^2-\alpha^2}{\alpha\beta}(\sin(\alpha a))\beta b+2(\cos(\alpha a))\right)\lambda,\\ \lambda+\frac{1}{\lambda}&=\left(\frac{\beta^2-\alpha^2}{\alpha\beta}(\sin(\alpha a))\beta b+2(\cos(\alpha a))\right)\end{aligned} \tag{9.38}$$

(9.20), (9.22) より，

$$\beta^2-\alpha^2=\frac{2m(V_0-2E)}{\hbar^2}\cong\frac{2mV_0}{\hbar^2} \tag{9.39}$$

（なぜなら，$E \ll V_0 \to \infty$）(9.29) と (9.39) を (9.38) に代入し，

$$2\cos(ka)=\frac{2mV_0 b}{\hbar^2}a\frac{\sin(\alpha a)}{\alpha a}+2\cos(\alpha a), \tag{9.40}$$

$$\cos(ka)=\frac{mV_0 b}{\hbar^2}a\frac{\sin(\alpha a)}{\alpha a}+\cos(\alpha a) \tag{9.41}$$

この式を満たす k および α $(=\frac{\sqrt{2mE}}{\hbar})$ が存在することが，シュレーディンガー方程式 (9.18) を満たす波動関数 ϕ が存在するための条件である．

波動関数の中に入っているパラメータ k をある値に仮定して，このときに (9.41) を満たす α が存在するかどうか考えてみよう．(9.41) の左辺は，$|\cos(ka)| \leq 1$ なので右辺が -1〜1 の範囲に入る必要がある．(9.41) の右辺を αa の関数とし

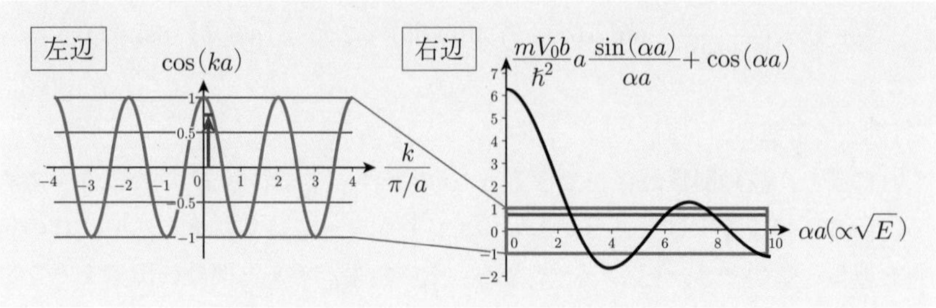

図 9.5　(9.41) の左辺と右辺を表すプロット

てプロットしてみる．(9.41) を満たす αa の範囲は限られることが分かる．

$$\alpha = \frac{\sqrt{2mE}}{\hbar} \qquad (9.20：再掲)$$

なので，αa の範囲は限られるということは，量子状態が存在するエネルギー E の範囲が限られることになる．これが**エネルギーバンド**と**バンドギャップ**の起源である．

パラメータ k は (9.41) において cos の中に入っているから，k の値が $\frac{2\pi}{a}$ ずれても同様に式が成り立つ．つまり，k は $\frac{2\pi}{a}$ の周期性を持ち，$-\frac{\pi}{a} < k < \frac{\pi}{a}$ を主値とする．これは前節で議論した通り，周期 a のポテンシャル場に対応する波動関数（ブロッホ関数）に含まれる k の性質である．主値の範囲を $k=0$ を中心に正負対称に取るのは，ブロッホ関数を用いて粒子の波束を作った際に，

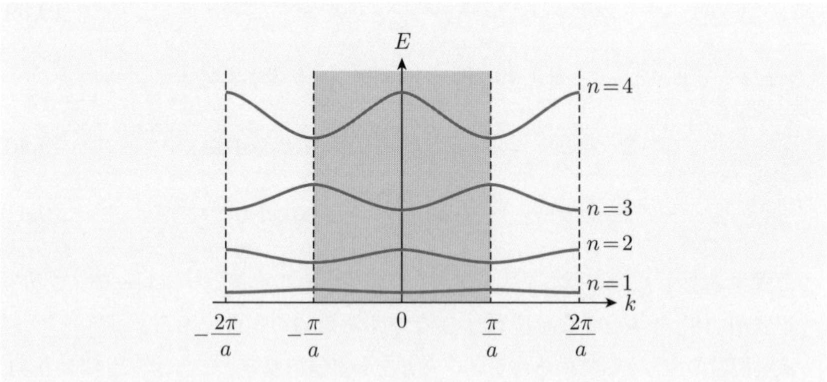

図 9.6　周期 a のポテンシャル場で粒子が持つエネルギー E とパラメータ k の関係（E-k 分散曲線）．n はエネルギーバンドの番号である．

x 軸の正・負両方向に運動する粒子を表すことができるようにするためである．各状態のエネルギー E を k に対してプロットすると，図 9.6 のようになる．

すべての量子状態，すなわち図 9.6 の曲線上の点は $-\frac{\pi}{a} \leq k \leq \frac{\pi}{a}$ の範囲に含まれるから，そこだけに注目して考えればよい．1 つの曲線で表される量子状態の束（バンド）が，エネルギーが上昇する方向に無数に存在する．通常，エネルギーが低いほうから番号を振って，$n = 1, n = 2, n = 3$ のバンドという具合に称する．

シリコンなどの結晶における量子状態のエネルギーも，基本的に図 9.6 に似た関係を持つ．もちろん，実際の結晶においては多数の電子が存在して量子状態を占有するのだが，1 つの電子に注目してその量子状態を求め，次に多数の電子を統計力学の法則（電子の場合はフェルミ–ディラック分布）に従って量子状態に詰めていくのが固体物理学の常道である．

例題 9.1（ポテンシャル周期とバンドギャップの関係）

上記のモデルに基づき，ポテンシャルの周期 a とバンドギャップの大きさの関係を議論せよ．

【解答】　図 9.6 において曲線が存在しないエネルギー領域がバンドギャップだが，これは (9.41) において解の存在しない $\alpha a = \frac{\sqrt{2mE}}{\hbar} a$ の領域に相当する．図 9.5 に示すように解が存在しない αa の値域は一定だから，a が大きいほど解が存在しない E の範囲は狭くなる．（同様に，a が大きいほど解が存在する E の範囲も小さくなる.）したがって，ポテンシャルの周期 a が大きいほどバンドギャップは小さくなるという傾向が導かれる．これは矩形ポテンシャルに閉じ込められた粒子が持つエネルギー準位の間隔が，閉じ込め領域の幅が大きくなるほど狭くなることに対応している．

実際，同じ結晶構造を取りながら構成原子の変化により格子定数（原子配列の単位ユニットのサイズ，すなわち原子の配列間隔に比例する）が異なる結晶同士で格子定数とバンドギャップを比べると，以下のようになる．

	格子定数 (Å)	バンドギャップ (eV)
ダイヤモンド	3.56	5.5
シリコン	5.43	1.1
ゲルマニウム	5.65	0.66

■

9.4 周期閉じ込めポテンシャルにおける粒子の波動関数

さて，波動関数を与える k と α が求められたとして，波動関数の形を考えよう．このとき，(9.20) および (9.22) から，β の値も得られることは言うまでもない．引き続き $b \to 0$ の極限で考えて，ポテンシャル $V = 0$ の領域にのみ注目する．$0 \leq x < a - b$ で定義された ϕ_1 ((9.19)) からブロッホの定理 ((9.1)) を用いて空間全体の波動関数を求めることができる．

$$\phi_1 = e^{ikx}u(x) = Ae^{i\alpha x} + Be^{-i\alpha x} \quad (0 \leq x < a - b) \tag{9.42}$$

$$u(x) = e^{-ikx}(Ae^{i\alpha x} + Be^{-i\alpha x}) \quad (0 \leq x < a - b) \tag{9.43}$$

この $u(x)$ を区間 $0 \leq x < a - b$ の外側にも繰り返して周期関数として定義すれば,

$$\psi(x) = e^{ikx}u(x) \tag{9.1：再掲}$$

が波動関数として得られる．

付録（サポートページ）に記した通り，(9.34) から A, B を求めて，$0 \leq x < a - b$ における $u(x)$ は

$$u(x) = Se^{-ikx}\left\{\sin\left(\alpha a\left(\frac{x}{a} - 1\right)\right) - e^{ika}\sin\left(\alpha a\left(\frac{x}{a}\right)\right)\right\} \tag{9.44}$$

となる．ここで，S は規格化条件で決まる定数である．

以上により求められた波動関数を図 9.7 に示す．$\psi(x)$ は複素関数なので，実部，虚部をそれぞれプロットし，絶対値の 2 乗 $|\psi(x)|^2$，すなわち粒子の存在確率分布も併せて示す．ここには，ブロッホ関数 ((9.1)) の特徴がよく現れている．ポテンシャルと同じ周期 a を持つ関数 $u(x)$ は，障壁に挟まれた各区画で同じ形を取っている．粒子の存在確率分布 $|\psi|^2$ を見ると，この特徴が $|u(x)|^2$ の形で見えている．一方，波動関数 ψ の実部と虚部には，e^{ikx} の影響で正弦波型の包絡線が見えている．

以下，さらに波動関数の形を議論しよう．まず，エネルギーが一番低い $n = 1$ のバンドにおいて，各 k の値に対応する波動関数を図 9.8 に示す．位置により位相が変化する項 e^{ikx} により，異なる k の値に対応して波動関数が異なる形を取る．$k = 0$ では，周期 a の繰り返しなのに対して，$k = \frac{\pi}{10a}$ では周期 $20a$，$k = \frac{\pi}{2a}$ では周期 $4a$，$k = \frac{\pi}{a}$ では周期 $2a$ の波動関数が得られている．これ

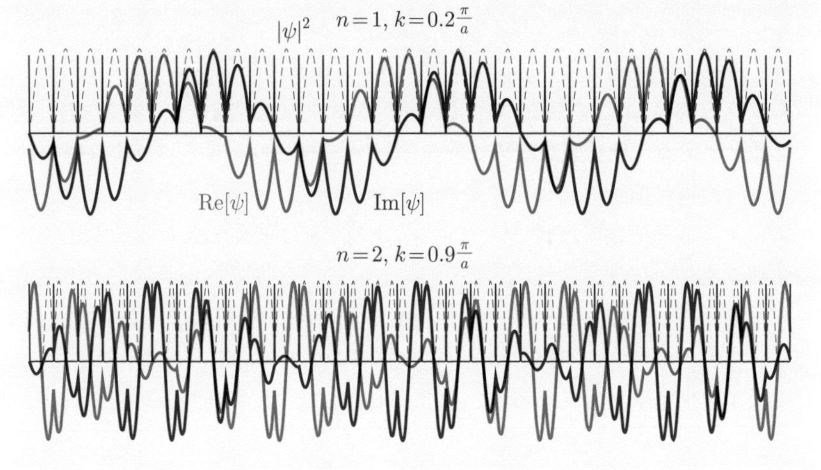

図 9.7　周期 a のポテンシャル場で粒子が持つ波動関数．n はバンドの番号を表す．

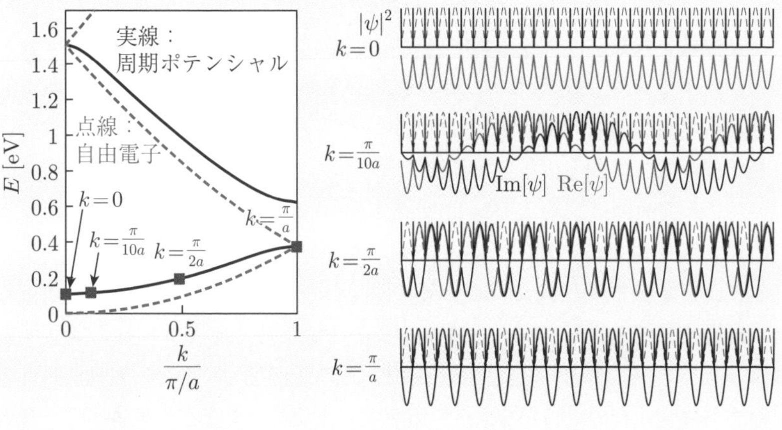

図 9.8　周期ポテンシャル中の粒子に関する E と k の関係と，$n=1$ バンドにおける波動関数（実部と虚部）および粒子の存在確率

は，もともとポテンシャルに由来する周期 a 以外に，位相変化の項 e^{ikx} が波長 $\lambda = \frac{2\pi}{k}$ の長周期構造を与えていることに対応する．結晶中の電子物性を議論する際に，我々は通常，原子サイズの分解能よりもはるかに大きなスケールでしか電子の位置を議論しない．この立場からは，波動関数 $\psi(x)$ のなかで原子サイズの周期を持つ $u(x)$ の存在はほぼ無視できて，我々が気にするのは e^{ikx} のみであるといえる．波動関数が実質的には e^{ikx} で表されるならば，これはポテンシャル一定の自由空間に存在する電子（自由電子）と同じである．実際，我々が気にする波動関数の波長は $\lambda = \frac{2\pi}{k}$ であり，k は波動関数の波長の逆数である波数に他ならない．しかし，電子のエネルギー E と k の関係は，自由電子に対する関係 $E = \frac{\hbar^2 k^2}{2m}$ とは異なる．図 9.8 の E-k 分散関係に記された点線が，この自由電子に対する関係を示す．周期ポテンシャルの存在によって，E-k 分散関係が自由電子とは異なるというのが，ここでの最も重要な知見である．周期ポテンシャル場での波動関数に現れる k は，自由電子のものとは異なることを強調するために**結晶波数**と呼ばれる．

図 9.8 の $k = \frac{\pi}{a}$ に対する波動関数は，隣り合う領域同士で位相が逆になっている．これはポテンシャルが周期 a を持つ（原子が周期 a で並んでいる）という制約のもとで得られる最小波長に相当する状態である．これよりも小さな波長の波動関数を得るには，周期 a を持つ成分 $u(x)$ の形を変えなければいけない．この最小波長 $2a$（あるいは（結晶）波数に直して最大波数 $k = \frac{\pi}{a}$）が，ポテンシャルの周期 a から出てくる特別な数であることが，よく理解できるであろう．結晶波数は負の値を取ってもよい（このとき，e^{ikx} は位置座標負の向きに進む波を表す）から，k の取り得る範囲は $-\frac{\pi}{a} \le k \le \frac{\pi}{a}$ と結論できる．したがって，k の範囲は制約式 (9.41) が課す数学的な必然ではなく，ポテンシャルの周期 a に由来する物理的必然であることが分かる．

次に，E-k 分散関係における分岐，すなわちバンドの違いが波動関数にもたらす影響を見てみよう．図 9.9 に共通の k の値を持ち，異なる n の値，すなわち異なるバンドに属する波動関数を示す．k の値が等しいので，波動関数の包絡線の周期は変化ない．しかし，n の値が大きくなる，すなわちエネルギーの大きなバンドに移ると，ポテンシャルの 1 周期 a に含まれる波動関数の山の数，あるいは $\psi = 0$ となる節の数が増える．この傾向は，存在確率 $|\psi(x)|^2$ を見たほ

うが分かりやすいかもしれない．自由空間中では無限に k が大きくなれる（波動関数の波長が無限に小さくなれる）のに対し，周期ポテンシャル中では k の範囲が有限になる（波動関数の包絡線の波長が $2a$ で下限値を取る）．その代わり，$\frac{\pi}{a}$ よりも大きな k，すなわち $2a$ よりも小さい波長の波動関数は，高エネルギーのバンドに対応し，波長の小さな $u(x)$ により波動関数の短周期振動が表される．

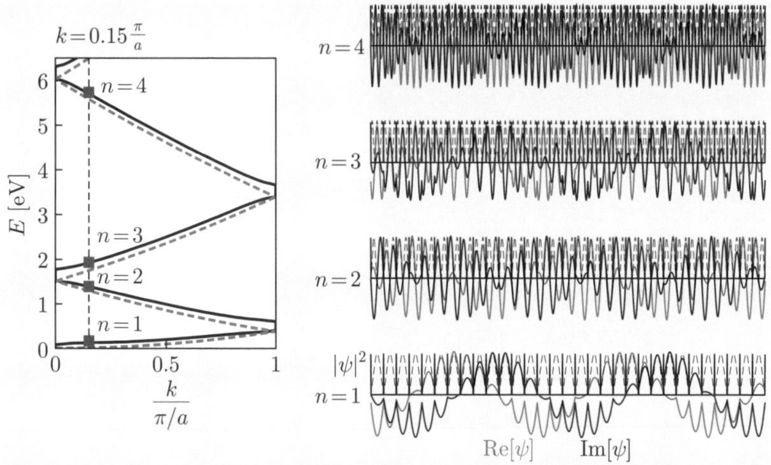

図 9.9　周期ポテンシャル中の粒子に関する異なるバンドにおける波動関数（実部と虚部）および粒子の存在確率

9.5 周期ポテンシャルにおける粒子の有効質量

原子間隔 a よりも十分大きな空間スケールで波動関数を眺めると，細かく振動する $u(x)$ の寄与は目立たなくなり，e^{ikx} の項のみが見えてくる．すると，波動関数の形は，ポテンシャル一定の場で得られる平面波の波動関数 $Ae^{ik_f x}$ と類似している．このとき，周期ポテンシャル中の粒子について，ポテンシャル一定の場と同様に，粒子を表す波束を作ることができる．波束の中心が動く速度，すなわち群速度は，細かく振動する $u(x)$ の寄与を無視すれば

$$v_{\mathrm{g}} = \frac{1}{\hbar} \left. \frac{dE}{dk} \right|_{k_0} \tag{9.45}$$

である．k_0 は，波束を構成するために足し合わせる平面波が持つ k の中心値である．波束の群速度は図 9.8 や図 9.9 に示す E-k 分散曲線（量子準位の集合：バンド）について各 k における接線の傾きに相当する．このように，ブロッホ関数に現れるパラメータ k は，ポテンシャル一定の場合と同様に，波束の運動に関連した重要なパラメータである．しかし，$u(x)$ の寄与があるので，周期ポテンシャル中での粒子の運動量の期待値は，ポテンシャル一定の場合と異なり $p_x = \hbar k_0$ とはならない．

周期ポテンシャル中の粒子の運動をポテンシャル一定の場合と同様に扱いたいのなら，E と k の関係を，局所的に放物線で近似して，

$$E = E_0 + \frac{\hbar^2 k^2}{2m^*} \tag{9.46}$$

と表す．ここで現れる放物線の曲率に関係したパラメータ m^* を**有効質量**と呼ぶ．この近似のもとでは，粒子の運動に関して，古典力学の運動方程式に相当する関係式

$$m^* \frac{dv_{\mathrm{g}}}{dt} = F \tag{9.47}$$

が成り立つ（この導出は半導体物性の教科書に譲る）．F は粒子に働く力である．周期ポテンシャルの中で，粒子は本来の質量 m とは異なる有効質量 m^* を持つかの如く振る舞うのである．

9 章の問題

□ **1**　下図は，エネルギーが低いほうから 2 つのバンドにおける，$k = 0$ および $k = \frac{\pi}{a}$ の波動関数 $\psi(x)$ および存在確率分布 $|\psi(x)|^2$ である．各バンドに含まれる固有状態のエネルギーとして，$n = 1$ のバンドでは $k = 0$ が最小値を取る一方，$n = 2$ のバンドでは $k = \frac{\pi}{a}$ が最小値を取る．すなわち，図 9.6 に示す E と k の分散曲線は，$k = 0$ 付近で $n = 1$ のバンドでは下に凸，$n = 2$ のバンドでは上に凸となる．この理由を，「$\psi(x) = 0$ となる節の数が多いほど対応する固有エネルギーは大きくなる」という傾向をもとに $\psi(x)$ の形から説明せよ．

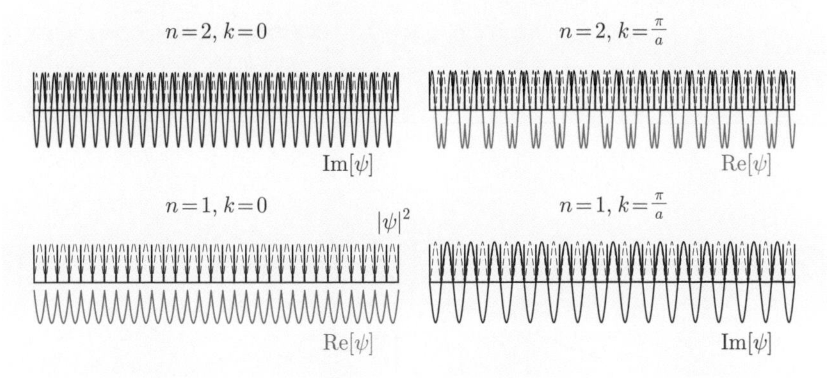

□ **2**　本章の議論では見通しを良くするため，障壁の幅 $b \to 0$ の極限を考えた．ポテンシャルの周期 a が一定のまま b の値が大きくなると，バンドのエネルギー幅はどうなるか．傾向を議論せよ．(ヒント：第 8 章で扱った隣接する 2 つの閉じ込め領域の場合で，エネルギー E_+ と E_- の間隔が障壁の幅に依存する様子から類推せよ.)

□ **3**　問題 2 と同様にポテンシャルの周期 a が一定のまま障壁の幅 b が大きくなると，$k = 0$ 付近での粒子の有効質量はどうなるか．

第10章　光の吸収・放出

これまでは，ハミルトニアン $\widehat{H}$ の中に時間に依存する項がない場合を考えてきた．しかし，例えばポテンシャルに閉じ込められている電子に対して，電磁波が照射され（電場は閉じ込めの方向に向いているとする），電場が角振動数 ω で振動するとき，系には時間に依存するポテンシャル

$$\widehat{H'} = -exE_0\cos(\omega t) \tag{10.1}$$

が追加される（図 10.1）．

ここでは電磁波を古典力学的な波として粒子の閉じ込めポテンシャルに与える影響を表す一方，後で述べるように電磁波のエネルギーとして $\hbar\omega$ を用いるなど，古典論を一部併用して簡略化された量子力学的取り扱いを紹介する．

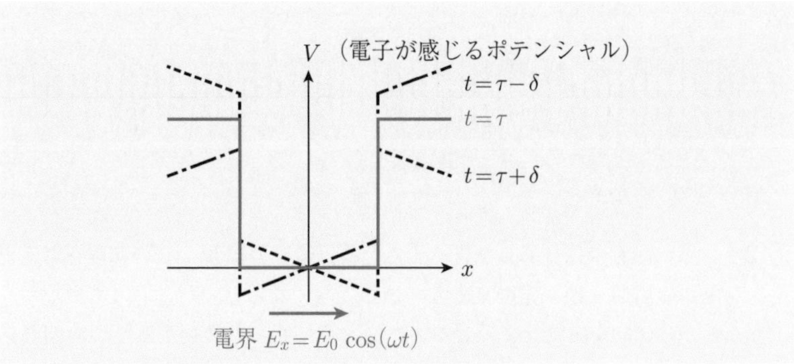

図 10.1　電界により時間で振動するポテンシャル

10.1　時間に依存する摂動法とフェルミの黄金律

一般に，時間に依存するポテンシャルを含むシュレーディンガー方程式を解析的に解くのは容易ではない．ここでは，時間に依存する摂動法という扱いを紹介する．まず，ハミルトニアンを時間に依存しない項 $\widehat{H_0}$ と依存する項 $\widehat{H'}$ に分離する．

$$\widehat{H} = \widehat{H_0} + \widehat{H'} \tag{10.2}$$

$\widehat{H'}$ が波動関数に与える影響は $\widehat{H_0}$ に比べて非常に小さい場合に適用可能な扱いとして，$\widehat{H_0}$ に対応する固有関数をそのまま用い，それらの線形結合で $\widehat{H_0}+\widehat{H'}$ に対応する波動関数を表す．これはもちろん近似であるが，外部電場の影響を受けて粒子が状態間を遷移するという量子力学固有の現象を記述することができる．以下，この摂動法の扱いを数式で追っていこう．

$\widehat{H'}=0$ のとき，定常状態のシュレーディンガー方程式

$$\widehat{H_0}\psi = E\psi \tag{10.3}$$

の固有関数 ψ_n の線形結合により，時間を含むシュレーディンガー方程式

$$i\hbar\frac{\partial \Psi}{\partial t} = \widehat{H_0}\Psi \tag{10.4}$$

を満たす波動関数を表す．すなわち，

$$\Psi(x,t) = \sum_n c_n \psi_n e^{-i\omega_n t} \tag{10.5}$$

ただし，

$$\widehat{H_0}\psi_n = \varepsilon_n \psi_n, \tag{10.6}$$

$$\varepsilon_n = \hbar\omega_n \tag{10.7}$$

ε_n は状態 n の固有エネルギーである．ここで，(10.5) の係数 c_n は初期条件に合わせて，かつ規格化条件を満たすように設定する．c_n は時間に依存しない．すなわち，波動関数の時間変化はすべて $e^{-i\omega_n t}$ の項が担う．

3.2 節の「重ね合わせの原理」で述べたように，$|c_n|^2$ は観測した際に粒子を n 番目の量子状態に見出す確率を表す．$\widehat{A}$ を物理量 a に対応する演算子だとすると，a を観測した際の期待値は

$$\langle a\rangle = \int_{-\infty}^{\infty} \Psi^* \widehat{A}\Psi\, dx = \sum_n |c_n|^2 a_n \tag{10.8}$$

ただし，

$$\widehat{A}\psi_n = a_n \psi_n \tag{10.9}$$

となる．すなわち，a の期待値は状態 n が持つ物理量 a の値 a_n を，粒子が系に存在する確率 $|c_n|^2$ で重みをつけて平均したものになる．ハミルトニアンが

時間に依存しないときに c_n が時間によらず一定であるということは，粒子が各量子状態に存在する確率が時間によらず一定であることを意味する．

$\widehat{H'} \neq 0$ のとき，波動関数を定常状態の固有関数 ψ_n の線形結合により表すことはできない．しかし，時間に依存するポテンシャル変化が定常的なポテンシャルに比べて小さいとき，波動関数の形は時間に依存するポテンシャルによってそれほど大きくは変形されないと考えて，近似的に波動関数を ψ_n の線形結合で表してみる．ただし，ポテンシャルの時間変動を取り込むため，線形結合の係数 c_n は時間に依存すると考える．すなわち，波動関数を

$$\Psi(x,t) = \sum_n c_n(t)\psi_n e^{-i\omega_n t} \tag{10.10}$$

と表す．つまり，時間に依存するポテンシャルの効果により，状態 n に粒子が見出される確率 $|c_n|^2$ が時間とともに変化すると考えるのである．これは，例えば電磁波が系に照射されたときに，粒子が各状態を取る確率が変化する，すなわち，系のエネルギーが変化する可能性があることを意味する．

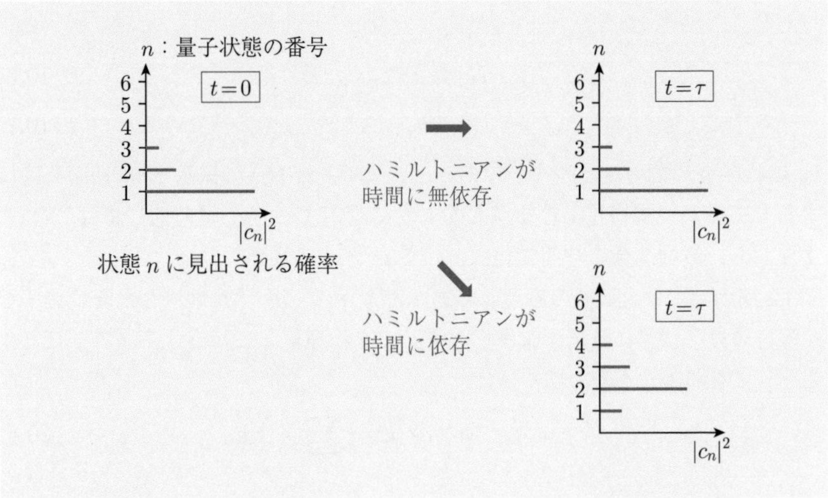

図 10.2 時間に依存するハミルトニアンに対する摂動論の考え方

以上の考え方を受け入れれば，波動関数を求めることは，$\widehat{H'}$ に対して $c_n(t)$ を求めることに帰着される．

シュレーディンガー方程式

$$i\hbar\frac{\partial\Psi(t)}{\partial t} = (\widehat{H_0} + \widehat{H'})\Psi \tag{10.11}$$

に (10.10) を代入する．

$$\begin{aligned}&\sum_n i\hbar\frac{dc_n(t)}{dt}\psi_n e^{-i\omega_n t} + \sum_n i\hbar(-i\omega_n)c_n(t)\psi_n e^{-i\omega_n t}\\ &= \sum_n c_n(t)\widehat{H_0}\psi_n e^{-i\omega_n t} + \sum_n c_n(t)\widehat{H'}\psi_n e^{-i\omega_n t}\end{aligned} \tag{10.12}$$

左辺第 2 項に (10.7) を，右辺第 1 項に (10.6) を代入して，

$$\begin{aligned}&\sum_n i\hbar\frac{dc_n(t)}{dt}\psi_n e^{-i\omega_n t} + \sum_n \varepsilon_n c_n(t)\psi_n e^{-i\omega_n t}\\ &= \sum_n c_n(t)\varepsilon_n\psi_n e^{-i\omega_n t} + \sum_n c_n(t)\widehat{H'}\psi_n e^{-i\omega_n t}\end{aligned} \tag{10.13}$$

左辺第 2 項と右辺第 1 項は打ち消しあうので，

$$\sum_n i\hbar\frac{dc_n(t)}{dt}\psi_n e^{-i\omega_n t} = \sum_n c_n(t)\widehat{H'}\psi_n e^{-i\omega_n t} \tag{10.14}$$

f 番目の量子状態についての係数 $c_f(t)$ に関する微分方程式を得るには，左から ψ_f^* をかけて全空間で積分すればよい．左辺で ψ_n の規格化直交条件から $c_f(t)$ を含む項だけが残り，

$$i\hbar\frac{dc_f(t)}{dt}e^{-i\omega_f t} = \sum_n c_n(t)\left(\int_{-\infty}^{\infty}\psi_f^*\widehat{H'}\psi_n\,dx\right)e^{-i\omega_n t} \tag{10.15}$$

積分を毎回書くのは煩雑なので，

$$\int_{-\infty}^{\infty}\varphi_f^*\widehat{H'}\psi_n\,dx \equiv \langle f|H'|n\rangle \tag{10.16}$$

と書くことにする．(10.15) を整理して，

$$\frac{dc_f(t)}{dt} = -\frac{i}{\hbar}\sum_n c_n(t)\langle f|H'|n\rangle e^{i(\omega_f-\omega_n)t} \tag{10.17}$$

ここで，$\widehat{H'}$ が振動数 ω の電場によるポテンシャルであることを表現する．

$$\begin{aligned}\widehat{H'} &= -exE_0\cos(\omega t) \\ &= -\frac{exE_0}{2}(e^{i\omega t}+e^{-i\omega t}) \end{aligned} \tag{10.18}$$

e は電荷素量である．

$$\begin{aligned}\frac{dc_f(t)}{dt} &= -\frac{i}{\hbar}\sum_n c_n(t)\left\langle f\left|-\frac{exE_0}{2}(e^{i\omega t}+e^{-i\omega t})\right|n\right\rangle e^{i\omega_{fn}t} \\ &= -\frac{iE_0}{2\hbar}\sum_n c_n(t)\langle f|-ex|n\rangle(e^{i(\omega_{fn}+\omega)t}+e^{i(\omega_{fn}-\omega)t}) \end{aligned} \tag{10.19}$$

ただし，

$$\omega_{fn} = \omega_f - \omega_n \tag{10.20}$$

$e^{i\omega t}$ の項は x に依存しないので，空間積分 $\langle f|H'|n\rangle$ の外に出した．

議論を単純化するため，初期状態では，粒子は状態 b に必ず見出されると仮定して，状態 f に粒子を見出す確率が時間とともに変化する様子を考察しよう．

$$c_b(0) = 1, \quad c_n(0) = 0 \quad (n \neq b) \tag{10.21}$$

また，考慮する時間 τ の間では状態を占有する確率の変化は小さく，

$$c_b(t) = 1, \quad c_n(t) = 0 \quad (n \neq b,\ 0 \leq t \leq \tau) \tag{10.22}$$

が近似的に成り立つとする．(10.19) を t に関して 0 から τ まで積分して，

$$\begin{aligned}c_f(\tau) &= \int_0^\tau \frac{dc_f(t)}{dt}dt \\ &= -\frac{iE_0}{2\hbar}\langle f|-ex|b\rangle\left(\frac{e^{i(\omega_{fb}+\omega)\tau}-1}{i(\omega_{fb}+\omega)}+\frac{e^{i(\omega_{fb}-\omega)\tau}-1}{i(\omega_{fb}-\omega)}\right) \end{aligned} \tag{10.23}$$

まず，$\omega_{fb} \cong \omega$ の場合を考える．(10.23) の ( ) の中で第 1 項に注目すると，分子の絶対値は 1 のオーダー，分母は 2ω となる．例えば，エネルギー 1 eV の電磁波について ω は $10^{15}\,\mathrm{s}^{-1}$ のオーダーになるので，ここで考える電磁波の ω は 1 よりもはるかに大きい．したがって，( ) の中で第 1 項はゼロとみなせる．すなわち，

$$
\begin{aligned}
c_f(\tau) &= -\frac{E_0}{2\hbar}\langle f|-ex|b\rangle\left(\frac{e^{i(\omega_{fb}-\omega)\tau}-1}{\omega_{fb}-\omega}\right), \\
|c_f(\tau)|^2 &= \frac{E_0^2}{4\hbar^2}\langle f|-ex|b\rangle^2\left|\frac{2ie^{i\frac{\omega_{fb}-\omega}{2}\tau}\sin(\frac{\omega_{fb}-\omega}{2}\tau)}{\omega_{fb}-\omega}\right|^2 \\
&= \frac{E_0^2}{4\hbar^2}\langle f|-ex|b\rangle^2\tau^2\frac{\sin^2(\frac{\omega_{fb}-\omega}{2}\tau)}{(\frac{\omega_{fb}-\omega}{2}\tau)^2}
\end{aligned} \tag{10.24}
$$

$\frac{\sin^2 x}{x^2}$ は，図 10.3 に示すようにデルタ関数的な振る舞いを示し，$x=0$ 付近でのみゼロでない値を取る．したがって，粒子が見出される状態が b から f に変化する（ここより後では「粒子が状態 b から状態 f に遷移する」と記す）のは，ω_{fb} 付近の周波数を持つ電磁波が入射した場合のみである．これは，

$$
\hbar\omega = \hbar\omega_{fb} = \hbar(\omega_f - \omega_b) = \varepsilon_f - \varepsilon_b \tag{10.25}
$$

を満たす，すなわち電磁波のエネルギーが遷移前後の状態のエネルギー差にほぼ等しいという条件を意味する．

さらに，双極子遷移要素

$$
\mu_{fb} \equiv \langle f|-ex|b\rangle \tag{10.26}
$$

がゼロでない値を取ることも粒子が状態 b から f に遷移するための条件になる．

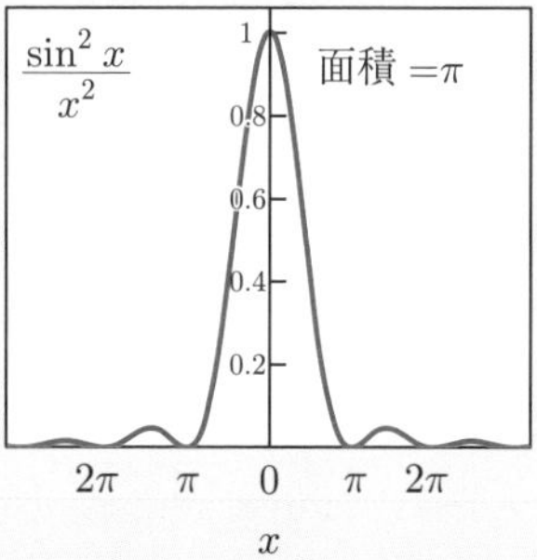

図 10.3　$\frac{\sin^2 x}{x^2}$ のプロット

例題 10.1（状態間の遷移におけるエネルギーと時間の不確定性原理）

遷移が起きたかどうかを観測するまでの時間 τ と，状態間の遷移を起こすことができる照射電磁波のエネルギー幅との間に不確定性原理が成り立つことを示せ．

【解答】 図 10.3 に示したように，$\frac{\sin^2 x}{x^2}$ が $x = 0$ の両側で 0 になるのは，$x = \pm\pi$．(10.24) を参照して $x = \frac{\omega_{fb}-\omega}{2}\tau$ なので，

$$\omega = \omega_{fb} \pm \frac{2\pi}{\tau}$$

に相当する．τ が小さいほど，遷移を起こすことができる電磁波の振動数の幅が大きくなる．この角振動数の幅として，$-\frac{2\pi}{\tau} < \omega \pm \omega_{fb} < \frac{2\pi}{\tau}$ の幅の半分，すなわち $\Delta\omega = \frac{2\pi}{\tau}$ を目安にしよう．すると，電磁波のエネルギー幅を ΔE と τ の間には，

$$(\Delta E)\tau = (\hbar\Delta\omega)\tau = h$$

という関係が成り立つ．これは，エネルギーと時間との不確定性原理である．■

量子状態間の電子の遷移は典型的に 1 ps オーダーの時間（あるいは，さらに長い時間）の間に起こる．すると，$\Delta\omega \sim 10^{13}\,\mathrm{s}^{-1}$ となり，状態間のエネルギー差が 1 eV の場合には，電磁波の $\omega \sim 10^{15}\,\mathrm{s}^{-1}$ に対しては十分小さい．しかし，より量子準位間のエネルギー差が小さい場合や，遷移がより短い時間の間に起こる場合には，遷移を起こす電磁波の振動数が幅を持つ様子を実際に観測できることもある．

$\omega \pm \Delta\omega$ の範囲の周波数を持つ電磁波が照射された場合に，時間 τ が経過した後に粒子が状態 b から f へ遷移する確率を求めよう．(10.24) を ω で積分する．ここで，電界強度は振動数に依存するので，$E_0(\omega)$ と記す．

$$\begin{aligned}
P_{fb}(\tau) &= \int_0^\infty |c_f(\tau)|^2\, d\omega = \int_0^\infty \frac{E_0(\omega)^2}{4\hbar^2}\mu_{fb}^2\tau^2\ \frac{\sin^2(\frac{\omega_{fb}-\omega}{2}\tau)}{(\frac{\omega_{fb}-\omega}{2}\tau)^2}\, d\omega \\
&= \frac{E_0(\omega_{fb})^2\mu_{fb}^2\tau^2}{4\hbar^2}\,\frac{2\pi}{\tau} = \frac{\pi\mu_{fb}^2}{2\hbar^2}E_0^2(\omega_{fb})\tau
\end{aligned} \tag{10.27}$$

ここで，積分の中身がゼロでない値を取るのは $\omega \cong \omega_{fb}$ のときなので，この範囲では電界強度の振動数依存性はゆるやかであることを仮定し，$E_0(\omega) \cong E_0(\omega_{fb})$ と近似した．また，

$$\int_{-\infty}^{\infty} \frac{\sin^2 x}{x^2}\,dx \cong \pi \tag{10.28}$$

を用いている．

$t = 0$ において状態 b にあった粒子を時間 τ の後に状態 f に見出す確率である $P_{fb}(\tau)$ が τ に比例するということは，状態 b から f へと遷移する確率 W_{fb} が時間によらず一定であることを意味する．すなわち，

$$W_{fb} = \frac{P_{fb}(\tau)}{\tau} = \frac{\pi \mu_{fb}^2}{2\hbar^2} E_0^2(\omega_{fb}) \tag{10.29}$$

ここでは古典論的な電磁波の扱いを併用しているので，電磁波のエネルギーは $E_0^2(\omega_{fb})$ に比例する．したがって，

粒子の状態 b から f への遷移は，状態 f と b のエネルギー差に相当する振動数 ω を持った電磁波が入射した場合にのみ起こり，その確率は電磁波のエネルギーと双極子遷移要素 μ_{fb} の 2 乗に比例する

という状態間遷移に関する法則が示された．これは**フェルミの黄金律**と呼ばれる．

ここまでは，

$$\omega_{fb} = \omega_f - \omega_b \cong \omega > 0, \quad \varepsilon_f(= \hbar\omega_f) > \varepsilon_b(= \hbar\omega_b) \tag{10.30}$$

すなわち，始状態 b よりも終状態 f のエネルギーが大きい場合を扱ってきた．これは電磁波との相互作用により系のエネルギーが増大する，すなわち光子を吸って粒子がエネルギーがより大きな状態へと遷移する，光の吸収に相当する．一方，

$$\begin{aligned} &\omega_{fb} \cong -\omega, \\ &-\omega_{fb} = \omega_b - \omega_f \cong \omega > 0, \quad \varepsilon_b(= \hbar\omega_b) > \varepsilon_f(= \hbar\omega_f) \end{aligned} \tag{10.31}$$

すなわち，始状態 b よりも終状態 f のエネルギーが小さい場合でも，同様な結論が得られる．((10.23) の ( ) の中で第 2 項をゼロとみなせる.) これは，光子を放出してエネルギーがより小さな状態に遷移する，光の放出に相当する．

光の吸収が入射する光のエネルギーに比例するのは直観的に納得しやすい．量子論的なイメージとしては，周囲に光子が多くあれば，光子を吸収しやすいことになる．これは経験的にもよく知られた傾向で，**ランベルト–ベール**（Lambert-Beer）**の法則**と呼ばれる．

$$dI = -\alpha I \, dx \tag{10.32}$$

ここで，dI は微小長さ dx を光が透過する際の，光の強さ I（光子数）の変化量である．α は**光の吸収係数**と呼ばれる．一方，光の放出は，単にエネルギーが高い状態から低い状態に遷移する際に余ったエネルギーを光子として放出するだけなので，光の放出までが周囲に存在する光子の量に比例するというのは直観的に理解しにくい．実は，光の放出には2つの機構が存在する．1つは直観的に理解しやすい，周囲の光子とは無関係に光子を放出する**自然放出**である．LEDや蛍光灯が光るのは，この自然放出に基づいている．もう1つが，本章で導いた，遷移する状態間のエネルギー差に等しいエネルギーを持つ光子の量に比例した速度で光を放出する機構で，**誘導放出**と呼ばれる．

この誘導放出こそが，現代の高速大容量光通信の背景にある原理そのものである．光ファイバーを伝わる光信号は，長距離を伝播すると必ず強度が減衰する．そこで，光信号を増幅する機構が不可欠なのだが，ここで活躍するのが誘導放出である．光を通過させる媒体中に，エネルギーの高い量子準位が低い順位よりも多くの電子で占有されている「反転分布」を形成しておく．(これは，半導体に電流を注入するなど，いくつかの方法で実現可能である.）光信号が到達しない状態では，自然放出により少しずつ光子が放出されるのみである．(この成分は，データ通信にとっては雑音となる.）光信号が到達すると，誘導放出が起きて信号と同じ波長を持った光子が一気に放出され，光信号が増幅される．また，そもそも光通信の光源であるレーザは，反転分布を形成している媒質中に鏡などで光を閉じ込めて，誘導放出により非常に強く波長が均一な光放出を実現している．このように，光の誘導放出は我々の生活にとって不可欠な現象となっている．

10.2　遷移の選択則

状態間の遷移が起こるには，遷移双極子要素

$$\mu_{fb} \equiv \langle f|-ex|b\rangle \tag{10.26：再掲}$$

がゼロでない値を持つことが必要である．これを**遷移の選択則**と呼ぶ．

例題 10.2

7.2 節で扱った，1 次元無限大障壁に閉じ込められた粒子（$-\frac{l}{2} \leq x \leq \frac{l}{2}$ で $V=0$）に関して，遷移の選択則を求めよ．

【解答】　波動関数は，n が奇数のとき

$$\psi = \sqrt{\frac{2}{l}}\cos\left(\frac{n\pi}{l}x\right)$$

n が偶数のとき

$$\psi = \sqrt{\frac{2}{l}}\sin\left(\frac{n\pi}{l}x\right)$$

n が奇数同士の遷移では，

$$\begin{aligned}\mu_{mn} &= \int_{-\frac{l}{2}}^{\frac{l}{2}}\sqrt{\frac{2}{l}}\cos\left(\frac{m\pi}{l}x\right)(-ex)\sqrt{\frac{2}{l}}\cos\left(\frac{n\pi}{l}x\right)dx\\ &= -\frac{2e}{l}\int_{-\frac{l}{2}}^{\frac{l}{2}}\frac{x}{2}\left(\cos\left(\frac{\pi}{l}(m+n)x\right)+\cos\left(\frac{\pi}{l}(m-n)x\right)\right)dx = 0\end{aligned}$$

積分の中身は奇関数（x は奇関数で cos は偶関数なので，掛けたら奇関数）で，$x=0$ に対して対称な $-\frac{l}{2} \leq x \leq \frac{l}{2}$ の区間で積分するので，積分は 0 になる．

n が偶数同士の遷移では，

$$\begin{aligned}\mu_{mn} &= \int_{-\frac{l}{2}}^{\frac{l}{2}}\sqrt{\frac{2}{l}}\sin\left(\frac{m\pi}{l}x\right)(-ex)\sqrt{\frac{2}{l}}\sin\left(\frac{n\pi}{l}x\right)dx\\ &= -\frac{2e}{l}\int_{-\frac{l}{2}}^{\frac{l}{2}}\frac{x}{2}\left(\cos\left(\frac{\pi}{l}(m+n)x\right)-\cos\left(\frac{\pi}{l}(m-n)x\right)\right)dx = 0\end{aligned}$$

n が偶数と奇数の間の遷移では，

$$\mu_{mn} = \int_{-\frac{l}{2}}^{\frac{l}{2}} \sqrt{\frac{2}{l}} \cos\left(\frac{m\pi}{l}x\right)(-ex)\sqrt{\frac{2}{l}} \sin\left(\frac{n\pi}{l}x\right) dx$$
$$= -\frac{2e}{l}\int_{-\frac{l}{2}}^{\frac{l}{2}} \frac{x}{2}\left(\sin\left(\frac{\pi}{l}(m+n)x\right) - \sin\left(\frac{\pi}{l}(m-n)x\right)\right) dx \neq 0$$

積分の中身は偶関数（x と sin はともに奇関数なので，掛けたら偶関数）で，積分は 0 にならない．

以上より，奇数番目と偶数番目の状態間の遷移のみが起こることが分かる．■

より直観的な理解としては，双極子要素 μ_{fb} は全空間での積分を含むので，μ_{fb} の積分 (10.26) の中身が偶関数になれば $\mu_{fb} \neq 0$，つまり遷移が起こりうることになる．積分の中身には双極子 $-ex$（奇関数）が入るので，始状態 b と終状態 f のどちらかが偶関数，もう一方が奇関数であれば，遷移が起こりうるといえる．このように，双極子要素 μ_{fb} がゼロになるかどうかは状態間の遷移が起こる可能性を示す重要な指標であり，ここで取り上げた単純な 1 次元のケースのみならず，3 次元空間での現象，例えば，ある原子の量子準位間の遷移が起こりうるかどうかを見極めるために日常的に使われている.（この場合，波動関数の空間的な対称性の指標である群論がよく用いられるが，本質的にはここで述べたように積分の中身が偶関数か奇関数かを見極めているだけのことである.）

10 章の問題

□ **1**　7.3 節で扱った 3 次元の閉じ込めポテンシャル

$$-\frac{l}{2} \leq x, y, z \leq \frac{l}{2} \text{ で } V = 0, \text{ それ以外で } V \to \infty$$

のもとで存在する粒子の量子状態について，x 方向に電界ベクトルを持つ電磁波が入射した際に起こりうる遷移と，遷移を起こすために必要な電磁波（光子）のエネルギーを述べよ．

第2部　統計力学入門

第11章　統計力学の基礎

統計力学は，粒子のエネルギーや運動量など，量子力学で記述される微視（ミクロ）的観点と，系の温度，圧力，比熱など主に熱力学で記述される巨視（マクロ）的観点の橋渡し役である．本章では，統計力学の基礎的な考え方を学ぶ．

11.1　統計力学の考え方

我々の身のまわりにある物質は，すべて莫大な数の原子・分子で構成されている．例えば 18 グラム（1 mol）の水は $N_\mathrm{A} = 6.02 \times 10^{23}$（アボガドロ定数）個の分子を含んでいる．このように統計力学が対象とする物質は莫大な数の**ミクロな粒子**からなる**マクロな系**である．

図 11.1 のように真ん中に仕切りがある箱を考えよう．片方に N 個の分子からなる気体を入れ，他方は真空にしておく（図 11.1(a)）．ある瞬間に仕切りを開けると，気体は真空側に吹き出し（図 11.1(b)），しばらくすると気体は箱全体に一様に広がる（図 11.1(c)）であろう．一様に広がった状態はいつまでたってもそのままで，マクロに見る限り変化しない．ただしミクロに見れば気体分子は運動しているから一定ではない．このようにマクロで見て変化しない状態を**平衡状態**という．これに対して平衡状態に至る途中の状態を**非平衡状態**といい，気体が吹き出している状態が相当する．ここで扱うのは平衡状態の統計力学である．非平衡状態から平衡状態に至ることを**緩和**という．

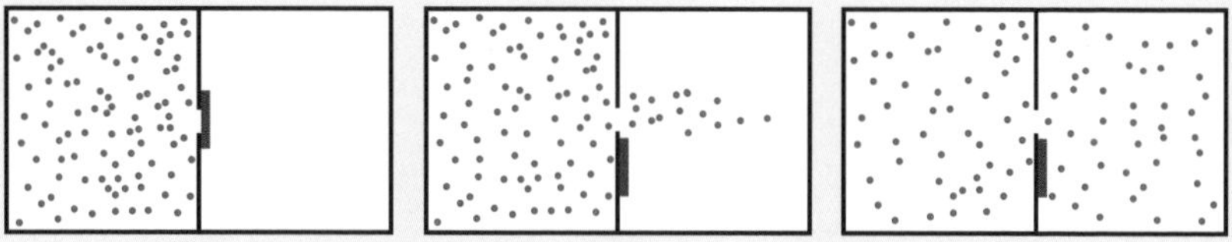

(a)　(b)　(c)

図 11.1　真ん中に仕切りがある箱で気体が平衡状態に至る様子

さて，箱の中の気体が図 11.1(c) のように十分時間が経った後に平衡状態にあるとしよう．このとき，ある 1 つの分子が左右どちらかにいるかの確率は $\frac{1}{2}$ ずつのはずである．気体の全分子数を N とし，ある時刻に n 個が右側，$N-n$ 個が左側にある確率 $P_N(n)$ を求めよう．N 個のうち特定の n 個が右側にある確率は $\frac{1}{2^n}$，残りの $N-n$ 個が左側にある確率は $\frac{1}{2^{N-n}}$，N 個から右側の n 個を選び出す組合せの数は ${}_N\mathrm{C}_n$ であるので，

$$P_N(n) = \frac{{}_N\mathrm{C}_n}{2^N} = \frac{1}{2^N}\frac{N!}{n!\,(N-n)!} \tag{11.1}$$

となる．$P_N(n)$ が確率の規格化条件

$$\sum_{n=0}^{N} P_N(n) = 1 \tag{11.2}$$

を満たすことは容易に証明できる．また，$P_N(n)$ は $n = \frac{N}{2}$（偶数の場合）でピークを持つ．

いま対象としている系は $N \sim 10^{23}$ という巨大な数であるので，$N \gg 1$ で成り立つ近似式である階乗に関する**スターリング**（Stirling）**の公式**（導出は章末問題 1 参照）

$$\log(N!) \sim N\log N - N \tag{11.3}$$

を用いれば（以下で対数はすべて自然対数），

$$\log(P_N(n)) \sim -N\left(\log 2 + \frac{n}{N}\log\frac{n}{N} + \frac{N-n}{N}\log\frac{N-n}{N}\right) \tag{11.4}$$

となる．$P_N(n)$ は $n = \frac{N}{2}$ で鋭いピークを持つ分布になることを予想して，

$$x = \frac{n}{N} - \frac{1}{2} \quad (|x| \ll 1) \tag{11.5}$$

とし，さらに N が大きいので x を連続変数とみなし，対数関数の展開式

$$\log(1+t) = t - \frac{1}{2}t^2 + \frac{1}{3}t^3 - \cdots \quad (|t| \ll 1) \tag{11.6}$$

を用いて，x が x と $x+dx$ の間にある確率 $p_N(x)dx$ を求めると，

$$p_N(x) = \sqrt{\frac{2N}{\pi}}\,\exp(-2Nx^2) \tag{11.7}$$

が得られる（章末問題 2）．ここで，(11.7) の係数は，規格化条件

$$\int_{-\infty}^{\infty} p_N(x)dx = 1 \tag{11.8}$$

を満たすように選んでいる．なお，(11.8) の積分範囲は本来は $-\frac{1}{2}$ から $\frac{1}{2}$ であるべきだが，$x = 0$ で鋭いピークを持つ分布なので $-\infty$ から ∞ として問題ない．(11.7) の $p_N(x)$ は確率分布関数であり，統計によく出る**ガウス**（Gauss）**分布**になる．

図 11.2 はいくつかの N について $p_N(x)$ をピーク値が 1 になるようにしてプロットしたものであり，N が大きくなるほど鋭い分布になることが分かる．分布の広がりの程度（**ゆらぎ**）は標準偏差 σ で表される．標準偏差 σ のガウス分布は $\sqrt{\frac{1}{2\pi\sigma^2}}\exp(-\frac{x^2}{2\sigma^2})$ であるので，(11.7) と比べれば，

$$\sigma = \frac{1}{2\sqrt{N}} \tag{11.9}$$

となることが分かる．$N \sim 10^{23}$ であれば $\sigma \sim 10^{-12}$ と極めて小さく（分布が鋭く）なる．

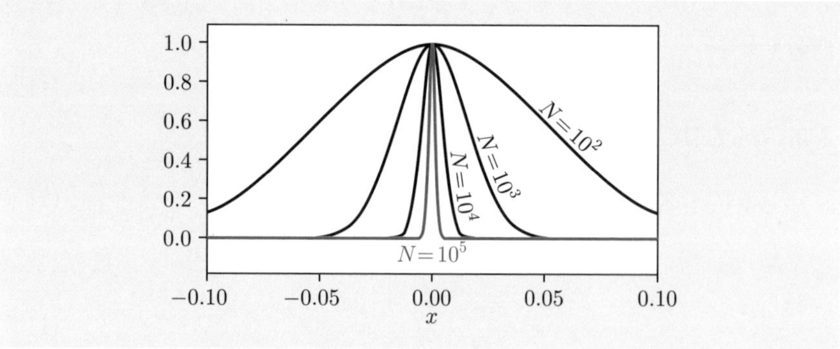

図 11.2 $p_N(x)$ の N による変化（ピーク値を 1 で規格化）

ここで考えたのは気体分子の交換を許す場合の平衡状態であるが，次節で考えるようなエネルギー量子の交換を許す場合であっても同じ議論が成り立つ．つまり，いったん平衡状態に緩和すると，粒子数もしくはエネルギーはほとんど同じ状態を保ち続ける．

11.2　振動子の集まりにおけるエネルギーの交換

弱く結合された多数の**振動子**の集まりを考えよう．ここで振動子は図 11.3 のようなふり子のようなものであってもよいし，第 14 章で出てくるような結晶中の原子の熱振動，あるいは電磁波や電子波の固有振動であってもよい．さらに一般的には，いわゆる調和振動子（ポテンシャルの大きさが中心からの距離の 2 乗に比例する振動運動を行う振動子）であればよい．簡単のため，ここでは振動子の振動数（周波数）はすべて同じ ν《ニュー》であるとする．また,「弱く結合」という意味は，振動子の間ではエネルギーのやり取りだけが許されており，それ以外は独立した振動を行う，ということである．

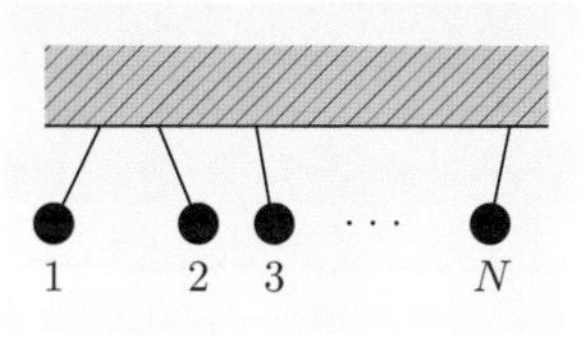

図 11.3　弱く結合した振動子系

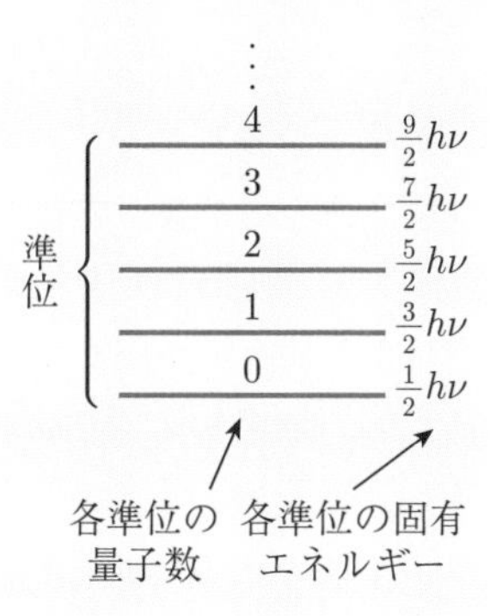

図 11.4　エネルギー準位

周波数 ν の調和振動子 1 つのエネルギーは，量子力学によれば $\frac{1}{2}h\nu$, $\frac{3}{2}h\nu$, $\frac{5}{2}h\nu$, ... という離散的な値を取ることが分かっている．ここで，h は**プランク**（Planck）**定数**（$h = 6.62 \times 10^{-34}$ Js）であり，$\frac{1}{2}h\nu$ は**ゼロ点エネルギー**と呼ばれる．この離散的な振動子の量子状態を**エネルギー準位**という．準位は一般に

$$\varepsilon = \left(n + \frac{1}{2}\right) h\nu \tag{11.10}$$

と書ける．ここで n はその準位の**量子数**，ε は**固有エネルギー**と呼ばれる（図 11.4）．

個々の振動子はいずれかの準位に存在するが，互いにエネルギーを交換するので，一定の準位には留まらない．振動子が 1 つの準位から他の準位に移ることを**遷移**するという．遷移の確率は振動子の相互作用が分かっていれば，量子力学的に計算できる．しかし，平衡状態を取り扱う統計力学では，この詳細に立ち入る必要はない．

この弱く結合された振動子の集まりを**振動子系**と呼ぶ．図 11.3 のように N 個の振動子系を記述するということは，第 1 番目から N 番目までの振動子の各々の量子数を知るということである．すなわち N 次元のベクトル $(n_1, n_2, n_3, \ldots, n_N)$ が系全体の状態を表現している．これを系全体に対する**量子数**，これに対応する状態をその系の**量子状態**という．このとき，系全体のエネルギーは，

$$E = (n_1 + n_2 + n_3 + \cdots + n_N)h\nu + \frac{N}{2}h\nu \tag{11.11}$$

と表される．最後の項は系全体のゼロ点エネルギーだが定数なのでこれを除いて考えることにすると，

$$E = (n_1 + n_2 + n_3 + \cdots + n_N)h\nu = M\varepsilon_0 \tag{11.12}$$

である．ε_0 はエネルギーの単位であり，**エネルギー量子**と呼ばれる．また，M は系全体の量子数の総和である．一般には，振動子間のエネルギー交換が起これば，系の量子数も変化する．しかし，他からこの系への影響がなければ，エネルギー保存則が成立する．つまり，系全体の量子数の総和 M は一定である．

さて，全部で M 個のエネルギー量子を N 個の振動子に配分する方法の数 $W_N(M)$ を考えよう．それには，図 11.5 のように M 個のエネルギー量子と $N-1$ 個の仕切りを考え，いちばん左の仕切りより左側にあるエネルギー量子が振動子 1 に与えられ，その次の仕切りとの間にあるエネルギー量子が振動子 2 に，と与えてゆけばよい．したがって，配分する方法の数は，$N-1$ 個の仕切りを M 個のエネルギー量子の間の適当な場所に入れる場合の数を数えればよい．これは $M+N-1$ 個の枠を M 個のエネルギー量子で埋める（残りは仕切り）方法の数に他ならないから，これは

$$W_N(M) = {}_{M+N-1}\mathrm{C}_M = \frac{(M+N-1)!}{M!\,(N-1)!} \tag{11.13}$$

通りある．これは全エネルギー E（または全エネルギー量子数 M）が与えられた場合の異なる量子状態の数である．系全体のひとつひとつの異なる量子状態を**微視状態**ともいう．

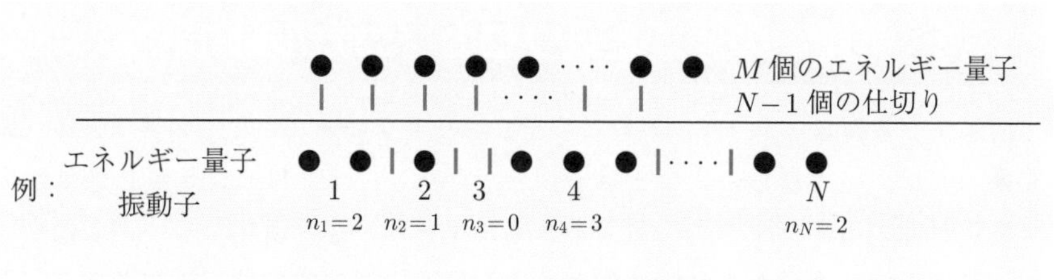

図 11.5 M 個のエネルギー量子を N 個の振動子に配分する方法

例題 11.1（$W_N(M)$ の大きさ）

大きな N に対して (11.13) の $W_N(M)$ の大きさを，スターリングの公式 (11.3) を用いて評価したい．仮に $M=N$ とするとき，$W_N(N)$ を N で表せ．

【解答】 (11.13) の対数を取ってスターリングの公式を適用すれば，$M+N-1 \sim M+N$, $N-1 \sim N$ に注意して，

$$\log(W_N(M)) \sim N\left\{\left(1+\frac{M}{N}\right)\log\left(1+\frac{M}{N}\right)-\frac{M}{N}\log\frac{M}{N}\right\}$$

となる．$M=N$ とすれば，

$$\log(W_N(N)) \sim 2N\log 2$$

したがって，

$$W_N(N) \sim 2^{2N} \sim 10^{0.6N}$$

となる．N がアボガドロ数 $N_\mathrm{A}=6.02\times10^{23}$ であるとすれば，これは 10 の 3.6×10^{23} 乗という巨大な数であることが分かる． ■

11.3 等重率の原理とミクロカノニカル分布

前節まで議論したように，外界とのやり取りのない孤立したマクロな物体（**孤立系**）では，巨大な数の異なる量子状態が存在し，ミクロに見ると状態は絶えず変化しているが，マクロに見るとエネルギーは一定で変化しない．したがって，既に仮定していたことであるが，ある量子状態が他の量子状態よりも実現しやすいという理由はないので，異なる量子状態はすべて同じ確率で現れるであろう．言い換えれば，

> 平衡状態にある孤立系の異なる量子状態のすべては，エネルギー一定という条件のもとでは，他に特別な理由がない限り，等しい出現確率を持つ．

これは**等重率の原理**（もしくは**等確率の原理**）と呼ばれており，平衡状態を扱う統計力学の基礎である．ここでの「他に特別な理由」とは，例えば全体の運動量一定などの制約条件が挙げられる．

なお，等重率の原理の根拠を**エルゴード仮説**

> 1 つの系の物理量の長時間平均は系の位相的母集団（同じ構造を持つ系の集団）の平均に等しい．

に求める場合も多くあるが，問題点も指摘されている．さしあたってここでは等重率の原理のみで十分である．

前節のように振動子系の集団を想定し，等重率の原理を適用すると，これらの振動子系はすべて等しい全エネルギー E（または全エネルギー量子数 M）を有し，このもとで許されるすべての異なる系の量子状態に等しい確率を持って分布するものとして取り扱うことができる．このように全エネルギーが一定であるような確率分布を**ミクロカノニカル分布**（もしくは**小正準分布**）と呼ぶ．同じものを指して**ミクロカノニカルアンサンブル**，**小正準集団**ということもある．前節の振動子系の場合，その確率は，

$$p_N(M) = \frac{M!\,(N-1)!}{(M+N-1)!} \tag{11.14}$$

で与えられる．

11 章の問題

□ **1** $N \gg 1$ で成り立つ近似式であるスターリングの公式(11.3) を導きたい．関係式

$$\log(N!) = \sum_{x=1}^{N} \log(x)$$

に注意し，N が十分大きいとして右辺の和を近似的に積分で置き換えることでスターリングの公式を導け．

□ **2** (11.7) を導出せよ．

□ **3** N 個のサイコロを無作為にふったとする．

(1) そのうち 1 の目が n 個でる確率 $P_N(n)$ を求めよ．

(2) $x = \frac{n}{N} - \frac{1}{6}$ としたとき，N が十分大きいとして確率分布関数 $p_N(x)$ を求めよ．

第12章　熱力学の要点

統計力学の目的の1つはミクロの量子力学からマクロの熱力学を再現することである．本章では統計力学で必要となる熱力学の要点をまとめておく．

12.1　熱力学第一法則

♦ **熱力学第一法則**　系に**仕事** W，**熱量** Q が加わり，**内部エネルギー**が E_{A} から E_{B} に変化したとすると，

$$E_{\mathrm{B}} - E_{\mathrm{A}} = W + Q \tag{12.1}$$

が成り立つ（内部エネルギーの記号としては U が使われる場合もある）．微小変化に対しては，

$$dE = d'W + d'Q \tag{12.2}$$

と表される．ここで，E は状態量（系の状態だけで一意的に決まり，過去の履歴や経路には依存しない物理量）であるのに対し，W, Q は状態量ではないため全微分の形に書けないので「d'」とプライムをつける．圧力 P が仕事をする場合には，体積を V として，

$$dE = -P\,dV + d'Q \tag{12.3}$$

と表される．

内部エネルギーを温度 T，体積 V の関数とみなせば，(12.3) より

$$d'Q = \left(\frac{\partial E}{\partial T}\right)_V dT + \left\{P + \left(\frac{\partial E}{\partial V}\right)_T\right\} dV \tag{12.4}$$

となる．$\frac{d'Q}{dT}$ は比熱を表す．体積一定（$dV = 0$）の場合の**定積比熱** C_V は

$$C_V = \frac{d'Q}{dT} = \left(\frac{\partial E}{\partial T}\right)_V \tag{12.5}$$

で与えられ，**定圧比熱** C_P は

$$C_P = \frac{d'Q}{dT} = C_V + \left\{P + \left(\frac{\partial E}{\partial V}\right)_T\right\}\left(\frac{\partial V}{\partial T}\right)_P \tag{12.6}$$

で与えられる．

理想気体の場合，内部エネルギーは V によらず，また 1 mol の気体に対する状態方程式

$$PV = RT \tag{12.7}$$

が成り立つため，(12.6) より

$$C_P = C_V + R \tag{12.8}$$

の関係がある．ただしこの場合の C_V, C_P はそれぞれ**定積モル比熱**，**定圧モル比熱**である．

例題 12.1（理想気体の断熱変化）

理想気体に対して，断熱変化（$d'Q = 0$）の場合には

$$TV^{\gamma-1} = \text{一定} \quad \text{および} \quad PV^{\gamma} = \text{一定}$$

（**ポアソン**（Poisson）**の式**）が成り立つことを示せ．ここで $\gamma = \frac{C_P}{C_V}$ は比熱比である．

【解答】　断熱変化の場合，(12.4), (12.5) より，

$$0 = C_V\,dT + \left\{ P + \left(\frac{\partial E}{\partial V} \right)_T \right\} dV$$

が成り立つ．さらに，理想気体なので $\left(\frac{\partial E}{\partial V}\right)_T = 0$ および状態方程式 (12.7) が成り立つため，この式は

$$\frac{C_V}{T}\,dT + \frac{R}{V}\,dV = 0$$

と V と T のみの式に書き換えることができる．これを積分すれば，$\frac{1}{x}$ の積分が $\log x$ になることに注意して，

$$C_V \log T + R \log V = \text{一定}$$

となる．理想気体では (12.8) より $\gamma - 1 = \frac{R}{C_V}$ であるから，

$$\log T + (\gamma - 1) \log V = \text{一定}$$

つまり $TV^{\gamma-1} = \text{一定}$ が成り立つ．$TV^{\gamma-1} = \text{一定}$ に状態方程式 (12.7) から $T = \frac{PV}{R}$ を代入すれば $PV^{\gamma} = \text{一定}$ が成り立つことも分かる．■

12.2　熱力学第二法則とエントロピー

♦ 熱力学第二法則

(1)　熱が高温から低温に移る現象は不可逆である（**クラウジウス**（Clausius）**の原理**）

(2)　仕事が熱に変わる現象は不可逆である（**トムソン**（Thomson）**の原理**）

(1), (2) は同値である．

♦ **カルノーサイクル**　図 12.1 に示すように，高温 T_1 の熱源から熱 Q_1 を受け取り，その一部を仕事 W に変えて残りの熱 Q_2 を低温 T_2 の熱源に捨てる熱機関（**カルノー**（Carnot）**サイクル**）を考える．この動作は PV 図上で図 12.2 のように表される．

A-B:　断熱圧縮

B-C:　温度 T_1 で Q_1 の熱を等温吸熱，膨張

C-D:　断熱膨張

D-A:　温度 T_2 で Q_2 の熱を等温放熱，圧縮

カルノーサイクルは可逆機関であり，図 12.2 のサイクルの囲む面積が取り出せる仕事 W を表している．このカルノーサイクルの効率は，

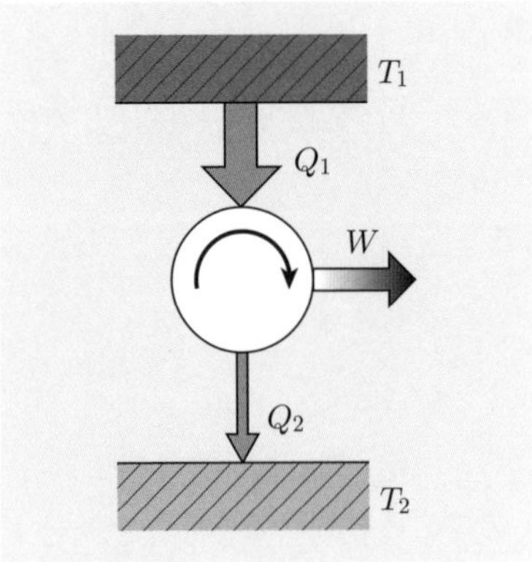

図 12.1　カルノーサイクル

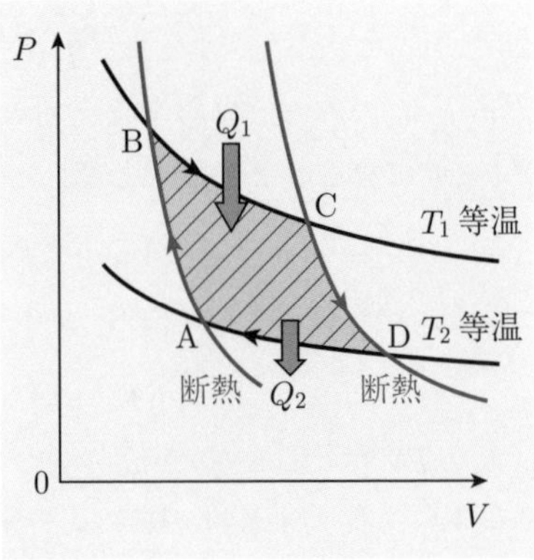

図 12.2　カルノーサイクルの PV 図

$$\eta = \frac{W}{Q_1} = \frac{Q_1 - Q_2}{Q_1} = 1 - \frac{Q_2}{Q_1} \tag{12.9}$$

で表される．

♦ **カルノーの定理** 不可逆機関の効率は可逆機関の効率よりも小さく，最大効率（可逆機関の効率）は作業物質にはよらず 2 つの温度のみで決定される．すなわち，可逆機関の効率は

$$\eta = 1 - \frac{Q_2}{Q_1} = 1 - \frac{T_2}{T_1} \tag{12.10}$$

であり，不可逆機関の効率はこれより小さい．

♦ **エントロピー** (12.10) で Q の符号を吸熱を正，放熱を負と定義し直して書き直すと，

$$\frac{Q_1}{T_1} + \frac{Q_2}{T_2} = 0 \tag{12.11}$$

が成り立つ．系が準静的（= 可逆的）に任意の変化を行い最後にもとの状態に戻る場合，多数のカルノーサイクルに分けることができるので，

$$\sum_i \frac{Q_i}{T_i} = 0 \tag{12.12}$$

となり，極限的には

$$\oint \frac{d'Q}{T} = 0 \tag{12.13}$$

が成り立つ．これはどのような経路で積分しても成り立つため，

$$S = \int \frac{d'Q}{T} \tag{12.14}$$

は系の状態量である（Q は状態量ではないことに注意）．S を**エントロピー**といい，(12.14) の微分形

$$dS = \frac{d'Q}{T} \tag{12.15}$$

をその定義とすることが多い．系が平衡状態 α から平衡状態 β に可逆変化で変わったときのエントロピー変化は

$$S(\beta) - S(\alpha) = \int_{\alpha}^{\beta} \frac{d'Q}{T} \tag{12.16}$$

で与えられる．

♦ **エントロピー増大則**　(12.11) は可逆機関の場合であるが，カルノーの定理により一般に不可逆機関を含めて

$$\frac{Q_1}{T_1} + \frac{Q_2}{T_2} \leq 0 \tag{12.17}$$

となり，等号は可逆機関の場合に成り立つ．これを**クラウジウスの不等式**という．これを (12.13) と同様に一般化すれば，

$$\oint \frac{d'Q}{T} \leq 0 \tag{12.18}$$

となる．これより，系が状態 α から状態 β に変わったときのエントロピー変化として一般に，

$$S(\beta) - S(\alpha) \geq \int_{\alpha}^{\beta} \frac{d'Q}{T} \tag{12.19}$$

が導かれる．等号は可逆変化に対して成り立つ．微小変化に対しては

$$dS \geq \frac{d'Q}{T} \tag{12.20}$$

となる．断熱変化の場合には $d'Q = 0$ であるので，

$$S(\beta) \geq S(\alpha) \quad \text{または} \quad dS \geq 0 \tag{12.21}$$

が成り立つ．すなわち

(3)　断熱系において不可逆変化が生じた場合，その系のエントロピーは増大する．

これは熱力学第二法則の (1), (2) と同値であるので，これを熱力学第二法則とすることもできる．

12.3 熱力学的関係式

(12.3) と (12.15) を合わせると,

$$T\,dS = dE + P\,dV \tag{12.22}$$

と表され，これは第一法則と第二法則を含む重要な式である．エントロピー S は状態量なので E と V の関数として表すことができ，その全微分

$$dS = \left(\frac{\partial S}{\partial E}\right)_V dE + \left(\frac{\partial S}{\partial V}\right)_E dV \tag{12.23}$$

と (12.22) を比較すれば，次が得られる．

$$\left(\frac{\partial S}{\partial E}\right)_V = \frac{1}{T}, \quad \left(\frac{\partial S}{\partial V}\right)_E = \frac{P}{T} \tag{12.24}$$

♦ **ヘルムホルツの自由エネルギー**　一般に系の内部エネルギーをすべて取り出すことはできない（$T = 0$ となってしまう）．等温で取り出すことのできるエネルギーを**ヘルムホルツ**（Helmholtz）**の自由エネルギー**（あるいは単に**自由エネルギー**といい，

$$F = E - TS \tag{12.25}$$

で定義される．その全微分は (12.22) を使って,

$$dF = -S\,dT - P\,dV \tag{12.26}$$

と表され，また $\frac{F}{T}$ の全微分は次のように表される（章末問題 2）．

$$d\left(\frac{F}{T}\right) = -\frac{E}{T^2}\,dT - \frac{P}{T}\,dV \tag{12.27}$$

(12.26) において V=一定，あるいは $T =$ 一定 の場合を考えると,

$$S = -\left(\frac{\partial F}{\partial T}\right)_V, \quad P = -\left(\frac{\partial F}{\partial V}\right)_T \tag{12.28}$$

と表される．系の T, V が一定の場合 $F =$ 極小 が平衡の条件を与える．

♦ **ギブスの自由エネルギー**　等温等圧で取り出すことのできるエネルギーを**ギブス**（Gibbs）**の自由エネルギー**（あるいは**ギブスエネルギー**）といい,

$$G = E - TS + PV \tag{12.29}$$

で定義される.その全微分は (12.22) を使って,次のように表される(章末問題 3).

$$dG = -S\,dT + V\,dP \tag{12.30}$$

系の T, P が一定の場合 $G =$ 極小 が平衡の条件を与える．

12.4 化学ポテンシャルと平衡条件

♦化学ポテンシャル これまでは系の粒子数は一定としていたが，粒子数の変化を考えることにする．系は n 種類の粒子からなり，各粒子数を $N_1, N_2, \ldots, N_n$ とする．粒子数の変化に伴う内部エネルギー変化を

$$dE = -P\,dV + T\,dS + \sum_{j=1}^{n} \mu_j\,dN_j \tag{12.31}$$

と書くとき，μ_j を成分 j の1粒子当たりの**化学ポテンシャル**という．(12.31) は (12.22) に化学ポテンシャルの項を加えたものとなっている．化学ポテンシャルとは V, S を一定に保ち，成分 j の粒子を1つ増やしたときの内部エネルギーの増え高であると理解できる．あるいは，

$$\mu_j = \left(\frac{\partial E}{\partial N_j}\right)_{V,S,(N_j)} \tag{12.32}$$

と表せる．ただし添字の (N_j) は N_j 以外の粒子数を一定に保つことを意味する．

粒子数の変化を許した場合，他の熱力学関数は，これまでの式に化学ポテンシャルの項を加えた

$$dS = \frac{1}{T}\,dE + \frac{P}{T}\,dV - \frac{1}{T}\sum_{j=1}^{n} \mu_j\,dN_j, \tag{12.33}$$

$$dF = -S\,dT - P\,dV + \sum_{j=1}^{n} \mu_j\,dN_j, \tag{12.34}$$

$$dG = -S\,dT + V\,dP + \sum_{j=1}^{n} \mu_j\,dN_j \tag{12.35}$$

と表される．これらより，μ_j は

$$\mu_j = -T\left(\frac{\partial S}{\partial N_j}\right)_{U,V,(N_j)} = \left(\frac{\partial F}{\partial N_j}\right)_{T,V,(N_j)} = \left(\frac{\partial G}{\partial N_j}\right)_{T,P,(N_j)} \tag{12.36}$$

とも表せる．

特に，系が1種類の粒子からなる場合，

$$G(T, P, N) = N\mu \tag{12.37}$$

が成り立つ，つまり化学ポテンシャルは粒子 1 個当たりのギブスの自由エネルギーに等しい．

◆ **平衡条件**　合計の体積が一定の孤立した 2 つの系 A, B が熱力学的に接触しており平衡状態に達しているとき，エントロピーの和 $S_{\rm A}+S_{\rm B}$ が極大，もしくは $dS_{\rm A}+dS_{\rm B}=0$ である．これより，

(1)　力学的平衡条件：$P_{\rm A}=P_{\rm B}$　(12.38)

(2)　熱的平衡条件：$T_{\rm A}=T_{\rm B}$　(12.39)

(3)　質量的（粒子の交換）平衡条件：$\mu_j^{\rm A}=\mu_j^{\rm B}$　(12.40)

が導かれる．

例題 12.2（**平衡条件の導出**）

平衡条件 (12.38)〜(12.40) を導け．

【解答】　(12.33) から，

$$dS_{\rm A}+dS_{\rm B}=\frac{1}{T_{\rm A}}\,dE_{\rm A}+\frac{1}{T_{\rm B}}\,dE_{\rm B}+\frac{P_{\rm A}}{T_{\rm A}}\,dV_{\rm A}+\frac{P_{\rm B}}{T_{\rm B}}\,dV_{\rm B}\\ -\frac{1}{T_{\rm A}}\sum_{j=1}^{n}\mu_j^{\rm A}\,dN_j^{\rm A}-\frac{1}{T_{\rm B}}\sum_{j=1}^{n}\mu_j^{\rm B}\,dN_j^{\rm B} \qquad (12.41)$$

ここで，A, B は合わせて体積・粒子数一定の孤立系なので，

$$E_{\rm A}+E_{\rm B}=一定,\quad V_{\rm A}+V_{\rm B}=一定,\quad N_j^{\rm A}+V_j^{\rm B}=一定$$

これらを全微分の形に直すと，

$$dE_{\rm A}+dE_{\rm B}=0,\quad dV_{\rm A}+dV_{\rm B}=0,\quad dN_j^{\rm A}+dN_j^{\rm B}=0$$

となる．これらの束縛条件より，(12.41) は，

$$dS_{\rm A}+dS_{\rm B}=\left(\frac{1}{T_{\rm A}}-\frac{1}{T_{\rm B}}\right)dE_{\rm A}+\left(\frac{P_{\rm A}}{T_{\rm A}}-\frac{P_{\rm B}}{T_{\rm B}}\right)dV_{\rm A}-\sum_{j=1}^{n}\left(\frac{\mu_j^{\rm A}}{T_{\rm A}}-\frac{\mu_j^{\rm B}}{T_{\rm B}}\right)dN_j^{\rm A}$$

と書き直せる．$dE_{\rm A}, dV_{\rm A}, dN_j^{\rm A}$ は独立なので，これがゼロになるためには右辺の 3 つの ( ) 内は恒等的にゼロでなければならない．これより (12.38)〜(12.40) の条件が導かれる．■

12章の問題

□ **1**　カルノーサイクルにおいて，作業物質を理想気体として図12.2のA, B, C, Dでの体積 V_{A}, V_{B}, V_{C}, V_{D} の間に成り立つ関係を導き，カルノーの定理 (12.10) が成り立つことを示せ.（ヒント：理想気体の等温変化では内部エネルギーは変化しないため熱量はすべて仕事になり，断熱変化ではポアソンの式が成り立つ.）

□ **2**　(12.26), (12.27) を導出せよ.

□ **3**　(12.30) を導出せよ.

第13章　カノニカル分布

本章では，統計力学における熱浴に接した系の確率分布であるカノニカル分布を扱う．

13.1　カノニカル分布

11.2 節の N 個の振動子系の中のある 1 つの振動子に着目し，そのエネルギー ε の分布を考えよう（図 13.1）．当然 $0 \leq \varepsilon \leq E$（$= M\varepsilon_0$）である．エネルギー量子 $\varepsilon_0 = h\nu$ を単位として，これを N 個の振動子に配分する方法の数は (11.13) で与えられている．すなわち，

$$W_N(M) = \frac{(M+N-1)!}{M!\,(N-1)!} \tag{13.1}$$

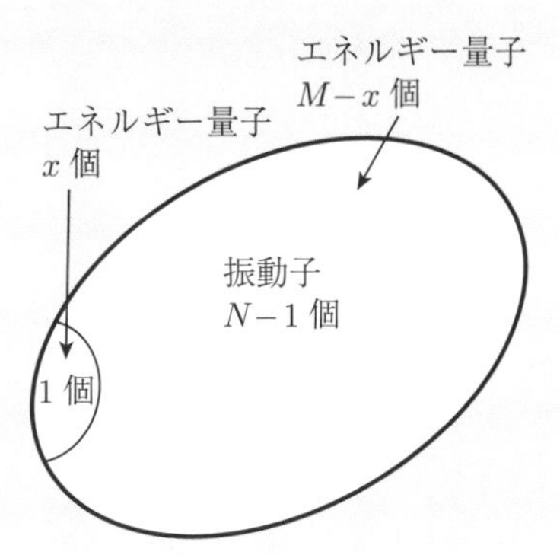

図 13.1　1 つの振動子からなる部分系

となる．同様に考えると，N 個の振動子系のある 1 つの振動子が E のうちの $\varepsilon = x\varepsilon_0$（$0 \leq x \leq M$）だけを持つ，という条件をもとに可能な量子状態の数は，

$$W_{N-1}(M-x) = \frac{(M+N-x-2)!}{(M-x)!\,(N-2)!} \tag{13.2}$$

したがって，ある 1 つの振動子が $\varepsilon = x\varepsilon_0$ というエネルギーを持つ確率 $p_1(x)$ は，等重率の原理を用いて

$$\begin{aligned} p_1(x) &= \frac{W_{N-1}(M-x)}{W_N(M)} \\ &= (N-1)\frac{M(M-1)\cdots(M-x+1)}{(M+N-1)(M+N-2)\cdots(M+N-x-1)} \end{aligned} \tag{13.3}$$

で与えられる．ここで，$M \gg x, N \gg 1$ を仮定すれば，(13.3) の分母の $x+1$ 個ある積項のすべてを $(M+N)$ に，分子の x 個ある積項のすべてを M と近似しても差し支えない（M と N はともに 10^{23} オーダーの巨大な数であることを思い出そう）ので，1 つの振動子当たりのエネルギー量子数の平均値（期待値）を $m \equiv \frac{M}{N}$ として，

$$p_1(x) = \frac{1}{1+m}\left(\frac{m}{1+m}\right)^x \tag{13.4}$$

とできる．(13.4) のグラフは図 13.2 に示すように指数関数的に減少するものとなる．

(13.4) は規格化条件

$$\sum_{x=0}^{\infty} p_1(x) = 1 \tag{13.5}$$

および，1 つの振動子当たりのエネルギー量子数の期待値が m である

$$\sum_{x=0}^{\infty} x p_1(x) = m \tag{13.6}$$

という条件を満たしている．ただし，$p_1(x)$ は $x > M$ では 0 のはずだが，近似の結果として完全にゼロにはならない．ただ $x > M$ で $p_1(x)$ は非常に小さいから，実際上 x の値に関わらず (13.4) が成立するとみなせる．

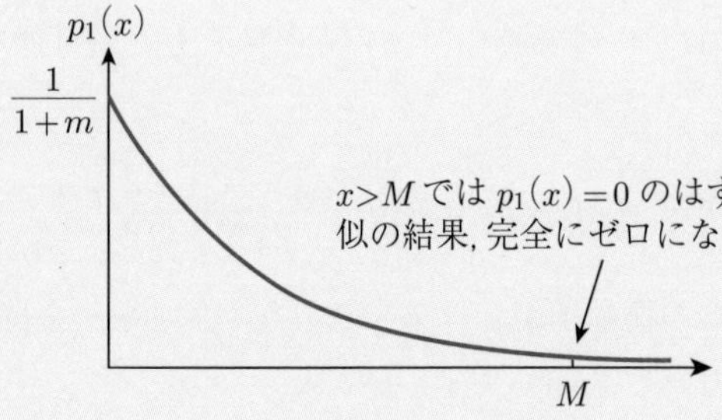

図 13.2 $p_1(x)$ の概形

例題 13.1（規格化条件と期待値の条件の導出）

(13.5) と (13.6) を導け．（ヒント：$\sum_{x=0}^{\infty} xa^x = a\sum_{x=0}^{\infty}\frac{d}{da}a^x$ が成り立つ．）

【解答】　$\frac{m}{1+m} = a$ (<1) とおく．(13.5) については，

$$\sum_{x=0}^{\infty} p_1(x) = \frac{1}{1+m}\sum_{x=0}^{\infty} a^x = \frac{1}{1+m}\frac{1}{1-a} = 1$$

と容易に示すことができる．(13.6) については，ヒントの式で和と微分の順番を入れ替えてもよいことを利用して，

$$\sum_{x=0}^{\infty} xp_1(x) = \frac{1}{1+m}\sum_{x=0}^{\infty} xa^x = \frac{a}{1+m}\sum_{x=0}^{\infty}\frac{d}{da}a^x = \frac{a}{1+m}\frac{d}{da}\left(\sum_{x=0}^{\infty} a^x\right)$$
$$= \frac{a}{1+m}\frac{d}{da}\left(\frac{1}{1-a}\right) = \frac{a}{1+m}\frac{1}{(1-a)^2} = m$$

となる．■

ここで，

$$\theta \equiv \frac{\varepsilon_0}{\log\left(1+\frac{1}{m}\right)} \tag{13.7}$$

で定義されるパラメータ θ を導入すると，$\frac{m}{1+m} = e^{-\frac{\varepsilon_0}{\theta}}$ なので (13.4) は以下のように書き換えることができる．

$$p_1(x) = \frac{1}{1+m}e^{-\frac{\varepsilon}{\theta}} \quad \text{または} \quad p_1(\varepsilon) \propto e^{-\frac{\varepsilon}{\theta}} \tag{13.8}$$

すなわち，$e^{-\frac{\varepsilon}{\theta}}$ は全エネルギーが一定な振動子系に属するある 1 つの振動子が ε というエネルギーを持つ相対的確率である．相対的とは，規格化条件を満たさない，という意味である．

次に，この振動子系のうちの N_1 個 $(N_1 \ll N)$ からなる部分系の持つエネルギー $E_1 = M_1\varepsilon_0$ の分布を調べる（図 13.3）．このとき可能な量子状態の数は，部分系に

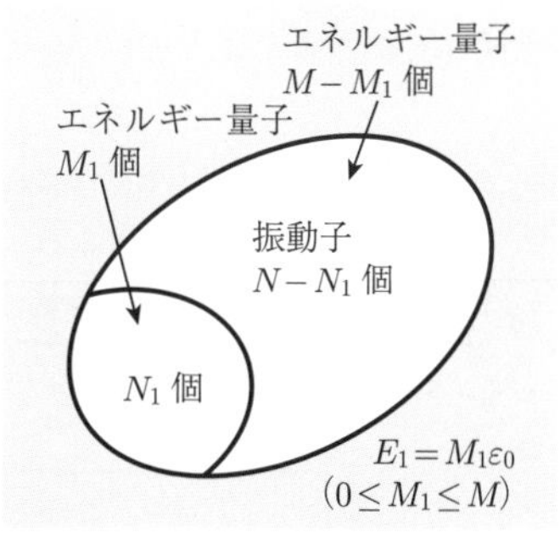

図 13.3　N_1 個の振動子からなる部分系

M_1 個，残りに $M-M_1$ 個のエネルギー量子を分配する組合せの積で表されるから，

$$W_{N_1}(M_1)\cdot W_{N-N_1}(M-M_1) \tag{13.9}$$

となる．したがって，部分系に M_1 個のエネルギー量子が配分される確率 $p_{N_1}(M_1)$ は，再び等重率の原理より，

$$p_{N_1}(M_1)=\frac{W_{N_1}(M_1)\cdot W_{N-N_1}(M-M_1)}{W_N(M)} \tag{13.10}$$

で与えられる．このうち，$\frac{W_{N-N_1}(M-M_1)}{W_N(M)}$ の部分は，$M\gg M_1$, $N\gg N_1$ とすれば (13.3) を近似して (13.4) を導いたのと同様の近似が成り立つので，

$$p_{N_1}(M_1)=W_{N_1}(M_1)\frac{1}{(1+m)^{N_1}}\left(\frac{m}{1+m}\right)^{M_1} \tag{13.11}$$

とできる．これは規格化条件

$$\sum_{M_1=0}^{\infty}p_{N_1}(M_1)=1 \tag{13.12}$$

および，部分系へのエネルギー量子数の期待値が mN_1 である

$$\sum_{M_1=0}^{\infty}M_1p_{N_1}(M_1)=mN_1 \tag{13.13}$$

という条件を満たしていることを例題 13.1 と同様にして示すことができる（章末問題 1）．(13.11) は $N_1=1$ の場合と同様に，M_1 が大のとき $p_{N_1}(M_1)$ は非常に小さいので，M_1 の大きい範囲でも成立するとしてよい．(13.11) のグラフは図 13.4 に示すように，N_1 が大のときには $M_1=mN_1$ で極大となる山型の

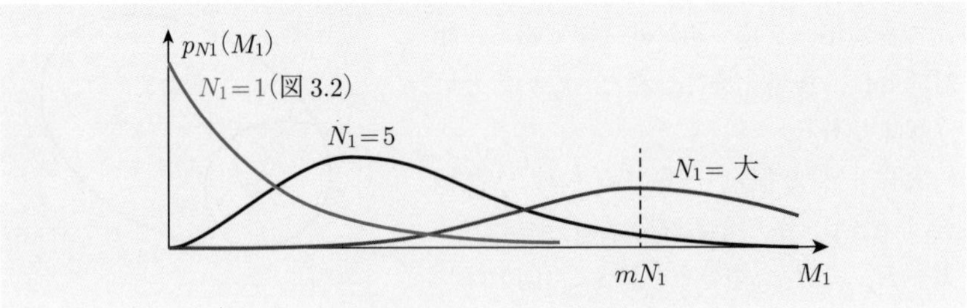

図 13.4　$p_{N_1}(M_1)$ の概形

曲線となる．

(13.13) に (13.7) で定義したパラメータ θ を導入すると，

$$p_{N_1}(M_1) \propto W_{N_1}(M_1)e^{-\frac{E_1}{\theta}} \tag{13.14}$$

ここで，$W_{N_1}(M_1)$ は N_1 個の振動子からなる系がエネルギー $E_1 = M_1\varepsilon_0$ を持つ場合に許されるすべての量子状態の数であるから，(13.14) は結局,「ミクロカノニカル分布の振動子系から N_1 個の振動子を抜き出して作られた部分系が，その総エネルギーが E_1 である 1 つの量子状態である確率は $e^{-\frac{E_1}{\theta}}$ に比例する」ことを意味する．

$$p(E_1) \propto e^{-\frac{E_1}{\theta}} \tag{13.15}$$

ただし，$p_{N_1}(E_1)$ と $p(E_1)$ の違いに注意されたい．

$p_{N_1}(E_1)$：部分系に E_1 が配分される確率

$p(E_1)$：部分系の 1 つの量子状態に E_1 が配分される確率

ミクロカノニカル分布では，ある総エネルギー E に対応するすべての量子状態が，等しい出現確率 $W_N(M)^{-1}$ を有し，他のエネルギーに対応する量子状態の出現確率はゼロである．一方，上の分布では，総エネルギー E_1 が等しい量子状態は等しい出現確率を持つが，異なるエネルギーに対応する量子状態は (13.15) より高いエネルギーほど小さな確率で出現する．

一般に，(13.15) の確率分布に従って，すべての可能なエネルギー量子状態に分布するような系（上の例では振動子 N_1 個からなる部分系）を**カノニカル分布**（**正準分布**，**カノニカルアンサンブル**）という．13.3 節で示すように，カノニカル分布は，熱容量の大きい物体（熱浴）と接触し，熱平衡を保つ系の統計的分布を表す．

13.2 分配関数

前節のカノニカル分布の系のエネルギーの期待値を求めてみよう．系の取りうるすべての量子状態に番号をつけて，対応するエネルギーを

$$E_1,\ E_2,\ E_3,\ \ldots,\ E_i,\ \ldots \tag{13.16}$$

と表す．いくつかの量子状態が同じ固有エネルギーを有するならば（これを**縮退**という），(13.16) でその数だけ繰り返されていると考える．このとき，状態 i の相対的出現確率は (13.15) の $p(E_i)$ で与えられる．期待値の計算のためには相対的確率ではなく，規格化条件を満たす絶対的確率が必要である．したがって，(13.15) の代わりに規格化条件を満たすようにした，

$$p(E_i) = \frac{e^{-\frac{E_i}{\theta}}}{Z(\theta)} \tag{13.17}$$

を用いる．ここで，$Z(\theta)$ は相対的確率のすべての和

$$Z(\theta) \equiv \sum_i e^{-\frac{E_i}{\theta}} \tag{13.18}$$

であり，**分配関数**，または**状態和**と呼ばれる．(13.17) が規格化条件を満たすことは自明である．(13.17) を用いると，この系のエネルギーの**期待値** $\overline{E}$ は，

$$\begin{aligned}\overline{E} &= \sum_i E_i p(E_i) \\ &= \frac{\sum_i E_i e^{-\frac{E_i}{\theta}}}{Z(\theta)} \\ &= \theta^2 \frac{\partial}{\partial\theta} \log Z(\theta)\end{aligned} \tag{13.19}$$

となる（章末問題 2）．つまり (13.18) の分配関数を計算すれば，(13.19) により $\overline{E}$ が求まる．

例題 13.2（振動子 1 個がカノニカル分布に従うときのエネルギー期待値）

振動子が 1 つからなる部分系のエネルギー量子数の期待値は (13.6) で計算した通り

$$\overline{x} = \sum x p_1(x) = m$$

である．したがって，エネルギー期待値 $\overline{\varepsilon}$ は，(13.7) の θ を用いて，

$$\overline{\varepsilon} = \overline{x}\varepsilon_0 = m\varepsilon_0 = \frac{\varepsilon_0}{e^{\frac{\varepsilon_0}{\theta}} - 1} \tag{13.20}$$

となる．これを分配関数から計算せよ．

【解答】　この場合の量子状態は図 13.5 のように縮退しておらず，無限に（上限は M だがこれまでの説明の通り無限大と考えてよい）存在する．まず分配関数は，

$$Z(\theta) = \sum_{n=0}^{\infty} e^{-\frac{n\varepsilon_0}{\theta}} = \frac{1}{1 - e^{-\frac{\varepsilon_0}{\theta}}}$$

と計算できる．よって，(13.19) から

$$\begin{aligned}\overline{\varepsilon} &= \theta^2 \frac{\partial}{\partial\theta} \log \frac{1}{1 - e^{-\frac{\varepsilon_0}{\theta}}} \\ &= \theta^2 \frac{\frac{\varepsilon_0}{\theta^2} e^{-\frac{\varepsilon_0}{\theta}}}{1 - e^{-\frac{\varepsilon_0}{\theta}}} = \frac{\varepsilon_0}{e^{\frac{\varepsilon_0}{\theta}} - 1}\end{aligned}$$

となり，(13.20) に一致する．　■

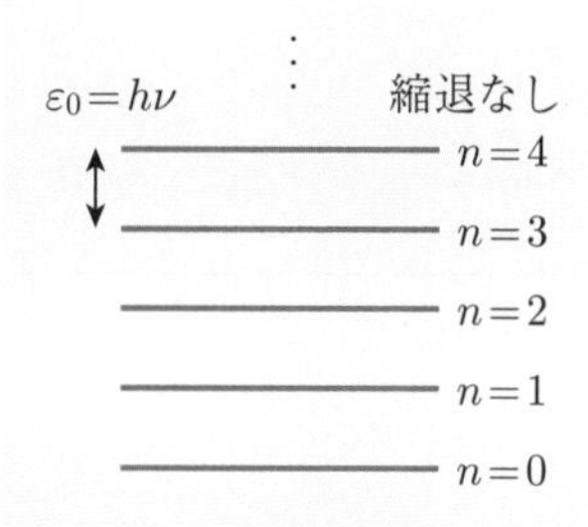

図 13.5　振動子 1 個のエネルギー準位

前節でパラメータ θ を導入したが，13.3 節で示すように，実は

$$\theta = k_{\mathrm{B}} T \tag{13.21}$$

が成り立っている．ここで T は絶対温度，$k_{\mathrm{B}} = 1.38 \times 10^{-23}\ \mathrm{J\ K^{-1}}$ は**ボルツマン (Boltzmann) 定数**である．したがって，$p_1(\varepsilon) \propto e^{-\frac{\varepsilon}{\theta}}$ ((13.8))，$p(E_1) \propto e^{-\frac{E_1}{\theta}}$ ((13.15)) は，温度 T を持つ振動子系に接触する 1 つの振動子または振動子 N_1 個の系の，それぞれの量子状態にある確率が，温度 T によって定められるカノニカル分布をなすことを示すものである．これより，例題 13.2 で求めた $\overline{\varepsilon}$ は，温度 T の環境におかれた 1 つの振動子の平均エネルギーと言い換えることができる．

(13.21) を認めると，(13.17), (13.18) は

$$p(E_i) = \frac{e^{-\frac{E_i}{k_\mathrm{B}T}}}{Z(T)}, \tag{13.22}$$

$$Z(T) = \sum_i e^{-\frac{E_i}{k_\mathrm{B}T}} \tag{13.23}$$

と書ける．ここで現れる．$e^{-\frac{E_i}{k_\mathrm{B}T}}$ は**ボルツマン因子**と呼ばれる．

このとき，ゼロ点エネルギーも考慮した振動子の平均エネルギーは

$$\bar{\varepsilon} = \frac{1}{2}h\nu + \frac{h\nu}{e^{\frac{h\nu}{k_\mathrm{B}T}} - 1} \tag{13.24}$$

と書ける．これを $k_\mathrm{B}T$ の関数として図示したのが図 13.6 である．$k_\mathrm{B}T = 0$ で $\bar{\varepsilon} = \frac{1}{2}h\nu$，$k_\mathrm{B}T = h\nu$ で $\bar{\varepsilon} = h\nu$，$k_\mathrm{B}T \gg h\nu$ で $\bar{\varepsilon} = k_\mathrm{B}T$ に漸近する．$k_\mathrm{B}T \gg h\nu$ となるほど十分高い温度では，古典力学の結論 $\bar{\varepsilon} = k_\mathrm{B}T$ と一致するが，低温では量子化の影響が現れ，一致しないことが分かる．

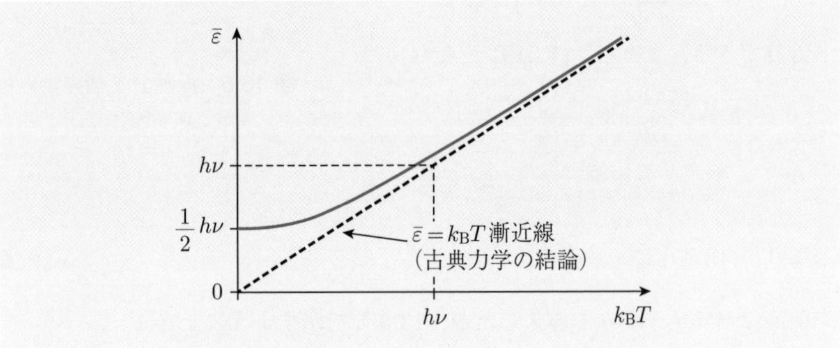

図 13.6 振動子の平均エネルギーの温度依存性

13.3 理想気体

ここでは理想気体にカノニカル分布を適用し，気体の巨視的量である圧力 P，体積 V，温度 T の関係が統計力学的にどのようになるかを考え，既知の理想気体の状態方程式と比較することで (13.21) の

$$\theta = k_{\mathrm{B}}T$$

を導いてみよう．

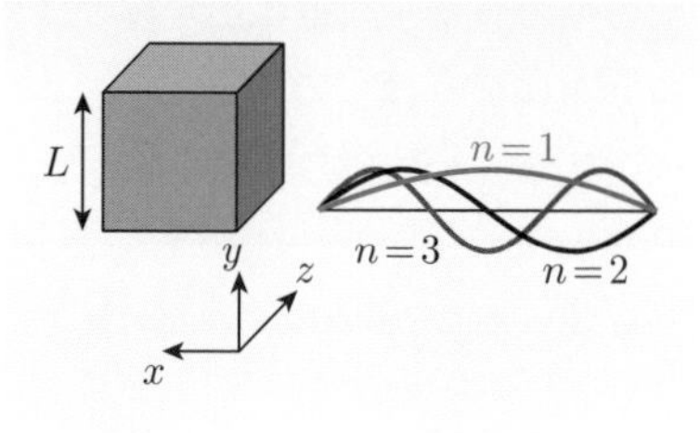

図 13.7　立方体に閉じ込められた理想気体

図 13.7 のように，一辺 L の立方体の中に閉じ込められた N 個の理想気体分子を考える．量子力学的に 1 つの分子を見れば，これは 3 次元の無限大ポテンシャル障壁に閉じ込められた粒子とみなすことができる．このとき，波動関数は x, y, z のそれぞれの方向について図 13.7 に示すように壁を固定端とする定在波をなさなければならないから，

$$\frac{\lambda_x}{2}n_x = L, \quad \frac{\lambda_y}{2}n_y = L, \quad \frac{\lambda_z}{2}n_z = L \tag{13.25}$$

を満たさなければならない．ここで λ_x, λ_y, λ_z は x, y, z 方向の波長で，n_x, n_y, n_z は x, y, z 方向の量子数である．波長 λ と運動量 p の間には

$$p = \frac{h}{\lambda} \tag{13.26}$$

の関係があり，また運動エネルギー ε は粒子の質量を m として，

$$\varepsilon = \frac{p^2}{2m} \tag{13.27}$$

で与えられるから，x, y, z の 3 方向を合わせた全運動エネルギーは，

$$\varepsilon(n_x, n_y, n_z) = \frac{h^2}{8mL^2}\left(n_x^2 + n_y^2 + n_z^2\right) \tag{13.28}$$

となる．これが 1 つの分子の量子状態 (n_x, n_y, n_z) の固有エネルギーである．このような分子 N 個からなる系を考えると，系の量子状態は $((n_{x1}, n_{y1}, n_{z1}), (n_{x2}, n_{y2}, n_{z2}), \ldots, (n_{xN}, n_{yN}, n_{zN}))$ によって決まる．

さてこの系が，非常に多数の振動子からなる熱浴に接しているとすれば（図 13.8），この系の各量子状態の出現確率はカノニカル分布に従うはずである．

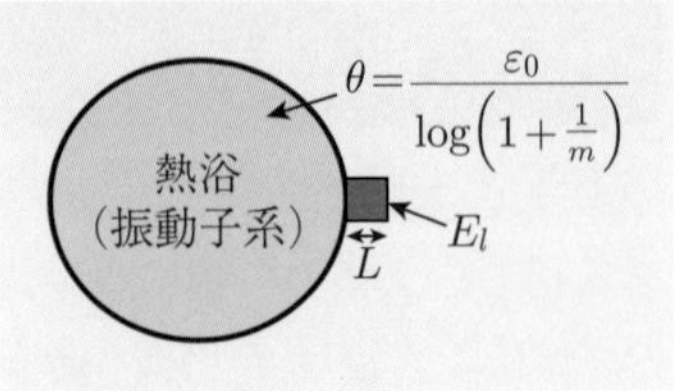

図 13.8　熱浴に接した理想気体

$$p(E_l) \propto e^{-\frac{E_l}{\theta}}, \tag{13.29}$$

$$E_l \propto \sum_{i=1}^{N} \varepsilon(n_{xi}, n_{yi}, n_{zi}) \tag{13.30}$$

この系の分配関数 Z_N を計算してみよう．(13.18) に従ってすべての可能な量子状態（無限にあるとしてよい）についてボルツマン因子の和を取るので，

$$Z_N = \sum_{n_{x1}} \sum_{n_{y1}} \sum_{n_{z1}} \sum_{n_{x2}} \sum_{n_{y2}} \sum_{n_{z2}} \cdots \sum_{n_{xN}} \sum_{n_{yN}} \sum_{n_{zN}} e^{-\frac{1}{\theta} \sum_{i=1}^{N} \varepsilon(n_{xi}, n_{yi}, n_{zi})} \tag{13.31}$$

と $\sum$ が $3N$ 個続く式になり，一見とても計算できなさそうに見える．しかし，$3N$ 個の量子数はすべて独立で，またボルツマン因子は

$$e^{-\frac{1}{\theta} \sum\limits_{i=1}^{N} \varepsilon(n_{xi}, n_{yi}, n_{zi})} = e^{-\frac{h^2}{8mL^2\theta} n_{x1}^2} \cdot e^{-\frac{h^2}{8mL^2\theta} n_{y1}^2} \cdot e^{-\frac{h^2}{8mL^2\theta} n_{z1}^2} \cdots e^{-\frac{h^2}{8mL^2\theta} n_{zN}^2} \tag{13.32}$$

とそれぞれの量子数だけで決まるボルツマン因子の積に分解できるため，

$$Z_N = \left(\sum_{n=1}^{\infty} e^{-\frac{h^2}{8mL^2\theta} n^2} \right)^{3N} \tag{13.33}$$

を計算すればよい．(13.33) 中の指数の係数 $\frac{h^2}{8mL^2}$ は非常に小さいので，この級数は

$$\sum_{n=1}^{\infty} e^{-\frac{h^2}{8mL^2\theta} n^2} \sim \int_0^{\infty} e^{-\frac{h^2}{8mL^2\theta} x^2}\, dx \tag{13.34}$$

と近似できる．**ガウス**（Gauss）**積分**（または誤差積分）の公式

$$\int_0^{\infty} e^{-x^2}\, dx = \frac{\sqrt{\pi}}{2} \tag{13.35}$$

を用いれば，

$$Z_N = \left(\frac{\sqrt{2\pi m\theta}\, L}{h} \right)^{3N} = \frac{(2\pi m\theta)^{\frac{3N}{2}} V^N}{h^{3N}} \tag{13.36}$$

と計算できる．ただし $V = L^3$ は気体の体積である．

ところで，以上の計算では，N 個の粒子の区別がつけられるとしていたわけだが，実際には全く同種の粒子を区別することは本質的に不可能であって，$((n_{x1}, n_{y1}, n_{z1}), (n_{x2}, n_{y2}, n_{z2}), \ldots, (n_{xN}, n_{yN}, n_{zN}))$ で表された気体全体の状態とその中のいくつかを入れ替えた状態とは別物ではなく，同一とみなければならない．実現可能な量子状態の数が粒子数 N よりも十分大きければ，この N 組の量子数はすべて異なると考えてよい．すると，N 個の粒子を区別したことによって，N 個の順列 $N!$ だけ余分に量子状態を勘定したことになる．例えば，区別できない 3 個の 1 次元の粒子があったとすると，その量子状態のうち $(1,5,8), (1,8,5), (5,1,8), (5,8,1), (8,1,5), (8,5,1)$ は実はすべて同一の量子状態となり，全部で 3!個ある．ただし，$(2,5,5)$ のように異なる粒子が同じ量子数を持つ場合にはその限りではないが，実現可能な量子状態の数が大きければそれはほとんど起こらないであろう．

そこで，区別できない場合の分配関数は (13.36) を $N!$ で割った

$$Z_N = \frac{(2\pi m\theta)^{\frac{3N}{2}} V^N}{h^{3N} \cdot N!} \tag{13.37}$$

として与えられると考えてよい．もちろん，固体などで区別できる場合は割る必要はない．

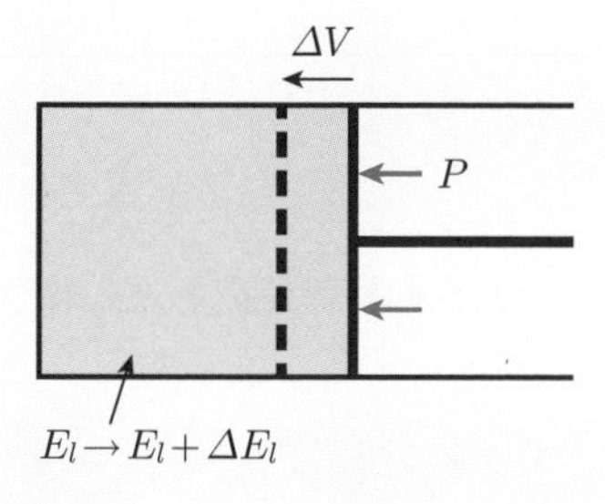

図 13.9 圧力 P の統計力学的表現

さて，気体の巨視的量である圧力 P は統計力学的にどのように表されるであろうか．一般に，体積 V の箱の中にある力学系の量子状態 l の固有エネルギー E_l は体積 V の変化によって変化する（図 13.9）．ΔV を体積 V の変化，ΔE_l を量子状態 l の固有エネルギーの変化とする．ΔE_l の期待値 $\overline{\Delta E_l}$ は，

$$\overline{\Delta E_l} = \sum_l \Delta E_l p(E_l) = \frac{\sum\limits_l \Delta E_l e^{-\frac{E_l}{\theta}}}{Z} \tag{13.38}$$

によって計算される．一方，$\overline{\Delta E_l}$ は圧力 P に対してなされる仕事 $-P\Delta V$ に等しいはずである（図 13.9）．したがって，

$$-P\varDelta V = \frac{\sum\limits_l \varDelta E_l e^{-\frac{E_l}{\theta}}}{Z} \tag{13.39}$$

となる．これより

$$\begin{aligned} P &= -\frac{\sum\limits_l \frac{\partial E_l}{\partial V} e^{-\frac{E_l}{\theta}}}{Z} = \frac{\theta}{Z}\frac{\partial Z}{\partial V} \\ &= \theta \frac{\partial}{\partial V} \log Z \end{aligned} \tag{13.40}$$

となる．これが圧力 P の統計力学的表現である．ここで，

$$\frac{\partial Z}{\partial V} = \frac{\partial}{\partial V} \sum_l e^{-\frac{E_l}{\theta}} = -\frac{1}{\theta} \sum_l \frac{\partial E_l}{\partial V} e^{-\frac{E_l}{\theta}} \tag{13.41}$$

の関係を用いている．

さて，(13.40) に (13.37) を代入すると，

$$\begin{aligned} P &= \theta \frac{\partial}{\partial V} \log \left(\frac{(2\pi m\theta)^{\frac{3N}{2}} V^N}{h^{3N} \cdot N!} \right) \\ &= \theta \frac{\partial}{\partial V} \left\{ \log \left(\frac{(2\pi m\theta)^{\frac{3N}{2}}}{h^{3N} \cdot N!} \right) + \log(V^N) \right\} \\ &= \theta \frac{\partial}{\partial V} N \log V = \frac{\theta N}{V} \end{aligned} \tag{13.42}$$

を得る．これと我々のよく知っている n mol の理想気体の状態方程式

$$PV = nRT = Nk_{\mathrm{B}}T \tag{13.43}$$

と比較すれば，振動子系の状態を特徴づける量として導入した

$$\theta = \frac{\varepsilon_0}{\log\left(1 + \frac{1}{m}\right)}$$

というパラメータが，振動子系に接触する理想気体を温度計として測った絶対温度 T と

$$\theta = k_{\mathrm{B}}T \tag{13.44}$$

の関係で結ばれているのが分かる．

一方，内部エネルギーの期待値 $\overline{E_l}$ は，(13.19) を用いて，

$$\overline{E_l} = \theta^2 \frac{\partial}{\partial \theta} \log Z(\theta) = k_{\mathrm{B}} T^2 \frac{\partial}{\partial T} \log Z(T)$$
$$= k_{\mathrm{B}} T^2 \frac{\partial}{\partial T} \left\{ \log \left(\frac{(2\pi m k)^{\frac{3N}{2}} V^N}{h^{3N} \cdot N!} \right) + \log(T^{\frac{3N}{2}}) \right\}$$
$$= \frac{3}{2} N k_{\mathrm{B}} T \tag{13.45}$$

と計算される．したがって，1 分子当たりの平均エネルギー $\overline{\varepsilon}$ は

$$\overline{\varepsilon} = \frac{3}{2} k_{\mathrm{B}} T \tag{13.46}$$

つまり，x, y, z の 3 自由度に対し，1 自由度当たり $\frac{1}{2} k_{\mathrm{B}} T$ のエネルギーが分配されることを示している（**エネルギー等分配則**）．

以上は単原子分子の議論であったが，2 原子分子等さらに複雑な構造の分子では並進運動以外に，回転・振動等の自由度が加わり，それに関わる内部エネルギーが加わることになる．例えば，2 原子分子（図 13.10）では，x, y, z の 3 自由度に加え，回転の 2 自由度が加わり，さらに (13.24) で表される振動のエネルギーも加わるため，1 分子当たりの平均エネルギー $\overline{\varepsilon}$ は，

$$\overline{\varepsilon} = \frac{5}{2} k_{\mathrm{B}} T + \frac{1}{2} h\nu + \frac{h\nu}{e^{\frac{h\nu}{k_{\mathrm{B}} T}} - 1} \tag{13.47}$$

となる．

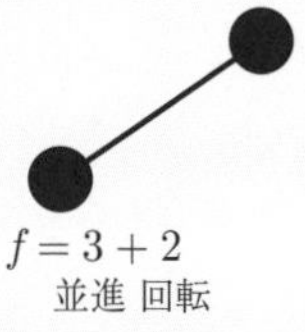

図 13.10 2 原子分子

13.4 熱力学との関係とエントロピー

これまでの議論から，カノニカル分布（熱浴に接した系）において分配関数 Z を用いて内部エネルギー E および圧力 P が，

$$E = k_{\rm B}T^2 \frac{\partial}{\partial T}\log Z, \tag{13.48}$$

$$P = k_{\rm B}T \frac{\partial}{\partial V}\log Z \tag{13.49}$$

と表されることが分かった．ちなみに熱力学における内部エネルギーとは統計力学での内部エネルギーの期待値となる．

では $\log Z$ とは物理的に何を表しているのであろうか？ $\log Z$ が T と V のみの関数であるとすれば，上の 2 つの式により

$$\begin{aligned} d(\log Z) &= \left(\frac{\partial}{\partial T}\log Z\right)dT + \left(\frac{\partial}{\partial V}\log Z\right)dV \\ &= \frac{E}{k_{\rm B}T^2}\,dT + \frac{P}{k_{\rm B}T}\,dV \end{aligned} \tag{13.50}$$

これを熱力学のヘルムホルツの自由エネルギー F の (12.27) 式と見比べてみれば，

$$F = -k_{\rm B}T\log Z \tag{13.51}$$

で与えられることが分かる．このように統計力学の分配関数 Z と熱力学での自由エネルギー F とは密接な関係があり，統計力学と熱力学との橋渡しになっている．これは分配関数 Z が系の確率分布に関する完全な情報を有しているためであると考えることができる．

自由エネルギー F が分かれば様々な熱力学的状態量が求められる．

例題 13.3（カノニカル分布によるエントロピー S の導出）

カノニカル分布におけるエントロピー S が以下で与えられることを示せ．

$$S = -k_{\mathrm{B}} \sum_i p(E_i) \log p(E_i) = -k_{\mathrm{B}} \overline{\log p(E_i)} \tag{13.52}$$

【解答】　熱力学的関係式の 1 つ (12.28) を用いる．これに (13.51) を代入すれば，

$$\begin{aligned}
S &= k_{\mathrm{B}} \frac{\partial}{\partial T}(T \log Z) = k_{\mathrm{B}} \log Z + \frac{k_{\mathrm{B}} T}{Z} \frac{\partial Z}{\partial T} \\
&= k_{\mathrm{B}} \log Z + \frac{k_{\mathrm{B}} T}{Z} \sum_i \frac{\partial}{\partial T} e^{-\frac{E_i}{k_{\mathrm{B}} T}} \\
&= k_{\mathrm{B}} \log Z + \frac{1}{T} \sum_i E_i \frac{e^{-\frac{E_i}{k_{\mathrm{B}} T}}}{Z} \\
&= k_{\mathrm{B}} \log Z + \frac{1}{T} \sum_i E_i p(E_i)
\end{aligned}$$

ここで，

$$p(E_i) = \frac{e^{-\frac{E_i}{k_{\mathrm{B}} T}}}{Z}$$

を用いている．一方，

$$\log p(E_i) = -\frac{E_i}{k_{\mathrm{B}} T} - \log Z$$

なので，

$$\begin{aligned}
-k_{\mathrm{B}} \overline{\log p(E_i)} &= -k_{\mathrm{B}} \sum_i p(E_i) \log p(E_i) \\
&= \frac{1}{T} \sum_i E_i p(E_i) + k_{\mathrm{B}} \log Z \sum_i p(E_i) \\
&= k_{\mathrm{B}} \log Z + \frac{1}{T} \sum_i E_i p(E_i)
\end{aligned}$$

と 2 つの式は一致する．■

ミクロカノニカル分布の場合には，$E = E_i$ のとき $p(E_i) = W_N(E)^{-1}$，その他で $p(E_i) = 0$ なので，

$$S = k_{\mathrm{B}} \log W_N(E) \tag{13.53}$$

となる．$W_N(E)$ は等しいエネルギー E を持つ量子状態数であり，(13.53) は**ボルツマンの公式**としてよく知られている．

ちなみに，情報理論においてエントロピーは確率変数が持つ情報の量を表す尺度で，それゆえ**情報量**とも呼ばれる．確率変数 X に対し，X のエントロピー $H(X)$ は

$$H(X) = -\sum_i P_i \log P_i \tag{13.54}$$

ここで P_i は $X = X_i$ となる確率である．(13.54) は統計力学におけるエントロピー (13.52) と定数倍を除いて一致する．これは単なる数式上の一致ではなく，統計力学的な現象と情報理論との等価性を示唆している．情報量は確率変数 X が数多くの値を取れば取るほど大きくなるため，情報量は X の取る値の「でたらめさ」を表す尺度であると再解釈でき，情報量は統計力学のエントロピーと概念的にも一致する．

例題 13.4（**理想気体のエントロピー**）

理想気体の分配関数 (13.37) から，理想気体のエントロピー S を求めよ．また，等温等圧の 2 つの同種の理想気体を混合すれば，エントロピーはそれぞれの和で表せるという事実から，(13.37) で $N!$ が不可欠であることを示せ．

【解答】　ヘルムホルツの自由エネルギー F は (13.51) とスターリングの公式 (11.3) を用いて，

$$\begin{aligned} F &= -k_{\mathrm{B}}T \log \frac{(2\pi m k_{\mathrm{B}}T)^{\frac{3}{2}N} \cdot V^N}{h^{3N} \cdot N!} \\ &= -Nk_{\mathrm{B}}T \log \frac{(2\pi m k_{\mathrm{B}}T)^{\frac{3}{2}}}{h^3} - Nk_{\mathrm{B}}T \left(\log \frac{V}{N} + 1 \right) \end{aligned}$$

と表せるので，エントロピー S は (12.28) より，

$$S = -\left(\frac{\partial F}{\partial T} \right) = Nk_{\mathrm{B}} \log \frac{(2\pi m k_{\mathrm{B}}T)^{\frac{3}{2}}}{h^3} + Nk_{\mathrm{B}} \left(\log \frac{V}{N} + \frac{5}{2} \right)$$

となる．等温等圧の気体では，T と $\frac{V}{N}$ が同じ．上式よりエントロピーは分子数 N に比例するので，2 つの理想気体を混合すればエントロピーはそれぞれの和で表せる．$N!$ がなければ上式の $\log \frac{V}{N}$ が $\log V$ になってしまい，それぞれの和で表せなくなる（**ギブスのパラドックス**）．■

13.5 カノニカル分布の一般的な導入

13.1 節でカノニカル分布を導入したが，同じ周波数を持つ振動子系に対してであった．ここではもう少し一般的にカノニカル分布を導入してみよう．

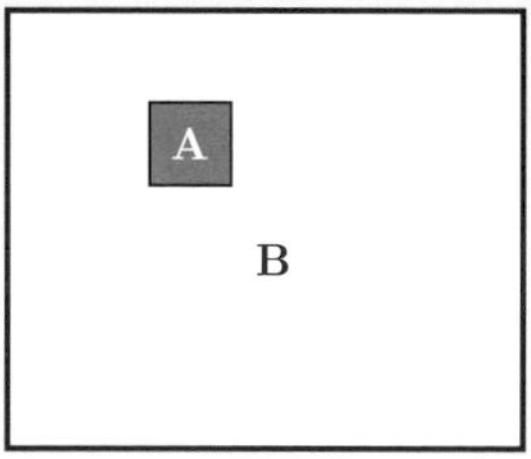

図 13.11　熱浴に接した系

図 13.11 のように対象とする系を A，外界を B とする．それぞれのエネルギーについて，

$$E + E_{\mathrm{B}} = E_{\mathrm{T}} \tag{13.55}$$

が成り立つ．ここで E は A の，E_{B} は B の，E_{T} は系全体のエネルギーであり，系全体はミクロカノニカル分布で記述される．A が E の 1 つの量子状態 i にある確率を $p(E_i)$ とすれば，このとき B は $E_{\mathrm{T}} - E_i$ の量子状態のどれかにあり，その数を $W_{\mathrm{B}}(E_{\mathrm{T}} - E_i)$ と書くことにすると，13.1 節での議論と同様に，

$$p(E_i) \propto W_{\mathrm{B}}(E_{\mathrm{T}} - E_i) \tag{13.56}$$

となるはずである．

ここでの議論の出発点として，ミクロカノニカル分布に対するエントロピーの (13.53) を取る．B は非常に大きいのでミクロカノニカル分布とみなせば，そのエントロピーは，

$$S_{\mathrm{B}}(E_{\mathrm{B}}) = k_{\mathrm{B}} \log W_{\mathrm{B}}(E_{\mathrm{B}}) \tag{13.57}$$

なので，

$$p(E_i) \propto \exp\left[\frac{1}{k_{\mathrm{B}}} S_{\mathrm{B}}(E_{\mathrm{T}} - E_i)\right] \tag{13.58}$$

と書ける．E は全体に対して微小であるとして $S_{\mathrm{B}}(E_{\mathrm{T}} - E_i)$ を E_i についてテイラー展開して第 2 項まで取ると，

$$S_{\mathrm{B}}(E_{\mathrm{T}} - E_i) \sim S_{\mathrm{B}}(E_{\mathrm{T}}) - \left(\frac{dS_{\mathrm{B}}}{dE}\right)_{E=E_{\mathrm{T}}} E_i \tag{13.59}$$

これは熱力学の関係式 (12.24) により，

$$S_{\mathrm{B}}(E_{\mathrm{T}} - E) \sim S_{\mathrm{B}}(E_{\mathrm{T}}) - \frac{1}{T} E_i \tag{13.60}$$

となる．$S_{\mathrm{B}}(E_{\mathrm{T}})$ は一定とみなせるので，(13.58) の確率は

$$p(E_i) \propto e^{-\frac{E_i}{k_{\mathrm{B}}T}} \tag{13.61}$$

となるはずである．確率は規格化されていなければならないから，

$$p(E_i) = \frac{e^{-\frac{E_i}{k_{\mathrm{B}}T}}}{Z(T)}, \tag{13.62}$$

$$Z(T) = \sum_i e^{-\frac{E_i}{k_{\mathrm{B}}T}} \tag{13.63}$$

と (13.22), (13.23) と同じ結論が得られる．

ここで，図 13.12 のように注目する系が弱く結合されたいくつかの部分系 a, b, c, ... からなる場合を考えよう．部分系のエネルギーを $E_{\mathrm{a}}, E_{\mathrm{b}}, E_{\mathrm{c}}, \ldots$ とすれば，系の全エネルギーは

$$E = E_{\mathrm{a}} + E_{\mathrm{b}} + E_{\mathrm{c}} + \cdots \tag{13.64}$$

と表せる．各部分系の量子状態を $i, j, k, \ldots$ で表せば，系の量子状態はその組 $(i, j, k, \ldots)$ で指定される．それぞれの量子状態でのエネルギーを $E_{\mathrm{a}i}, E_{\mathrm{b}j}, E_{\mathrm{c}k}, \ldots$ とすれば，系の量子状態のエネルギーは

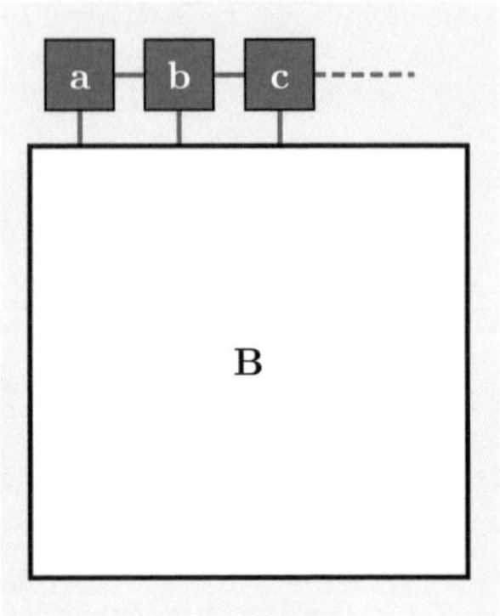

図 13.12　熱浴に接したいくつかの部分系

$$E_{(i,j,k,\ldots)} = E_{\mathrm{a}i} + E_{\mathrm{b}j} + E_{\mathrm{c}k} + \cdots \tag{13.65}$$

このときの分配関数は，

$$Z = \sum_i \sum_j \sum_k \cdots \exp\left[-\frac{1}{k_{\mathrm{B}}T}(E_{\mathrm{a}i} + E_{\mathrm{b}j} + E_{\mathrm{c}k} + \cdots)\right] \tag{13.66}$$

となる．ここで量子状態はそれぞれ独立なので，和は部分系ごとに独立に取ることができ，

$$Z = \sum_i e^{-\frac{E_{\mathrm{a}i}}{k_{\mathrm{B}}T}} \sum_j e^{-\frac{E_{\mathrm{b}j}}{k_{\mathrm{B}}T}} \sum_k e^{-\frac{E_{\mathrm{c}k}}{k_{\mathrm{B}}T}} \cdots = Z_{\mathrm{a}} Z_{\mathrm{b}} Z_{\mathrm{c}} \cdots \tag{13.67}$$

と部分系の分配関数 $Z_{\mathrm{a}}, Z_{\mathrm{b}}, Z_{\mathrm{c}}, \ldots$ の積として表すことができる．

系が量子状態 $(i, j, k, \ldots)$ にある確率についても同様に，

$$p_{(i,j,k,\dots)} = \frac{1}{Z}\exp\left[-\frac{1}{k_{\mathrm{B}}T}(E_{\mathrm{a}i}+E_{\mathrm{b}j}+E_{\mathrm{c}k}+\cdots)\right]$$
$$= \frac{e^{-\frac{E_{\mathrm{a}i}}{k_{\mathrm{B}}T}}}{Z_{\mathrm{a}}}\frac{e^{-\frac{E_{\mathrm{b}j}}{k_{\mathrm{B}}T}}}{Z_{\mathrm{b}}}\frac{e^{-\frac{E_{\mathrm{c}k}}{k_{\mathrm{B}}T}}}{Z_{\mathrm{c}}}\cdots = P_{\mathrm{a}i}P_{\mathrm{b}j}P_{\mathrm{c}k}\cdots \tag{13.68}$$

と各部分系の確率 $P_{\mathrm{a}i}, P_{\mathrm{b}j}, P_{\mathrm{c}k}, \dots$ の積として表すことができる.

13 章の問題

□ **1**　(13.12), (13.13) を導け.（ヒント：$(1-x)^{-N_1}$ のテイラー展開は $(1-x)^{-N_1} = 1 + N_1 x + \frac{1}{2!}N_1(N_1+1)x^2 + \cdots$ である.）

□ **2**　(13.19) を導出せよ.

□ **3**　13.3 節では理想気体の状態方程式との比較で $\theta = k_{\mathrm{B}}T$ を示したが，これは別の方法でも示すことができる．13.4 節で示したように，ミクロカノニカル分布に対する統計力学的なエントロピー S は (13.53) の $S = k_{\mathrm{B}}\log W_N(E)$ で与えられ，またエントロピー S がわかっていれば温度は (12.24) の $\left(\frac{\partial S}{\partial E}\right)_V = \frac{1}{T}$ で定義される．11.2 節で考えたようなエネルギー量子 ε_0 とエネルギー量子数 M を持つ N 個の振動子からなるミクロカノニカル系を考え，(13.7) で定義される θ が $k_{\mathrm{B}}T$ に等しいことを示せ.

□ **4**　エネルギー準位として $0, \varepsilon_0$（$\varepsilon_0 \geq 0$）の 2 つだけを持ち，温度 T の熱浴に接した区別できる粒子 N 個からなる系（2 準位系）がある．ここでゼロ点振動は無視できるものとする.

(1)　粒子 1 個の場合の分配関数 Z_1 を求めよ.

(2)　粒子 N 個の場合の分配関数 Z_N を求めよ.

(3)　粒子 N 個の場合の系の内部エネルギー E を求めよ.

第14章 カノニカル分布の応用

本章では，これまでの内容をふまえ，統計力学，特にカノニカル分布が実際の問題にどのように応用されるかを学ぶ．

14.1 熱 放 射

白熱電球からの放射や太陽からの放射のように，ある温度に保たれた物体からは，その温度に相当する熱が電磁波として放出される．これを**熱放射**（thermal radiation）という．温度によって物体の色が変わる，例えば「赤熱」の状態よりも「白熱」の状態のほうが温度が高い，こともよく知られている．これは温度により熱放射される電磁波の波長が変わることを意味している．

実際には熱放射の波長分布は，熱放射体の吸収や反射特性によって変わる．しかし，あらゆる電磁波を吸収する物体を仮定すれば，そこからの熱放射はその物体の温度だけによって決まる．このような物体を**黒体**と呼ぶ．黒体は近似的に，図 14.1 のように外界との間に小さい窓をつけた熱浴中の 1 つの空洞で実現される．では，このような黒体からの熱放射の波長分布が温度によりどのように変わるかを考えよう．この熱放射の問題は，古典物理学では説明ができず，量子物理学への扉を開く契機となったことで有名な問題である．

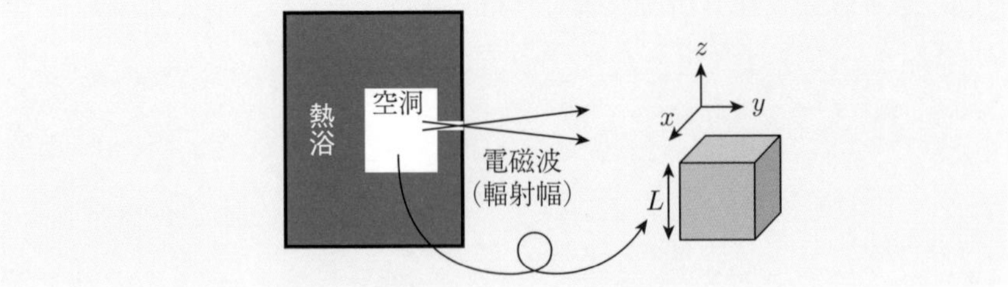

図 14.1 空洞からの熱放射

空洞を図 14.1 のように一辺 L の立方体とする．この中に立つ電磁波の定在波の 1 つひとつが振動子に相当する．熱浴に接していることにより，これら振動子のそれぞれがカノニカル分布に従うとすれば，(13.24) より，振動子 1 つ当たりの平均エネルギーは，

$$\overline{\varepsilon} = \frac{1}{2}h\nu + \frac{h\nu}{e^{\frac{h\nu}{k_{\mathrm{B}}T}} - 1} \tag{14.1}$$

である．空洞全体で保有するエネルギーは，空洞内すべての振動子について (14.1) の和を取ればよい．定在波の立つ条件は

$$\frac{\lambda_x}{2}n_x = L, \quad \frac{\lambda_y}{2}n_y = L, \quad \frac{\lambda_z}{2}n_z = L \tag{14.2}$$

である．これを波数 $k = \frac{2\pi}{\lambda}$ で表すと，

$$k = \sqrt{k_x^2 + k_y^2 + k_z^2} = \frac{\pi}{L}\sqrt{n_x^2 + n_y^2 + n_z^2} \tag{14.3}$$

周波数 ν と k とは，c を光速として $\nu = \frac{kc}{2\pi}$ の関係で結ばれているから，

$$\nu = \frac{c}{2L}\sqrt{n_x^2 + n_y^2 + n_z^2} \tag{14.4}$$

定在波の 1 つひとつは (n_x, n_y, n_z) 空間の各格子点に対応する（図 14.2）．ν と $\nu + \varDelta\nu$ の間の格子点の数は，ν が大きければ，半径 $\frac{2L}{c}\nu$ と半径 $\frac{2L}{c}(\nu + \varDelta\nu)$ の球にはさまれた球殻（図 14.3）の体積の $\frac{1}{8}$ に等しいと考えてよい．球殻の体積は，(表面積) × (球殻の厚さ) であるから，ν と $\nu + \varDelta\nu$ の間の格子点の数は，

$$\frac{1}{8} \cdot 4\pi \left(\frac{2L}{c}\nu\right)^2 \frac{2L}{c}\varDelta\nu = \frac{4\pi}{c^3}V\nu^2\varDelta\nu \tag{14.5}$$

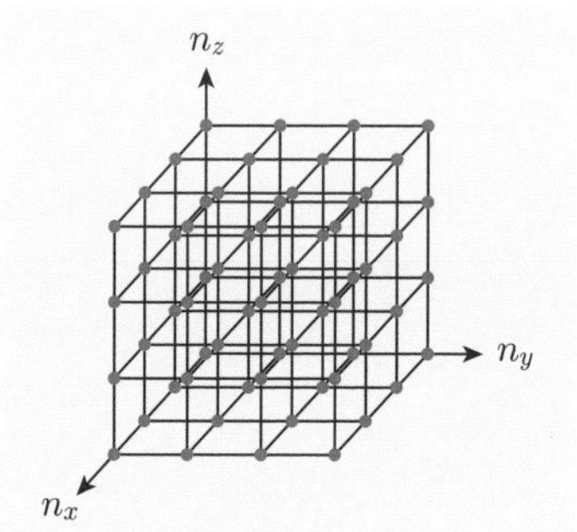

図 14.2　定在波に対応する格子点

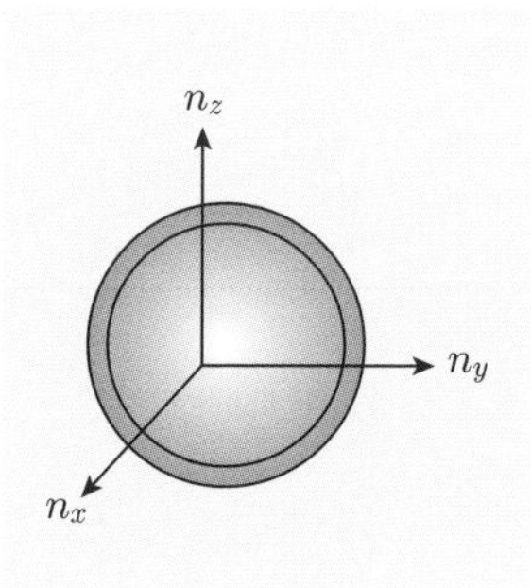

図 14.3　格子点の計算のための球殻

ただし $V = L^3$ は立方体の体積である．電磁波が横波で，2 つの独立な偏波面に分解できることを考慮に入れると，定在波の数は上のさらに 2 倍になる．

$$\frac{8\pi}{c^3} V\nu^2 \Delta\nu \tag{14.6}$$

これが ν と $\nu + \Delta\nu$ の間に固有振動数を有する定在波の数である．空洞全体で保有するエネルギー $\overline{E_V}$ は，(14.1) と (14.6) を用い，

$$\overline{E_V} = \int_0^\infty \frac{h\nu}{e^{\frac{h\nu}{k_B T}} - 1} \frac{8\pi}{c^3} V\nu^2 \, d\nu = V \int_0^\infty \frac{8\pi}{c^3} \frac{h\nu^3}{e^{\frac{h\nu}{k_B T}} - 1} \, d\nu \tag{14.7}$$

と書ける．ここでゼロ点エネルギーはどこにでも存在し，放射として観測にかからないので省略した．単位体積当たりでは，

$$\overline{E} = \int_0^\infty \frac{8\pi}{c^3} \frac{h\nu^3}{e^{\frac{h\nu}{k_B T}} - 1} \, d\nu \tag{14.8}$$

というエネルギーを保有する．これを周波数別に見れば，ν と $\nu + \Delta\nu$ の間の電磁波のエネルギーは，

$$\overline{E_\nu} \, d\nu = \frac{8\pi}{c^3} \frac{h\nu^3}{e^{\frac{h\nu}{k_B T}} - 1} \, d\nu \tag{14.9}$$

となるし，波長別に換算すれば，

$$\overline{E_\lambda} \, d\lambda = \frac{8\pi hc}{\lambda^5} \frac{d\lambda}{e^{\frac{hc}{\lambda k_B T}} - 1} \tag{14.10}$$

を得る．これを**プランクの熱放射式**という．

図 14.4 は (14.10) によりいくつかの温度での熱放射の電磁波のエネルギーを波長別にプロット（**スペクトル**と呼ばれる）したものである．これは実験結果と極めてよく一致する．これは我々が最初から電磁波の振動を (14.1) により量子論的に扱ったからである．

いま，

$$x \equiv \frac{h\nu}{k_B T} = \frac{hc}{\lambda k_B T} \tag{14.11}$$

とおくと，(14.10) は

$$\overline{E_\lambda} = \frac{8\pi (k_B T)^5}{(hc)^4} \frac{x^5}{e^x - 1} \tag{14.12}$$

と書け，これは

$$\frac{d}{dx}\frac{x^5}{e^x-1}=0 \tag{14.13}$$

の根として決まる $x_0=4.9651\cdots$ で極大を持つ．つまり，$\lambda_{\rm max}=\frac{hc}{x_0k_{\rm B}T}$ なる $\lambda_{\rm max}$ で $\overline{E_\lambda}$ は極大を持つ（図 14.4）．あるいは，

$$\lambda_{\rm max}T=\frac{hc}{x_0k_{\rm B}}=0.2918\,[\text{cm K}] \tag{14.14}$$

に従って $\lambda_{\rm max}$ は温度に反比例する．これから低温だと赤熱し，高温になると白熱することが説明できる．(14.14) は**ウィーン**（Wien）**の変位則**と呼ばれ，量子論以前に経験則として知られていたものである．なおウィーンは熱放射式として

$$\overline{E_\lambda}\,d\lambda=\frac{8\pi hc}{\lambda^5}e^{-\frac{hc}{\lambda k_{\rm B}T}}\,d\lambda \tag{14.15}$$

の形の式を導いており，これは λ の小さい短波長では (14.10) に一致する．

一方，(14.8) を (14.11) の x を用いて表し，積分を実行すると，

$$\overline{E}=\frac{8\pi(k_{\rm B}T)^4}{(hc)^3}\int_0^\infty\frac{x^3}{e^x-1}\,dx=\frac{8\pi^5k_{\rm B}^4}{15(hc)^3}T^4 \tag{14.16}$$

となる．つまり熱放射の全エネルギーは T^4 に比例する．これは**シュテファン–ボルツマン**（Stefan-Boltzmann）**の法則**と呼ばれる，こちらも量子論以前に経験則として知られていた．

ちなみに，熱放射を古典的に取り扱うと，

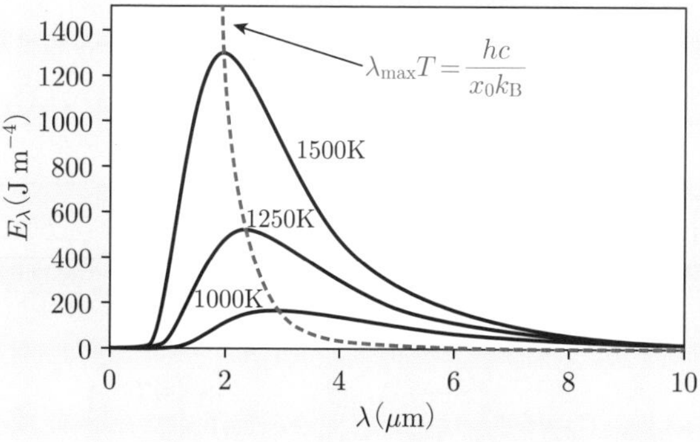

図 14.4　熱放射のスペクトル

$$\overline{E_\lambda}\,d\lambda = \frac{8\pi k_{\rm B} T}{\lambda^4}\,d\lambda \qquad (14.17)$$

という**レイリー–ジーンズ**（Rayleigh-Jeans）**の式**が得られる．これと (14.10) とは λ の大きい（長波長）ところでは一致するが，λ が小さくなると一致せず，単調に増加してしまう（極大を持たない）．つまり (14.17) は経験的に知られていたウィーンの変位則も説明できなければ，(14.16) のように積分を取ることもできない．一方で，プランクの熱放射式は短波長でウィーンの熱放射式に一致するし，長波長ではレイリー–ジーンズの式に一致する（図 14.5）．ここで古典物理学が破綻をきたし，量子物理学への扉が開かれたわけである．

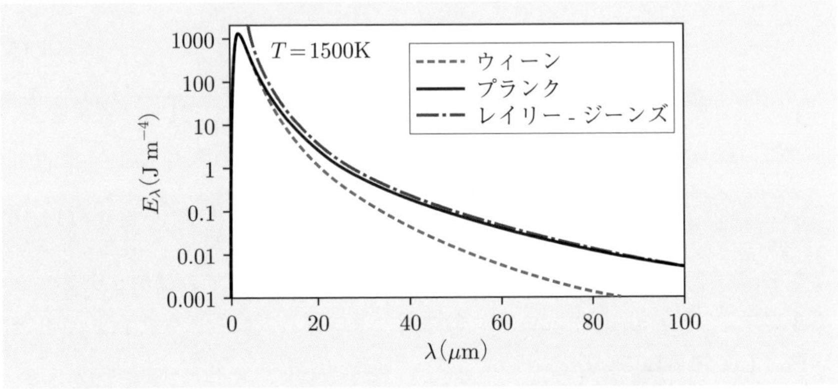

図 14.5　ウィーン，レイリー–ジーンズ，プランクの熱放射式の比較

例題 14.1（プランク，ウィーン，レイリー–ジーンズの熱放射式の比較）

プランクの熱放射式 (14.10) が短波長ではウィーンの式 (14.15) に，長波長ではレイリー–ジーンズの式 (14.17) に一致することを示せ．

【解答】　波長を短くしていくと (14.10) の指数 $x = \frac{hc}{\lambda k_{\rm B} T}$ が大きくなるため $\frac{1}{e^x - 1} \sim e^{-x}$ とすることができ，(14.15) に一致する．逆に波長を長くしていくと x が小さくなるため $\frac{1}{e^x - 1} \sim \frac{1}{x}$ となり，

$$\overline{E_\lambda}\,d\lambda \sim \frac{8\pi hc}{\lambda^5}\frac{\lambda k_{\rm B} T}{hc}\,d\lambda = \frac{8\pi k_{\rm B} T}{\lambda^4}\,d\lambda$$

と (14.17) に一致する．　■

14.2　固体の比熱

固体中では，固体を構成する原子（あるいは分子）がそのつりあいの位置付近で熱振動をしている．その熱振動を統計力学的に扱うことにより，固体の内部エネルギー，さらには比熱を求めることができる．

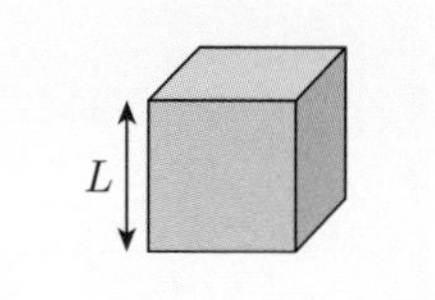

図 14.6　N 個の原子からなる結晶

簡単のために，ここでは原子的結晶，すなわち，金属結晶やダイヤモンドのように，ただ 1 種類の原子からなる結晶について考えよう．図 14.6 のように，温度 T の熱浴中にある N 個の原子からなる結晶を考える．このような結晶は 3 次元的な運動をする（3 自由度を持つ）ため，$3N$ 個の独立な振動子の集まりとして考えることができる．

まず，振動を古典的に扱ってみる．1 つの振動子のエネルギーは (13.24) で表され，この高温での漸近値（古典的振動）は $\overline{\varepsilon} = k_{\mathrm{B}}T$ である（図 13.6）ことから，結晶の内部エネルギーはこれを単に $3N$ 倍した，

$$\overline{E} = 3Nk_{\mathrm{B}}T \tag{14.18}$$

となる．定積比熱 C_V は内部エネルギーを温度で微分したものだから，

$$C_V = \left(\frac{\partial \overline{E}}{\partial T}\right)_V = 3Nk_{\mathrm{B}} \tag{14.19}$$

これは**デュロン–プティ**（Dulong-Petit）**の法則**として知られており，高温では実験によく一致する．しかしながら低温での比熱の減少を説明できない．これは低温では量子論的な効果が大きくなるためである．

次に，振動を量子的，つまり (13.24) をそのまま適用してみる．これは**アインシュタイン**（Einstein）**の理論**と呼ばれる．この場合，結晶の内部エネルギーは，

$$\overline{E} = \frac{3N}{2}h\nu + \frac{3Nh\nu}{e^{\frac{h\nu}{k_{\mathrm{B}}T}} - 1} \tag{14.20}$$

であるから，定積比熱 C_V は，

$$C_V = \left(\frac{\partial \overline{E}}{\partial T}\right)_V = 3Nk_{\mathrm{B}}\left(\frac{h\nu}{k_{\mathrm{B}}T}\right)^2 \frac{e^{\frac{h\nu}{k_{\mathrm{B}}T}}}{\left(e^{\frac{h\nu}{k_{\mathrm{B}}T}} - 1\right)^2} \tag{14.21}$$

(14.21) は当然ながら高温（$T \to \infty$ つまり $\frac{h\nu}{k_{\mathrm{B}}T} \to 0$）では (14.18) に一致す

る．低温（$T \to 0$）の場合，

$$C_V = 3Nk_{\mathrm{B}} \left(\frac{h\nu}{k_{\mathrm{B}}T} \right)^2 e^{-\frac{h\nu}{k_{\mathrm{B}}T}} \tag{14.22}$$

となり，比熱は指数関数的に減少する．しかし，実測値（T^3 に比例して減少）よりも小さい．

アインシュタインの理論の問題は，結晶内の $3N$ 個の振動子が独立であり，すべて同じ周波数で振動すると仮定したところから生じている．結晶原子は格子振動をしており，その定常振動は前節の議論と全く同様に定在波を作る条件を満たしていなければならない．分子の振動を考える代わりに，この格子定常振動のそれぞれを振動子と考えれば，前節と同じ議論が成り立つ．この考え方で結晶の比熱を論じた理論を**デバイ**（Debye）**の理論**という．格子定常振動を振動子と考えたものを**フォノン**（phonon）と呼ぶ．

前節にならって周波数 ν の分布を導入する．(14.5) より ν と $\nu + \Delta\nu$ の間の状態数は，

$$\frac{4\pi}{c^3} V \nu^2 \Delta\nu \tag{14.23}$$

である．格子振動を弾性波と考えると，**縦波**（Longitudinal wave: L）と**横波**（Transverse wave: T）があり，さらに横波には直交2成分がある．これを考慮すると，(14.23) は，

$$4\pi V \left(\frac{1}{c_{\mathrm{L}}^3} + \frac{2}{c_{\mathrm{T}}^3} \right) \nu^2 \, d\nu \tag{14.24}$$

となる．$c_{\mathrm{L}}, c_{\mathrm{T}}$ は縦波，横波の速度である．

この式からは，状態の数は無限にあり，周波数にも上限がないが，格子振動を作っているのは N 個の原子であり，原子間隔よりも小さい波長の波は存在し得ないから，周波数には上限があるはずである．これにより，取りうる状態の数が N 個の原子の自由度 $3N$ に等しいという仮定（**デバイの仮定**）を置く．つまり

$$\int_0^{\nu_{\mathrm{D}}} 4\pi V \left(\frac{1}{c_{\mathrm{L}}^3} + \frac{2}{c_{\mathrm{T}}^3} \right) \nu^2 \, d\nu = 3N \tag{14.25}$$

ここで，

$$\frac{1}{\bar{c}^3} \equiv \frac{1}{3} \left(\frac{1}{c_{\mathrm{L}}^3} + \frac{2}{c_{\mathrm{T}}^3} \right) \tag{14.26}$$

とおく．$\bar{c}$ は縦波と横波のある平均的な速さである．(14.25) の積分を実行すれば，

$$\frac{3}{\bar{c}^3}4\pi V\left[\frac{1}{3}\nu^3\right]_0^{\nu_\mathrm{D}} = \frac{4\pi V}{\bar{c}^3}\nu_\mathrm{D}^3 = 3N \tag{14.27}$$

つまり

$$\nu_\mathrm{D} = \bar{c}\left(\frac{3N}{4\pi V}\right)^{\frac{1}{3}} \tag{14.28}$$

によって，上限の周波数（**デバイの限界振動数**）ν_D が決まる．

さて，熱振動の全エネルギー $\overline{E}$ は，(14.7) と全く同様にして，(ただし積分の上限が ν_D であることに注意)

$$\overline{E} = \int_0^{\nu_\mathrm{D}} \frac{h\nu}{e^{\frac{h\nu}{k_\mathrm{B}T}}-1}\cdot 4\pi V\frac{3}{\bar{c}^3}\nu^2\,d\nu \tag{14.29}$$

で与えられる．さらに，

$$x \equiv \frac{h\nu}{k_\mathrm{B}T},\quad \Theta \equiv \frac{h\nu_\mathrm{D}}{k_\mathrm{B}} \tag{14.30}$$

なる変数を導入すると，(14.29) は，

$$\overline{E} = 3Nk_\mathrm{B}\Theta\left(\frac{T}{\Theta}\right)^4\int_0^{\frac{\Theta}{T}}\frac{3x^3}{e^x-1}\,dx = 3Nk_\mathrm{B}\Theta\left(\frac{T}{\Theta}\right)^4 f\left(\frac{T}{\Theta}\right) \tag{14.31}$$

と書ける．つまり結晶の温度 T を (14.29) で定義される特性温度 Θ（**デバイ温度**という）で $\frac{T}{\Theta}$ に正規化すると，様々な結晶のエネルギーが同一の関数形を持つことになる．

さて定積比熱は，内部エネルギーの温度による微分で与えられる．ここで $T\to\infty$ つまり $\frac{\Theta}{T}\to 0$ の極限では，$x\to 0$ なので，

$$\frac{3x^3}{e^x-1} \sim \frac{3x^3}{x} = 3x^2 \tag{14.32}$$

であるから，

$$\int_0^{\frac{\Theta}{T}}\frac{3x^3}{e^x-1}\,dx \to \int_0^{\frac{\Theta}{T}}3x^2\,dx = \left(\frac{\Theta}{T}\right)^3 \tag{14.33}$$

つまり，

$$\overline{E} = 3Nk_{\mathrm{B}}\Theta\left(\frac{T}{\Theta}\right)^4\left(\frac{\Theta}{T}\right)^3 = 3Nk_{\mathrm{B}}T \quad \Rightarrow \quad C_V = 3Nk_{\mathrm{B}} \tag{14.34}$$

となる．すなわち，$T \gg \Theta$ を満たす高温ではデュロン–プティの法則 (14.18), (14.19) が成り立つ．

逆に $T \ll \Theta$ とすると，(14.31) の積分の上限は実際上 ∞ としてよい．積分公式

$$\int_0^\infty \frac{x^3}{e^x - 1}\,dx = \frac{\pi^4}{15} \tag{14.35}$$

を利用すると，(14.31) は

$$\overline{E} = \frac{3\pi^4}{5}Nk_{\mathrm{B}}\left(\frac{T}{\Theta}\right)^3 T \tag{14.36}$$

となり，したがって定積比熱 C_V は，

$$C_V = \frac{12\pi^4}{5}Nk_{\mathrm{B}}\left(\frac{T}{\Theta}\right)^3 \tag{14.37}$$

となり，$T \to 0$ で T^3 に比例して 0 に近づく．

図 14.7 にデュロン–プティの法則，アインシュタイン理論およびデバイ理論による比熱の温度依存性の計算結果を示す．デバイの理論が実測値を最もよく説明する．デバイ温度 Θ は物質によるが，通常数百〜千度の程度である．また限界振動数 ν_{D} は 10^{12} Hz の程度である．

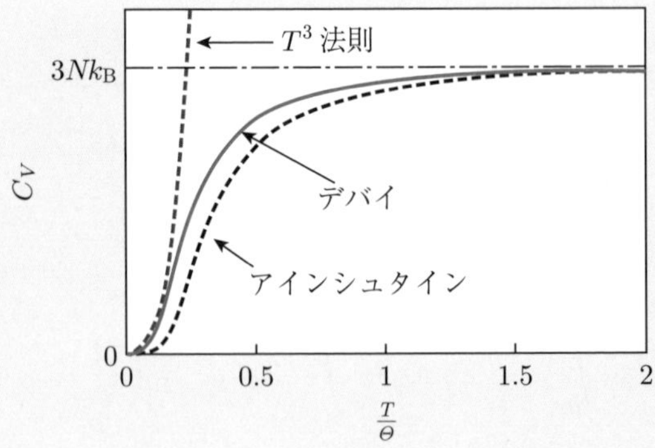

図 14.7　アインシュタイン理論およびデバイ理論での比熱

例題 14.2（デバイの限界振動数とデバイ温度）

固体アルミニウムのデバイの限界振動数 $\nu_{\mathrm{D}} \sim 10\,\mathrm{THz}$ である．アルミニウムのデバイ温度を求めよ．

【解答】 $\nu_{\mathrm{D}} = 10^{13}\,\mathrm{Hz}$ のとき，(14.30) より，

$$\Theta = \frac{h\nu_{\mathrm{D}}}{k_{\mathrm{B}}} = \frac{6.63 \times 10^{-34} \times 10^{13}}{1.38 \times 10^{-23}} = 4.80 \times 10^{2}\,[\mathrm{K}]$$

したがって 480 K 程度である． ■

14章の問題

□ **1** プランクの熱放射式を周波数で表した (14.9) と波長で表した (14.10) が等価であることを示せ．

□ **2** 次の各温度に対応する極大波長 $\lambda_{\max}$ を μm で求めよ．またそれぞれの極大波長での光子のエネルギーを電子ボルト（eV）で求めよ．なお，電気素量 $e = 1.60\times10^{-19}$ C である．

(i) 1,000 K　(ii) 6,000 K　(iii) 100,000 K

□ **3** デバイの理論は結晶を構成する原子が 3 次元的な振動をすると仮定している．しかしながら，ある種の結晶（セレンやテルルなど）では原子はある 1 方向にしか振動することができない．このような結晶について，デバイの理論にならって以下の問に答えよ．結晶は 1 辺の長さ L，原子個数 N の 1 次元の針金状であるとし，振動方向は x 方向のみと仮定する．

(1) 振動数 ν と $\nu + \Delta\nu$ との間の状態数を求めよ．ただし結晶中には縦波のみが伝搬するものとし，その速度を c とする．

(2) デバイの限界振動数 ν_{D} を求めよ．ただし原子の自由度は全体で N であるとする．

(3) 熱振動による結晶の全エネルギー $\overline{E}$ を，(14.30) の x, Θ を用いて積分の形で表せ．ゼロ点エネルギーは考えなくてよい．

(4) 高温での系の定積比熱 C_V を求めよ．

(5) 低温での系の定積比熱 C_V を求めよ．積分公式 $\int_0^\infty \frac{x}{e^x - 1}\,dx = \frac{\pi^2}{6}$ を必要ならば用いてもよい．

第15章　フェルミ分布とボーズ分布

本章では，エレクトロニクスにとって重要な電子の分布であるフェルミ分布の振る舞いを中心に，その基礎を学ぶ．

15.1　フェルミ粒子とボーズ粒子

13.3 節で考えた理想気体のように区別できない粒子の集団を扱う場合には，これまでのように系の量子状態を記述するやり方，すなわち，

「粒子 1 は状態 a，2 は b，$\cdots$，N は c」

よりもむしろ

「状態 a にある粒子の数は x 個，b にあるのは y 個，$\cdots$」

というやり方のほうが適当である．つまり，粒子 1 つひとつの運動に対応する状態（一粒子状態）$1, 2, \ldots, \nu, \ldots$ を定め，これらの量子状態にある粒子の数 $N_1, N_2, \ldots, N_\nu, \ldots$ の組（$N_1, N_2, \ldots, N_\nu, \ldots$）によって系の量子状態を記述するのである．このようなやり方を**粒子数表示**と呼ぶ．

いま，系の量子状態 l に対するエネルギー E_l が

$$E_l = N_1\varepsilon_1 + N_2\varepsilon_2 + \cdots + N_\nu\varepsilon_\nu + \cdots = \sum_{\nu=1}^{\infty} N_\nu\varepsilon_\nu \qquad (15.1)$$

と表されるとする．ここに，ε_ν は一粒子としての量子状態 ν に対応するエネルギーである．この $N_1, N_2, \ldots, N_\nu, \ldots$ は明らかに

$$N_1 + N_2 + \cdots + N_\nu + \cdots = N \qquad (15.2)$$

という条件を満たさなければならない．ここで N は粒子の総数である．

一方，粒子の性質によって，N_ν には次のような 2 種類の条件のどちらかが課せられる．

(i)　N_ν は 0 または 1

(ii)　N_ν は 0 から ∞ までの任意の値

なぜ 2 種類に分けられるかというと，13.3 節の理想気体のところで触れたように，量子力学では同種粒子を区別できないことから生じている．同種の 2 つの粒子に対する波動関数を $\psi(\boldsymbol{r}_1, \boldsymbol{r}_2)$ とする．2 つの粒子が区別できなければ，粒子を入れ替えた波動関数 $\psi(\boldsymbol{r}_2, \boldsymbol{r}_1)$ は同じ状態を表さなければならない．波動関数は複素定数倍しても同じ状態を表すから，α を複素定数として，

$$\psi(\boldsymbol{r}_1, \boldsymbol{r}_2) = \alpha\psi(\boldsymbol{r}_2, \boldsymbol{r}_1) \tag{15.3}$$

となるはずである．(15.3) は $\boldsymbol{r}_1$ と $\boldsymbol{r}_2$ を入れ替えてもそのまま成り立つはずなので，結局，

$$\alpha^2 = 1 \quad \rightarrow \quad \psi(\boldsymbol{r}_1, \boldsymbol{r}_2) = \pm\psi(\boldsymbol{r}_2, \boldsymbol{r}_1) \tag{15.4}$$

となる．粒子の置き換えに対して，α がプラスのときは波動関数が対称で，マイナスのときには反対称になる．

ここで 2 つの粒子が無関係に運動して，a と b の状態にあるとしよう．2 つの粒子が別種であれば

$$\psi(\boldsymbol{r}_1, \boldsymbol{r}_2) = \varphi_a(\boldsymbol{r}_1)\varphi_b(\boldsymbol{r}_2) \tag{15.5}$$

のようにそれぞれの波動関数を分離することができる．しかし同種粒子の場合には (15.5) は (15.4) を満たさないので，代わりに，

$$\psi(\boldsymbol{r}_1, \boldsymbol{r}_2) = A\{\varphi_a(\boldsymbol{r}_1)\varphi_b(\boldsymbol{r}_2) \pm \varphi_b(\boldsymbol{r}_1)\varphi_a(\boldsymbol{r}_2)\} \tag{15.6}$$

と対称化または反対称化する必要がある．ここで A は規格化定数である．

a と b が同じ状態である場合を考えよう．対称の場合には特に問題はない．しかし反対称の場合には波動関数がゼロになってしまうことが分かる．これは 2 つの同種粒子が同じ状態を占めることができないことを意味している．したがって，2 種類の条件のうちの (i) は波動関数が反対称の場合，(ii) は対称の場合に対応していることが分かる．一般に半整数スピンを持つ粒子（電子，中性子，陽子等）は波動関数が反対称で (i) に，整数スピンを持つ粒子（光子，ヘリウム原子（陽子 2 個，中性子 2 個，電子 2 個），等）は波動関数が対称で (ii) に従う．前者を**フェルミ**（Fermi）**粒子**（フェルミオン），後者を**ボーズ**（Bose）**粒子**（ボゾン）と総称する．(i) に従う場合，この粒子は「**フェルミ–ディラック**（Fermi-Dirac）**統計**（あるいは単に**フェルミ統計**）に従う」といい，(ii) に従

う場合，この粒子は「**ボーズ–アインシュタイン**（Bose-Einstein）**統計**（あるいは単に**ボーズ統計**）に従う」という．フェルミ粒子に対する (i) の条件は**パウリ**（Pauli）**の排他原理**と呼ばれる．

この粒子系が温度 T の熱浴に接触しているならば，系はカノニカル分布に従うであろう．カノニカル分布により粒子数 N_ν の平均値 $\overline{N_\nu}$ を求めるために，まず分配関数 Z_N を計算してみよう．(15.1) より

$$E_l = \sum_{\nu=1}^{\infty} N_\nu \varepsilon_\nu$$

であるから，

$$Z_N = \sum e^{-\frac{E_l}{k_{\rm B}T}} = \sum_{N_1}\sum_{N_2}\cdots\sum_{N_\nu}\cdots e^{-\frac{1}{k_{\rm B}T}\sum\limits_{\nu=1}^{\infty} N_\nu\varepsilon_\nu} \tag{15.7}$$

ただし，**粒子数保存則**

$$\sum_{\nu=1}^{\infty} N_\nu = N \tag{15.8}$$

が成り立たなければならない．(15.7) で，$N_1, N_2, \ldots, N_\nu, \ldots$ についての和は (15.8) と，2 種類の条件 (i), (ii) のどちらかを満たすすべての組合せについて行わなければならない．

理想気体のところでの分配関数 Z_N の計算のように，和を分離して独立に計算できれば簡単であるが，(15.8) の拘束条件がついているため，素直には計算できない．近似などを織り交ぜながら (15.7) を計算することは可能であるが，見通しが良くないので，別の方法を考えよう．それは次節に示すグランドカノニカル分布を使う方法である．

15.2 グランドカノニカル分布

外界（熱浴）とエネルギーをやり取りする系の分布がカノニカル分布であった．エネルギーだけではなく粒子もやり取りする系に成り立つ分布である**グランドカノニカル分布**を導こう．これは大正準分布，T-μ 分布とも呼ばれる．図 15.1 のように，対象とする系を A，外界を B とする．それぞれの粒子数とエネルギーについて，13.5 節でカノニカル分布の一般的な導入をしたのにならい，

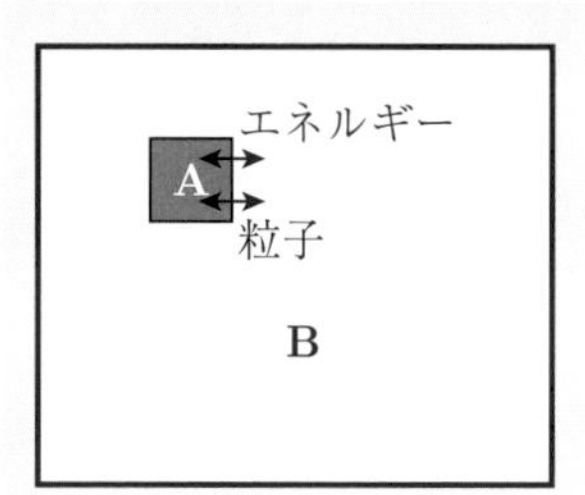

図 15.1　外界とエネルギー・粒子をやり取りする系

$$N + N_{\mathrm{B}} = N_{\mathrm{T}}, \tag{15.9}$$

$$E + E_{\mathrm{B}} = E_{\mathrm{T}} \tag{15.10}$$

が成り立つとする．ここで N, E は A の，$N_{\mathrm{B}}, E_{\mathrm{B}}$ は B の，$N_{\mathrm{T}}, E_{\mathrm{T}}$ は系全体の粒子数とエネルギーであり，系全体はミクロカノニカル分布で記述される．A が N, E の 1 つの量子状態にある確率を $p(N, E)$ とすれば，このとき B は $N_{\mathrm{T}} - N, E_{\mathrm{T}} - E$ の量子状態のどれかにあり，その数を $W_{\mathrm{B}}(N_{\mathrm{T}} - N, E_{\mathrm{T}} - E)$ と書くことにすると，カノニカル分布での議論と同様に，

$$p(N, E) \propto W_{\mathrm{B}}(N_{\mathrm{T}} - N, E_{\mathrm{T}} - E) \tag{15.11}$$

となるはずである．B のエントロピーは，

$$S_{\mathrm{B}}(N_{\mathrm{B}}, E_{\mathrm{B}}) = k_{\mathrm{B}} \log W_{\mathrm{B}}(N_{\mathrm{B}}, E_{\mathrm{B}}) \tag{15.12}$$

なので，

$$p(N, E) \propto \exp\left\{\frac{1}{k_{\mathrm{B}}} S_{\mathrm{B}}(N_{\mathrm{T}} - N, E_{\mathrm{T}} - E)\right\} \tag{15.13}$$

と書ける．N, E は全体に対して微小であるとして $S_{\mathrm{B}}(N_{\mathrm{T}} - N, E_{\mathrm{T}} - E)$ を展開すると

$$S_{\mathrm{B}}(N_{\mathrm{T}} - N, E_{\mathrm{T}} - E) \sim S_{\mathrm{B}}(N_{\mathrm{T}}, E_{\mathrm{T}}) - \left(\frac{\partial S_{\mathrm{B}}}{\partial N_{\mathrm{B}}}\right) N - \left(\frac{\partial S_{\mathrm{B}}}{\partial E_{\mathrm{B}}}\right) E \tag{15.14}$$

これは熱力学の関係式 (12.24) と (12.36) により，

$$S_{\mathrm{B}}(N_{\mathrm{T}}-N, E_{\mathrm{T}}-E) \sim S_{\mathrm{B}}(N_{\mathrm{T}}, E_{\mathrm{T}}) + \frac{\mu}{T}N - \frac{1}{T}E \tag{15.15}$$

となる．ここで μ は化学ポテンシャルである．$S_{\mathrm{B}}(N_{\mathrm{T}}, E_{\mathrm{T}})$ は一定としてよいので，(15.11) の確率は

$$p(N,E) \propto \exp\left\{-\frac{1}{k_{\mathrm{B}}T}(E-\mu N)\right\} \tag{15.16}$$

となり，エネルギーのみをやり取りするカノニカル分布の場合に対して指数に $\frac{\mu N}{k_{\mathrm{B}}T}$ が加わることになる．カノニカル分布と同様に確率として規格化すれば，

$$p(N,E) = \frac{1}{\Xi(T,\mu)}\exp\left\{-\frac{1}{k_{\mathrm{B}}T}(E-\mu N)\right\}, \tag{15.17}$$

$$\Xi(T,\mu) = \sum_{N}\sum_{n}\exp\left\{-\frac{1}{k_{\mathrm{B}}T}(E_n(N)-\mu N)\right\} \tag{15.18}$$

ここで $E_n(N)$ は粒子数が N の量子状態 n のエネルギーである．$\Xi(T,\mu)$（Ξ はグザイの大文字）を**大分配関数**といい，粒子数 N が与えられたときの分配関数

$$Z(N,T) = \sum_{n}\exp\left\{-\frac{1}{k_{\mathrm{B}}T}E_n(N)\right\} \tag{15.19}$$

を用いれば，

$$\Xi(T,\mu) = \sum_{N}\exp\left(\frac{\mu N}{k_{\mathrm{B}}T}\right)Z(N,T) \tag{15.20}$$

で与えられる．ここから系の N, E の平均値として

$$\overline{N} = k_{\mathrm{B}}T\frac{\partial}{\partial\mu}\log\Xi(T,\mu), \tag{15.21}$$

$$\overline{E} = k_{\mathrm{B}}T^2\frac{\partial}{\partial T}\log\Xi(T,\mu) + \mu\overline{N} \tag{15.22}$$

を導くことができる．

例題 15.1（大分配関数による N, E の平均値の導出）

系の N, E の平均値 (15.21) と (15.22) を導け．

【解答】 系の粒子数が N である確率 $p(N)$ は，

$$p(N) = \sum_n p(N, E_n(N)) = \frac{1}{\Xi(T,\mu)} \sum_n \exp\left\{-\frac{1}{k_\mathrm{B}T}(E_n(N) - \mu N)\right\}$$

であるので，粒子数平均は，

$$\overline{N} = \sum_N Np(N) = \frac{1}{\Xi(T,\mu)} \sum_N \sum_n N \exp\left\{-\frac{1}{k_\mathrm{B}T}(E_n(N) - \mu N)\right\}$$

となる．一方，(15.20) の $\Xi(T,\mu)$ を μ で偏微分すると，

$$\frac{\partial \Xi(T,\mu)}{\partial \mu} = \sum_N \sum_n \frac{N}{k_\mathrm{B}T} \exp\left\{-\frac{1}{k_\mathrm{B}T}(E_n(N) - \mu N)\right\}$$

であるので，

$$\overline{N} = \frac{k_\mathrm{B}T}{\Xi(T,\mu)} \frac{\partial \Xi(T,\mu)}{\partial \mu} = k_\mathrm{B}T \frac{\partial}{\partial \mu} \log \Xi(T,\mu)$$

と (15.21) が導ける．同様に E について，

$$p(E_n) = \sum_N p(N, E_n(N)) = \frac{1}{\Xi(T,\mu)} \sum_N \exp\left\{-\frac{1}{k_\mathrm{B}T}(E_n(N) - \mu N)\right\}$$

であり，

$$\overline{E} = \sum_n E_n p(E_n) = \frac{1}{\Xi(T,\mu)} \sum_N \sum_n E_n(N) \exp\left\{-\frac{1}{k_\mathrm{B}T}(E_n(N) - \mu N)\right\}$$

である．$\Xi(T,\mu)$ の T による偏微分は，

$$\frac{\partial \Xi(T,\mu)}{\partial T} = \sum_N \sum_n \frac{E_n(N) - \mu N}{k_\mathrm{B}T^2} \exp\left\{-\frac{1}{k_\mathrm{B}T}(E_n(N) - \mu N)\right\}$$

であるので，

$$\overline{E} = \frac{k_\mathrm{B}T^2}{\Xi(T,\mu)} \frac{\partial \Xi(T,\mu)}{\partial T} + \frac{\mu}{\Xi(T,\mu)} \sum_N \sum_n N \exp\left\{-\frac{1}{k_\mathrm{B}T}(E_n(N) - \mu N)\right\}$$

となる．この右辺の第 2 項は上の粒子数平均に関する議論から $\mu\overline{N}$ に等しいので，(15.22) に一致する． ■

15.3 フェルミ分布とボーズ分布

グランドカノニカル分布によれば粒子数の平均値 $\overline{N_\nu}$ をより自然に導くことができる．なぜグランドカノニカル分布を使うほうがよいかというと，ある1つの量子状態 ν にある粒子（系）を部分系と考えれば，この部分系は外界とエネルギーと粒子のやり取りをするからである．

(15.7) の分配関数を (15.20) に入れると，大分配関数は，

$$\Xi(T,\mu) = \sum_N \exp\left(\frac{\mu N}{k_\mathrm{B}T}\right)\left\{\sum_{N_1}\sum_{N_2}\cdots\sum_{N_\nu}\cdots\exp\left(-\frac{1}{k_\mathrm{B}T}\sum_{\nu=1}^{\infty}N_\nu\varepsilon_\nu\right)\right\} \tag{15.23}$$

で与えられる．{ } の中の和には (15.8) の $\sum N_\nu = N$ という拘束条件がついているが，(15.23) ではその後にすべての N についての和を取るので，これは各々の N_ν についての和を独立に取ったものに等しい．すなわち，

$$\begin{aligned}\Xi(T,\mu) &= \sum_{N_1}\sum_{N_2}\cdots\sum_{N_\nu}\cdots\exp\left(-\frac{1}{k_\mathrm{B}T}\sum_{\nu=1}^{\infty}N_\nu(\varepsilon_\nu-\mu)\right)\\ &= \prod_\nu\left[\sum_{N_\nu}\exp\left\{-\frac{N_\nu(\varepsilon_\nu-\mu)}{k_\mathrm{B}T}\right\}\right]\end{aligned} \tag{15.24}$$

となる．(15.24) の [ ] の中身はフェルミ粒子の場合には

$$\sum_{N_\nu=0}^{1}\exp\left\{-\frac{N_\nu(\varepsilon_\nu-\mu)}{k_\mathrm{B}T}\right\} = 1+\exp\left(-\frac{\varepsilon_\nu-\mu}{k_\mathrm{B}T}\right) \tag{15.25}$$

であり，ボーズ粒子では，$\varepsilon_\nu > \mu$ を仮定すれば，

$$\sum_{N_\nu=0}^{\infty}\exp\left\{-\frac{N_\nu(\varepsilon_\nu-\mu)}{k_\mathrm{B}T}\right\} = \frac{1}{1-\exp\left(-\frac{\varepsilon_\nu-\mu}{k_\mathrm{B}T}\right)} \tag{15.26}$$

となる．したがって，

$$\Xi(T,\mu) = \prod_\nu\left\{1\pm\exp\left(-\frac{\varepsilon_\nu-\mu}{k_\mathrm{B}T}\right)\right\}^{\pm1} \tag{15.27}$$

と表せる．+ がフェルミ粒子，− がボーズ粒子の場合である．(15.27) を (15.21) に入れると

$$\overline{N}=\sum_{\nu=1}^{\infty}\frac{1}{\exp\left(\frac{\varepsilon_\nu-\mu}{k_{\mathrm{B}}T}\right)\pm1} \tag{15.28}$$

となる（章末問題 1）．一方，

$$N=\sum_{\nu=1}^{\infty}N_\nu \tag{15.29}$$

が成り立つはずであるので，(15.28) と (15.29) を比較することで，結局，

$$\overline{N_\nu}=\frac{1}{\exp\left(\frac{\varepsilon_\nu-\mu}{k_{\mathrm{B}}T}\right)+1}\quad \text{（フェルミ粒子）} \tag{15.30}$$

$$\overline{N_\nu}=\frac{1}{\exp\left(\frac{\varepsilon_\nu-\mu}{k_{\mathrm{B}}T}\right)-1}\quad \text{（ボーズ粒子）} \tag{15.31}$$

となることが分かった．これらの式で与えられる平均粒子数の分布をそれぞれ**フェルミ–ディラック分布**（あるいは単に**フェルミ分布**），**ボーズ–アインシュタイン分布**（あるいは単に**ボーズ分布**）と呼ぶ．また，μ は一般にその粒子の化学ポテンシャルであるが，特にフェルミ分布の場合には μ は**フェルミ準位**と呼ばれる．μ は粒子数密度や温度の関数であり，(15.8) と同じ粒子数保存則

$$\sum_{\nu=1}^{\infty}\overline{N_\nu}=N \tag{15.32}$$

から定められる．

15.4　フェルミ分布

エレクトロニクスにとって重要な電子は前述のようにフェルミ粒子であり，その平均粒子数はフェルミ分布に従う．以下ではフェルミ粒子が理想気体のように自由に振る舞う（**フェルミ気体**）として，フェルミ分布について詳しく調べよう．

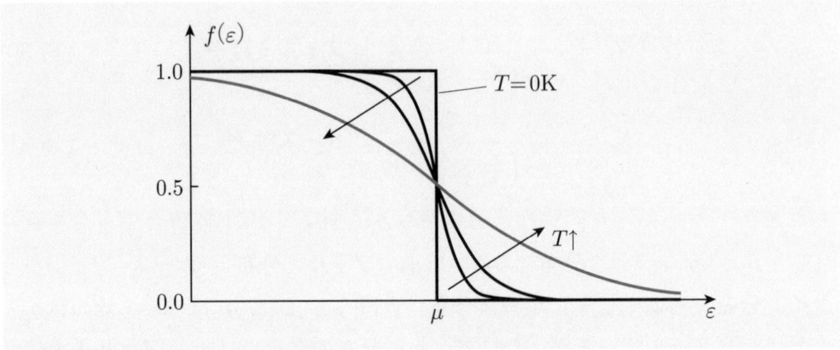

図 15.2　フェルミ分布関数の概形

(15.30) のフェルミ分布の式の ε_ν はとびとびの値を取るが，そのステップは後で示すように微小である．フェルミ分布を連続関数とみなしたものを**フェルミ分布関数**といい，

$$f(\varepsilon) = \frac{1}{\exp\left(\frac{\varepsilon - \mu}{k_{\mathrm{B}} T}\right) + 1} \tag{15.33}$$

と表す．これをとりあえずフェルミ準位 μ を一定とみなしてエネルギー ε の関数として図示すると，図 15.2 のようになる．$T = 0$ で $\varepsilon = \mu$ を境とする階段状のステップ関数となり，温度 T が上昇するにつれて丸みを帯びてくる．$\varepsilon = \mu$ で必ず $f = \frac{1}{2}$ となる．

実際には，フェルミ準位 μ は温度 T の関数であり，温度 T が上昇するとフェルミ準位 μ は小さくなる．図 15.3 は温度 T の変化によりどのようにフェルミ分布が変化するかを示している．

① $T = 0$ の場合

$T = 0$ とはつまり絶対零度であるから，普通に考えればすべての振動子のエ

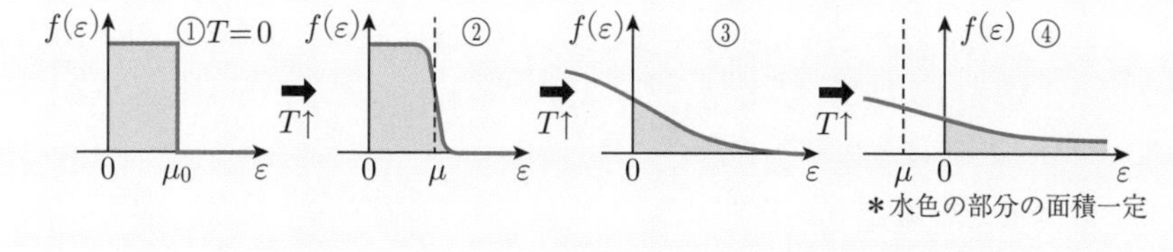

図 15.3　温度が上昇するに従ってのフェルミ分布関数の変化

ネルギーはゼロのはずである．しかしながら，図 15.3 によればフェルミ粒子では絶対零度でも，μ（$T=0$ で正の値を取る）よりも低い固有エネルギーを有する量子状態がすべて粒子により占有されている．つまり，フェルミ粒子では絶対零度でもエネルギーがゼロでない粒子があることを示している．系全体のエネルギーが最小となった状態が絶対零度であるか，フェルミ粒子の場合にはパウリの排他原理（15.1 節）により，1 つの量子状態に 1 個までしか粒子が入れない．すなわち，すべての粒子が最低のエネルギーを取ることが許されておらず，エネルギーの低い量子状態から順に粒子を詰め込んでゆくことになる．逆に言えば，絶対零度の場合のフェルミ準位 μ_0 とは，エネルギーの低い量子状態から順に粒子を詰め込んでいったときの最高のエネルギー値であり，粒子数とエネルギー準位が分かっていれば (15.32) から求めることができる．当然，フェルミ粒子系では絶対零度においても最高 μ_0 までのエネルギーを持つ量子状態が占められているから，全体のエネルギーはゼロではない．これは振動子のゼロ点振動に対応し，**自由なフェルミ粒子のゼロ点運動**と呼ばれる．図 15.3①中の水色部分の面積が粒子の存在する量子状態数（= 粒子数）を表している.[†]

②　T が低温の場合

絶対零度から温度が上昇すると，図 15.3②のような挙動を示す．フェルミ準位は μ_0 から少し小さい値となり，フェルミ準位付近での傾きを持つ折れ線で近似できる形となる（章末問題 3 参照）．粒子数は一定であるので，水色の部分の面積は①の場合に等しい．

---

† これはエネルギーに縮退がない場合にのみ正しい．実際にはエネルギーに縮退がある場合がほとんどで，その場合には次章で示すように状態密度 $D(\varepsilon)$ とフェルミ分布関数 $f(\varepsilon)$ の積が囲む面積が粒子数に等しい．

③　*T* がさらに上昇した場合

フェルミ準位 μ がさらに小さくなり，ついには $\mu = 0$ となる．このときにはフェルミ分布の式は①, ②の場合からだいぶ崩れ，なだらかな曲線となる．水色の部分の面積はやはり①の場合に等しい．

④　*T* が高温の場合

フェルミ準位 μ は負の値となる．μ から十分に離れたところでは，フェルミ分布もボーズ分布もほぼ同じ分布となる（図15.4参照）．このような分布を**ボルツマン分布**といい，ボルツマン分布に従う統計を**ボルツマン統計**という．④の温度ではすでにフェルミ統計の特徴が失われ，ボルツマン統計に従うと考えてよい．

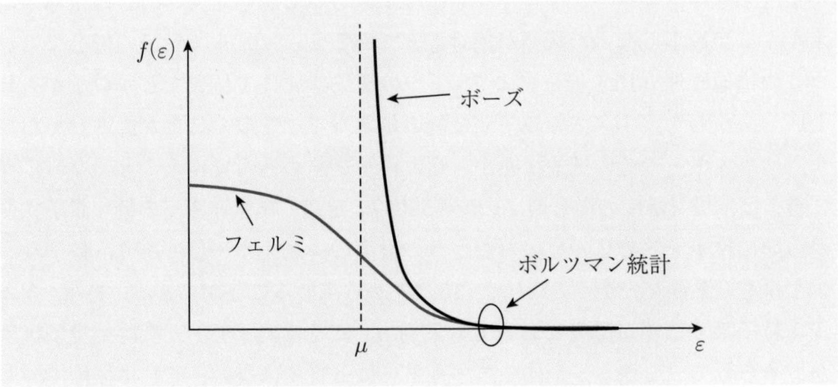

図 15.4　フェルミ分布関数とボーズ分布関数

①〜③のように，フェルミ粒子が十分低温で，フェルミ分布の特徴を備えているときを，**縮退している**（degenerate）という（**フェルミ縮退**ともいう）．ではどういう条件で縮退が起こるかを考えてみよう．④の場合，つまり非縮退となる条件を考えれば，

$$\mu \ll 0 \tag{15.34}$$

となればよい．本来はフェルミ粒子のエネルギー最低値 ε_0 を用いて $\mu \ll \varepsilon_0$ とすべきところだが，(13.28) で与えられる気体の一粒子状態のエネルギー最低値 $\frac{h^2}{8mL^2}$ は L が十分大であればゼロと見なしてかまわない．(15.34) がフェルミ気体の非縮退の条件である．μ は (15.32) より定まるが，④の場合，

$$\overline{N_\nu} = \frac{1}{\exp\left(\frac{\varepsilon_\nu - \mu}{k_{\mathrm{B}}T}\right) + 1} \sim \exp\left(-\frac{\varepsilon_\nu - \mu}{k_{\mathrm{B}}T}\right) \quad \text{（\textbf{ボルツマン分布}）} \tag{15.35}$$

としてかまわない．これを (15.32) に代入し，さらに (13.28) を用いると，

$$e^{\frac{\mu}{k_{\mathrm{B}}T}} \sum_{n_x} \sum_{n_y} \sum_{n_z} e^{-\frac{h^2}{8mL^2 k_{\mathrm{B}}T}(n_x^2 + n_y^2 + n_z^2)} = N \tag{15.36}$$

理想気体の場合と同様に，この左辺の和の部分は積分に置き換えることで計算でき，

$$e^{\frac{\mu}{k_{\mathrm{B}}T}} \left(\frac{\sqrt{2\pi m k_{\mathrm{B}}T}\, L}{h}\right)^3 = e^{\frac{\mu}{k_{\mathrm{B}}T}} \frac{(2\pi m k_{\mathrm{B}}T)^{\frac{3}{2}} V}{h^3} = N \tag{15.37}$$

すなわち，

$$e^{\frac{\mu}{k_{\mathrm{B}}T}} = \frac{N}{V} \frac{h^3}{(2\pi m k_{\mathrm{B}}T)^{\frac{3}{2}}} \tag{15.38}$$

を得る．したがって，右辺 $\ll 1$ のとき，$\mu \ll 0$ となることが分かる．つまり，粒子数密度 $\frac{N}{V}$ に対して，

$$\frac{N}{V} \ll \frac{(2\pi m k_{\mathrm{B}}T)^{\frac{3}{2}}}{h^3} \tag{15.39}$$

のときフェルミ気体は古典的に振る舞う（ボルツマン統計が適用できる）．逆に，

$$\frac{N}{V} \geq \frac{(2\pi m k_{\mathrm{B}}T)^{\frac{3}{2}}}{h^3} \tag{15.40}$$

のときにはフェルミ気体は縮退しており，その挙動は普通の理想気体からかけ離れる．フェルミ気体についての議論をまとめると，図 15.5 のようになる．

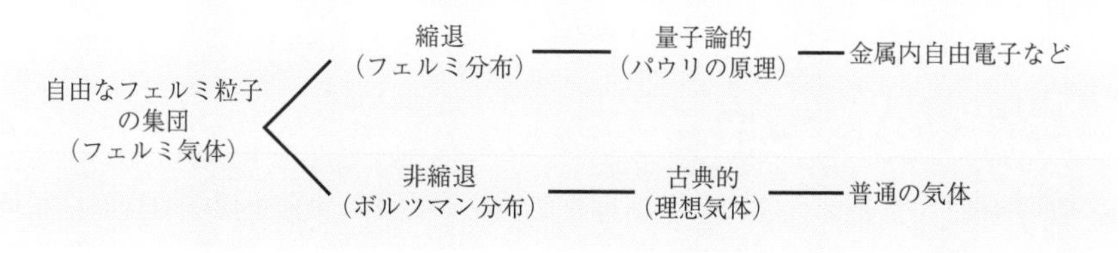

図 15.5　フェルミ気体の性質

例題 15.2 (理想気体の縮退条件)

水素と同じ重さを持つ理想フェルミ粒子気体 ($H_2{}^+$) について，

(1) $T = 273\,\mathrm{K}$, $1\,\mathrm{atm}$ において (15.39), (15.40) の両辺の大きさを評価せよ．

(2) 体積を保ったまま温度を下げてゆくと，どのあたりで縮退するか調べよ．

ただし，$H_2{}^+$ の $m = 2 \times 1.67 \times 10^{-27}\,[\mathrm{kg}]$ であり，必要ならば $\sqrt{79} \sim 8.89$ を用いてよい．

【解答】 (1) この場合の粒子数密度は，

$$\frac{N}{V} = \frac{6.03 \times 10^{23}}{22.4 \times 10^{-3}} = 2.70 \times 10^{25}\,/\mathrm{m}^3$$

右辺の大きさは，

$$\begin{aligned}\frac{(2\pi m k_{\mathrm{B}} T)^{\frac{3}{2}}}{h^3} &= \frac{(6.28 \times 2 \times 1.67 \times 10^{-27} \times 1.38 \times 10^{-23} \times 273)^{\frac{3}{2}}}{(6.63 \times 10^{-34})^3} \\ &= \frac{(7.90 \times 10^{-47})^{\frac{3}{2}}}{(6.63 \times 10^{-34})^3} = (1.34 \times 10^{10})^3 = 2.41 \times 10^{30}\,/\mathrm{m}^3\end{aligned}$$

と計算でき，右辺のほうが 5 桁ぐらい大きいため，(15.39) が成り立ち，縮退していない．

(2) (15.39), (15.40) の両辺が等しくなる温度を求めればよい．このとき，

$$\begin{aligned}T &= \frac{h^2}{2\pi m k_{\mathrm{B}}} \left(\frac{N}{V}\right)^{\frac{2}{3}} \\ &= \frac{(6.63 \times 10^{-34})^2}{6.28 \times 2 \times 1.67 \times 10^{-27} \times 1.38 \times 10^{-23}} \times (2.70 \times 10^{25})^{\frac{2}{3}} \\ &= \frac{(6.63 \times 10^{-34} \times 3.00 \times 10^{8})^2}{2.89 \times 10^{-49}} = 1.37 \times 10^{-1}\,\mathrm{K}\end{aligned}$$

つまり $T \sim 0.14\,\mathrm{K}$ で縮退する． ■

例題 15.2 で計算したように，縮退していない気体の体積を保って温度を下げてゆくと，低温で $\frac{N}{V} \sim \frac{(2\pi m k_{\mathrm{B}} T)^{\frac{3}{2}}}{h^3}$ となり縮退するはずであるが，実在気体では分子間力のため，縮退の生じる前に液化・固化し，気体としての議論はそこで意味を失う．ヘリウムを除く通常の気体は古典的扱いで十分である．常温でも縮退した気体としての性質を示すものとして，次章の金属内自由電子がある．

15.5　ボーズ分布

ボーズ分布関数は

$$f(\varepsilon) = \frac{1}{\exp\left(\frac{\varepsilon-\mu}{k_{\mathrm{B}}T}\right) - 1} \tag{15.41}$$

であり，化学ポテンシャル μ は (15.32) により定められる．ボーズ分布関数をプロットすると，フェルミ分布とは異なり，図 15.6 のように $\varepsilon = \mu$ で発散する．$f(0) \geq 0$ の条件から，

$$\mu \leq 0 \tag{15.42}$$

が満たされなければならない．

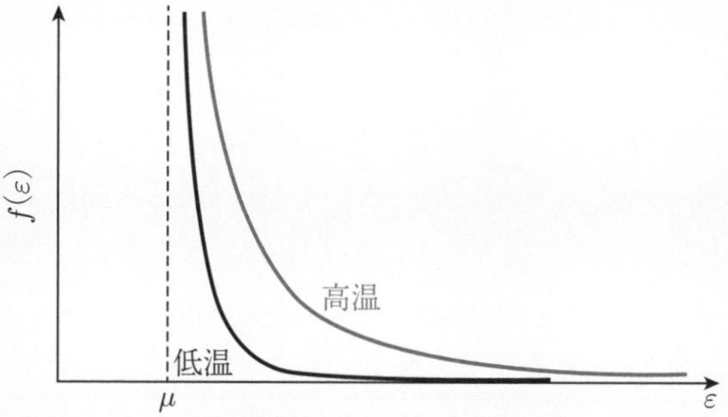

図 15.6　ボーズ分布関数の概形

μ から十分に離れたところでは，図 15.4 で示したようにフェルミ分布もボーズ分布もほぼ同じボルツマン分布となる．フェルミ粒子の場合と同じく，ボーズ粒子でもボーズ分布の特徴を備えているときを縮退しているという．ボーズ粒子の縮退条件に関してもフェルミ粒子と全く同じ議論ができる．したがって，(15.39), (15.40) はフェルミ粒子かボーズ粒子かに関わらず，一般的な気体の縮退条件と考えてよい．

逆に $T = 0$ の場合を考えよう．ボーズ粒子は 1 つの量子状態を何個でも占めることができるから，系の最低の量子状態は全粒子が最もエネルギーの低い量子状態を占めたときである．このときには，

$$f(x) = \begin{cases} N & (\varepsilon = 0) \\ 0 & (\varepsilon > 0) \end{cases} \tag{15.43}$$

であり，これが成り立つためには，

$$\mu = 0 \tag{15.44}$$

でなければならない．

$T = 0$ から温度を上げていけば最低のエネルギー状態よりも上のエネルギー状態を占める粒子が増えてくるが，ある一定の温度までは大多数の粒子が最低のエネルギー状態にとどまるという状態が続く．逆に言えば，絶対零度まで温度を下げなくてもある温度で大多数の粒子が最低のエネルギー状態に突然落ち込む，ということである．これを**ボーズ–アインシュタイン凝縮**と呼ぶ（詳細は付録 A.1 節参照）．ボーズ–アインシュタイン凝縮の例としては，液体ヘリウムが $T = 2.17\,\mathrm{K}$ で相転移を起こし，粘性抵抗がゼロになるという超流動状態になることが挙げられる．また，電気抵抗がゼロになる超伝導は，電子対（クーパー対）がボーズ–アインシュタイン凝縮を起こしていると見なすことができる．

前章で取り扱った光子（熱放射）やフォノン（格子振動）もボーズ粒子であり，ボーズ分布により取り扱うことができる．ここでは 14.1 節で取り扱った熱放射を光子のボーズ分布という観点から考えてみよう．

エネルギー ε を持つ光子の平均数 $\overline{N(\varepsilon)}$ はボーズ分布関数 (15.41) で与えられる．このとき化学ポテンシャル μ はゼロとなる．なぜなら，μ は粒子数保存則 (15.32) により定められるが，光子は物質により生成・吸収されるため光子の数には制限がなく，化学ポテンシャルを導入する必要がないからである．したがって，

$$\overline{N(\varepsilon)} = \frac{1}{\exp\left(\frac{\varepsilon}{k_{\mathrm{B}}T}\right) - 1} \tag{15.45}$$

となる．一方，光子のエネルギーが ε と $\varepsilon + \Delta\varepsilon$ の間にある量子状態の数は，

$$\varepsilon = h\nu \tag{15.46}$$

および (14.6) から，

$$\frac{8\pi}{c^3h^3} V\varepsilon^2 \Delta\varepsilon \tag{15.47}$$

である．これより，ε と $\varepsilon + \Delta\varepsilon$ の間にエネルギーを持つ光子の数は，(15.45) と (15.47) を掛け合わせて

$$\frac{8\pi V}{c^3h^3}\frac{\varepsilon^2}{\exp\left(\frac{\varepsilon}{k_{\mathrm{B}}T}\right)-1}\Delta\varepsilon \tag{15.48}$$

で与えられる．これを単位体積当たりにするために V で割り，光子の数からエネルギーに変換するために ε を掛ければ，

$$\frac{8\pi}{c^3h^3}\frac{\varepsilon^3}{\exp\left(\frac{\varepsilon}{k_{\mathrm{B}}T}\right)-1}\Delta\varepsilon \tag{15.49}$$

となって，これは (14.9) で $\varepsilon = h\nu$ と置いたものと一致する．

電子のスピン

本文中で説明したように，電子のスピン量子数は $\frac{1}{2}$ でありフェルミ粒子である．ではそもそもスピンとは何であろうか？

原子から放出される単一波長の光スペクトルが，磁界をかけると複数のスペクトル線に分裂することがある．これは**ゼーマン**（Zeeman）**効果**と呼ばれ，主に電子が原子のまわりを回る軌道角運動量によるものであるが，それだけでは説明できないより複雑なスペクトル線の分裂が見られる．これは電子のスピン角運動量によるものである．発見当初は電子の自転によるものと考えられたので「スピン」という名前がついたが，大きさを持たない質点とみなされる電子が自転すると考えるのは様々な矛盾を生じる．後にディラック（Dirac）は量子力学と特殊相対論を合わせたディラック方程式を発表した．ディラック方程式からは自動的に電子のスピンが導かれ，スピンの起源は相対論にあることが示された．

15.6 ボルツマン分布

15.4 節および 15.5 節で議論したように，フェルミ粒子でもボーズ粒子でも，密度が十分小さく温度が十分に高ければ（(15.39) 参照），ボルツマン分布

$$f(\varepsilon) = \exp\left(-\frac{\varepsilon - \mu}{k_{\mathrm{B}}T}\right) \tag{15.50}$$

により取り扱うことができる．

ボルツマン分布に従う粒子は，13.3 節の理想気体として扱うことができる．ここではボルツマン分布により，理想気体粒子の速度分布（**マクスウェル–ボルツマン**（Maxwell-Boltzmann）**速度分布則**）を導こう．

図 13.7 と同じ立方体を考え，定在波の条件の (13.25) および波長と運動量の関係の (13.26) より，

$$p_x = \frac{h}{2L}n_x, \quad p_y = \frac{h}{2L}n_y, \quad p_z = \frac{h}{2L}n_z \tag{15.51}$$

これより

$$\Delta p_x = \frac{h}{2L}\Delta n_x, \quad \Delta p_y = \frac{h}{2L}\Delta n_y, \quad \Delta p_z = \frac{h}{2L}\Delta n_z \tag{15.52}$$

したがって，$p_x, p_x + \Delta p_x, p_y, p_y + \Delta p_y, p_z, p_z + \Delta p_z$ の間の運動量を持つ状態数は，

$$\Delta n_x \cdot \Delta n_y \cdot \Delta n_z = \frac{8V}{h^3}\Delta p_x \cdot \Delta p_y \cdot \Delta p_z \tag{15.53}$$

で与えられる．しかし，上の議論では量子数は正なので運動量も正になるが，運動量に方向を考えると x, y, z の各々について正負があるから，運動量に負の値も許すことにすれば，状態数は (15.53) を $2^3 = 8$ で割った，

$$\frac{V}{h^3}\,dp_x dp_y dp_z \tag{15.54}$$

となる．

一方，運動量 p_x, p_y, p_z を有する粒子の運動エネルギーは，

$$\varepsilon = \frac{1}{2m}(p_x^2 + p_y^2 + p_z^2) \tag{15.55}$$

であり，ボルツマン統計では，

$$\overline{N_\nu} = \exp\left(-\frac{\varepsilon_\nu - \mu}{k_{\rm B}T}\right) \tag{15.56}$$

であるから，p_x, p_y, p_z の付近の $dp_x dp_y dp_z$ という範囲に運動量を持つ粒子数の平均は，

$$\begin{aligned}\overline{N}(p_x,p_y,p_z)dp_x dp_y dp_z &= \overline{N_\nu}\frac{V}{h^3}\,dp_x dp_y dp_z \\ &= \frac{V}{h^3}e^{-\frac{1}{k_{\rm B}T}\left\{\frac{1}{2m}(p_x^2+p_y^2+p_z^2)-\mu\right\}}\,dp_x dp_y dp_z \end{aligned} \tag{15.57}$$

となる．さらに，非縮退なので μ は (15.38) で定まる．これを用いると最終的に，

$$\overline{N}(p_x,p_y,p_z)dp_x dp_y dp_z = \frac{N}{(2\pi m k_{\rm B}T)^{\frac{3}{2}}}e^{-\frac{1}{2mk_{\rm B}T}(p_x^2+p_y^2+p_z^2)}\,dp_x dp_y dp_z \tag{15.58}$$

を得る．これを**マクスウェル–ボルツマンの速度分布則**という．

例題 15.3（**理想気体分子の運動エネルギーの期待値**）

マクスウェル–ボルツマンの速度分布則を利用して，理想気体分子の x 方向の運動エネルギー $\frac{p_x^2}{2m}$ の期待値を求めよ．

【解答】 (15.58) より，1 つの理想気体分子が p_x, p_y, p_z という運動量を持つ確率は

$$\frac{1}{(2\pi m k_{\rm B}T)^{\frac{3}{2}}}e^{-\frac{1}{2mk_{\rm B}T}(p_x^2+p_y^2+p_z^2)}\,dp_x dp_y dp_z$$

で与えられるので，これに求めたい $\frac{p_x^2}{2m}$ をかけてすべての p_x, p_y, p_z について積分すればよい．すなわち，

$$\begin{aligned}\overline{\frac{p_x^2}{2m}} &= \frac{1}{(2\pi m k_{\rm B}T)^{\frac{3}{2}}}\int_{-\infty}^{\infty}\int_{-\infty}^{\infty}\int_{-\infty}^{\infty}\frac{p_x^2}{2m}e^{-\frac{1}{2mk_{\rm B}T}(p_x^2+p_y^2+p_z^2)}\,dp_x dp_y dp_z \\ &= \frac{1}{(2\pi m k_{\rm B}T)^{\frac{3}{2}}}\int_{-\infty}^{\infty}\frac{p_x^2}{2m}e^{-\frac{p_x^2}{2mk_{\rm B}T}}\,dp_x\int_{-\infty}^{\infty}e^{-\frac{p_y^2}{2mk_{\rm B}T}}\,dp_y\int_{-\infty}^{\infty}e^{-\frac{p_z^2}{2mk_{\rm B}T}}\,dp_z\end{aligned}$$

を求めればよい．このうち，2 つ目と 3 つ目の積分は誤差積分 (13.35) よりそれぞれ $\sqrt{2\pi m k_{\rm B}T}$，1 つ目の積分は

$$\int_{-\infty}^{\infty} x^2 e^{-x^2}\, dx = \left[-\frac{e^{-x^2}}{2} \cdot x \right]_{-\infty}^{\infty} + \int_{-\infty}^{\infty} \frac{e^{-x^2}}{2}\, dx$$

$$= \frac{\sqrt{\pi}}{2}$$

より $\frac{k_{\rm B}T\sqrt{2\pi m k_{\rm B}T}}{2}$ と計算できるので，結局，

$$\overline{\frac{p_x^2}{2m}} = \frac{1}{(2\pi m k_{\rm B}T)^{\frac{3}{2}}} \frac{k_{\rm B}T}{2} (2\pi m k_{\rm B}T)^{\frac{3}{2}} = \frac{k_{\rm B}T}{2}$$

となり，気体分子 1 自由度に与えられるエネルギーに等しい． ■

15 章の問題

□ **1** (15.27) を (15.21) に代入することにより (15.28) を導け．

□ **2** 以下の①～⑤の粒子はそれぞれフェルミ粒子，ボーズ粒子のどちらか．理由をつけて答えよ．

① ^{3}He　② H_2 分子　③ α 粒子（^{4}He 原子核）

④ $^6Li^+$ イオン　⑤ $^7Li^+$ イオン

□ **3** T が低温時のフェルミ分布関数 $f(\varepsilon)$ は図に示すように折れ線で近似できる．フェルミエネルギーを μ として，この折れ線を表す式を示せ．

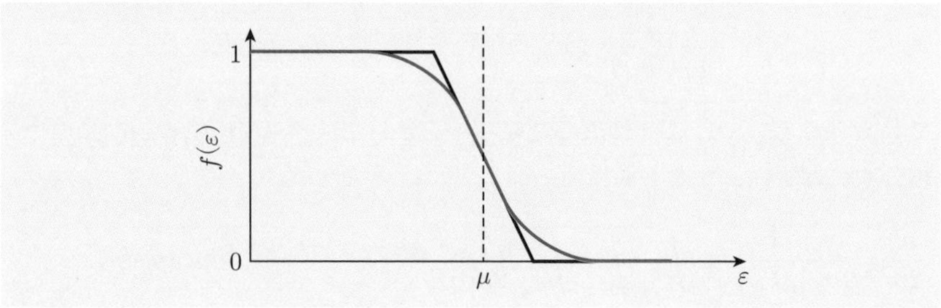

□ **4** 気体分子 1 個を吸着できる吸着点 N 個を有する吸着面があり，温度 T，化学ポテンシャル μ の理想気体（気体分子数 $\gg N$）と接触している．この吸着点に気体分子 1 個が吸着すると自由な状態に比べてエネルギーが $-\varepsilon_0$ になる．これをグランドカノニカル分布により考える．分子の質量を m とし，吸着分子がない場合のエネルギーをゼロとして，以下の問に答えよ．

(1) この表面に N_1 個の気体分子を吸着する仕方は何通りあるか.

(2) 表面に吸着している気体分子の数が常に N_1 個であると仮定した場合，普通のカノニカル分布の考え方を適用できる．このときの分配関数 $Z(N_1, T)$ を示せ.

(3) 実際には吸着している分子の数は 0 個から N 個まで変化しうる．この場合の大分配関数 $\varXi(T, \mu)$ は前問 (2) で求めた $Z(N_1, T)$ を (15.20) で和を取ることにより得られる．$\varXi$ はどのように表されるか.（ヒント：2 項定理を用いよ.）

(4) 吸着している気体分子の数の期待値 $\overline{N_1}$ と表面の吸着点の被覆率 $\theta = \frac{\overline{N_1}}{N}$ を求めよ.

(5) 気体の圧力が P でボルツマン統計に従う理想気体とするとき，θ は,

$$\theta = \frac{P}{P + P_0(T)}, \quad \text{ただし} \quad P_0(T) = k_{\mathrm{B}}T \left(\frac{2\pi m k_{\mathrm{B}} T}{h^2}\right)^{\frac{3}{2}} \exp\left(-\frac{\varepsilon_0}{k_{\mathrm{B}}T}\right)$$

と表されることを示せ（**ラングミュア**（Langmuir）**の等温吸着式**）.（ヒント：平衡状態では表面と気体の化学ポテンシャルは一致する．また，理想気体の化学ポテンシャル μ は (15.38) で与えられる.）

第16章　電子の統計力学

本章では，統計力学，特にフェルミ統計が電子にどのように応用されるかを実際の問題を考えながら学ぶ．

16.1　金属内自由電子

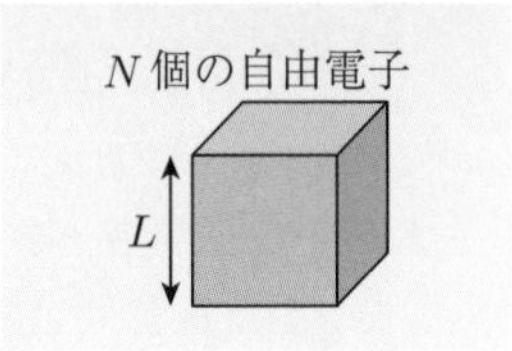

図 16.1　金属立方体

金属内の自由電子は縮退したフェルミ気体と見なすことができる．これは**ゾンマーフェルト**（Sommerfeld）**の金属模型**と呼ばれる．13.3 節と同様にして，図 16.1 のような金属立方体を考える．一粒子状態ではこの立方体中の定在波に対応することも 13.3 節と同様である．

$$\frac{\lambda_x}{2}n_x = L, \quad \frac{\lambda_y}{2}n_y = L, \quad \frac{\lambda_z}{2}n_z = L \tag{16.1}$$

波長と運動量の関係の (13.26) より，

$$p_x = \frac{h}{2L}n_x, \quad p_y = \frac{h}{2L}n_y, \quad p_z = \frac{h}{2L}n_z, \tag{16.2}$$

$$\therefore \quad p = \frac{h}{2L}\sqrt{n_x^2 + n_y^2 + n_z^2} \tag{16.3}$$

となる．14.1 節と同様の考え方で，図 16.2 のように運動量空間（(p_x, p_y, p_z) 空間）で p と $p+\Delta p$ の間にある状態数を求めれば，

$$\frac{1}{8}\cdot 4\pi\left(\frac{2Lp}{h}\right)^2\frac{2L}{h}\Delta p = \frac{4\pi V}{h^3}p^2\Delta p \quad (V = L^3) \tag{16.4}$$

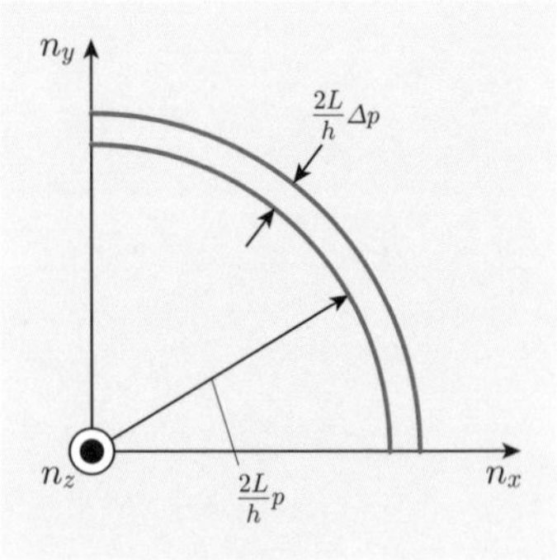

図 16.2　運動量空間で p と $p+\Delta p$ の間にある状態数の算出

これを $\varepsilon = \frac{p^2}{2m}$（$m$：電子の質量）の関係を用いて，$p \to \varepsilon$ の変換を行えば，$\Delta\varepsilon = \frac{p\Delta p}{m}$ に注意して，状態数がエネルギーの関数として，

$$\frac{4\pi V}{h^3}p^2 \cdot \frac{m}{p} \cdot \Delta\varepsilon = \frac{4\pi V}{h^3}\sqrt{2m\varepsilon} \cdot m\Delta\varepsilon = \frac{2\pi V}{h^3}(2m)^{\frac{3}{2}}\varepsilon^{\frac{1}{2}}\Delta\varepsilon \tag{16.5}$$

と表される．電子は 2 種類のスピンを持つので，最後に**スピン重率** 2 をかけ，体積 V で割ることにより，ε と $\varepsilon + d\varepsilon$ の間にある単位体積当たりの電子状態数 $D(\varepsilon)d\varepsilon$ が，

$$D(\varepsilon)d\varepsilon = \frac{4\pi}{h^3}(2m)^{\frac{3}{2}}\varepsilon^{\frac{1}{2}}\,d\varepsilon \tag{16.6}$$

として求められる．$D(\varepsilon)$ を**状態密度**（density of state）と呼ぶ．自由電子の状態密度は $\sqrt{\varepsilon}$ に比例することが分かる．

一方，電子はフェルミ分布に従うから，ε と $\varepsilon + d\varepsilon$ の間の状態が実際に占められている確率は (15.33) の $f(\varepsilon)$ で与えられる．つまり，

$$n(\varepsilon)d\varepsilon = D(\varepsilon)f(\varepsilon)d\varepsilon \tag{16.7}$$

によって，$\varepsilon \sim \varepsilon + d\varepsilon$ の範囲に存在する単位体積当たりの電子の個数 $n(\varepsilon)$ が与えられる（図 16.3）．

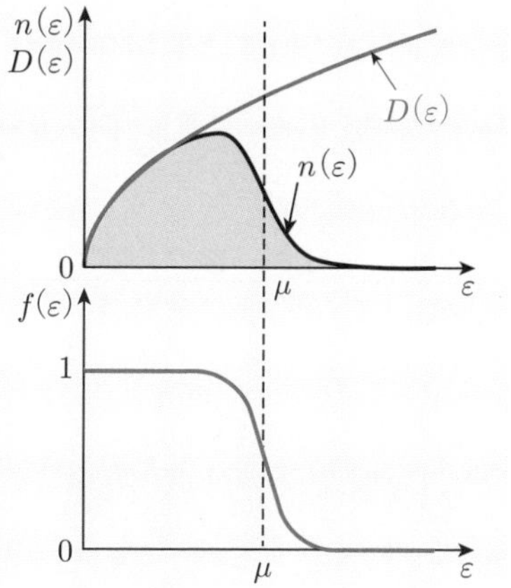

図 16.3　状態密度とフェルミ分布関数

ここで，電子の量子化の幅は微小であるので ε を連続量であると見なせば，μ は (15.32) に対応する，

$$N = V\int_0^\infty n(\varepsilon)d\varepsilon = V\int_0^\infty D(\varepsilon)f(\varepsilon)d\varepsilon \tag{16.8}$$

という条件によって定められる．また，内部エネルギーは，(16.8) の被積分関数に ε をかけた

$$E = V\int_0^\infty \varepsilon D(\varepsilon)f(\varepsilon)d\varepsilon \tag{16.9}$$

で与えられる．他の熱力学関数（自由エネルギーやエントロピーなど）も $D(\varepsilon)$ と $f(\varepsilon)$ で表すことができる．

例題 16.1（絶対零度でのフェルミ準位と電子の平均エネルギー）

(16.8) および (16.9) を用いて $T=0$ の場合のフェルミ準位を μ_0 と電子の平均エネルギー $\overline{\varepsilon_0}$ を求めよ．

【解答】　$T=0$ の場合のフェルミ分布関数は図 16.4 のようにステップ状になるので，**電子密度** $n \equiv \frac{N}{V}$ は，

$$
\begin{aligned}
n \equiv \frac{N}{V} &= \int_0^{\infty} D(\varepsilon) f(\varepsilon) d\varepsilon \\
&= \int_0^{\mu_0} \frac{4\pi}{h^3} (2m)^{\frac{3}{2}} \varepsilon^{\frac{1}{2}}\, d\varepsilon \\
&= \frac{8\pi}{3h^3} (2m\mu_0)^{\frac{3}{2}} \qquad (16.10)
\end{aligned}
$$

のように積分が可能である．これを逆に解いて，

$$
\mu_0 = \frac{h^2}{2m} \left(\frac{3n}{8\pi} \right)^{\frac{2}{3}} \qquad (16.11)
$$

とフェルミ準位 μ_0 が電子密度 n の関数として求まる．このときの電子の平均エネルギー $\overline{\varepsilon_0}$ は (16.8), (16.9) より以下のように求めることができる．

$$
\begin{aligned}
\overline{\varepsilon_0} = \frac{E}{N} &= \frac{\int_0^{\infty} \varepsilon D(\varepsilon) f(\varepsilon) d\varepsilon}{\int_0^{\infty} D(\varepsilon) f(\varepsilon) d\varepsilon} \\
&= \frac{\int_0^{\mu_0} \varepsilon D(\varepsilon) d\varepsilon}{\int_0^{\mu_0} D(\varepsilon) d\varepsilon} \\
&= \frac{\int_0^{\mu_0} \varepsilon^{\frac{3}{2}} d\varepsilon}{\int_0^{\mu_0} \varepsilon^{\frac{1}{2}} d\varepsilon} \\
&= \frac{3}{5} \mu_0 \qquad (16.12)
\end{aligned}
$$

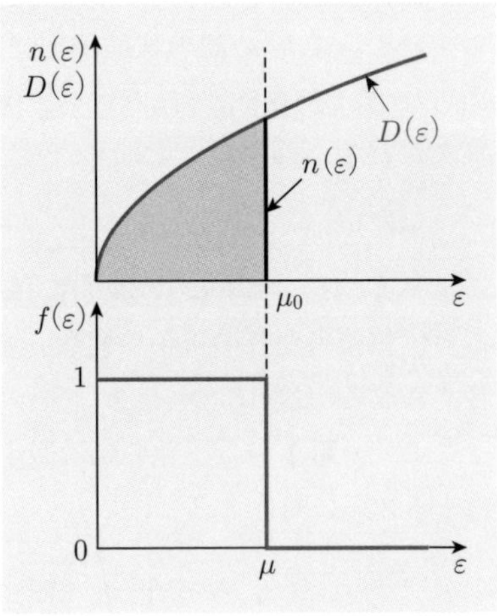

図 16.4　絶対零度での状態密度とフェルミ分布関数

このように，絶対零度では電子はエネルギーが 0 から μ_0 までぎっしり詰まった状態にある．運動量空間で考えると，$T=0$ では電子の状態は半径 p_{F} の球の内部の格子点を満たしている．半径 p_{F} は，(16.4) を 0 から p_{F} まで積分した

状態数が粒子数 N に等しい，すなわち

$$2\int_0^{p_\mathrm{F}} \frac{4\pi V}{h^3} p^2\,dp = N \tag{16.13}$$

を解いて，

$$p_\mathrm{F} = h\left(\frac{3n}{8\pi}\right)^{\frac{1}{3}} \tag{16.14}$$

を得る．(16.13) の係数 2 はスピン重率である．このときの球の表面でのエネルギーは

$$\varepsilon_\mathrm{F} = \frac{{p_\mathrm{F}}^2}{2m} = \frac{h^2}{2m}\left(\frac{3n}{8\pi}\right)^{\frac{2}{3}} \tag{16.15}$$

で (16.11) の μ_0 に一致する．

運動量空間において $T = 0$ で電子の存在する領域を**フェルミ球**，その表面を**フェルミ面**，$p_\mathrm{F}, \varepsilon_\mathrm{F}$ を**フェルミ運動量**，**フェルミエネルギー**という．フェルミエネルギー $\varepsilon_\mathrm{F} = \mu_0$ は $T = 0$ でのフェルミ準位 μ であるが，両者はよく混同されている．

♦$T > 0$ だが十分に低温で縮退している場合　この場合には図 16.5 のようになる．フェルミ準位は，

$$n = \int_0^\infty \frac{D(\varepsilon)}{\exp\left(\frac{\varepsilon-\mu}{k_\mathrm{B}T}\right)+1}d\varepsilon \tag{16.16}$$

により定められるが，一般には厳密な計算はできない．ただし，十分に縮退しているフェルミ分布で，$D(\varepsilon)$ が (16.6) で与えられる場合，次のような近似が成立する（付録 A.2 節参照）．

$$\mu \sim \mu_0\left\{1 - \frac{\pi^2}{12}\left(\frac{k_\mathrm{B}T}{\mu_0}\right)^2\right\} \tag{16.17}$$

温度が上昇すると μ が小さくなること

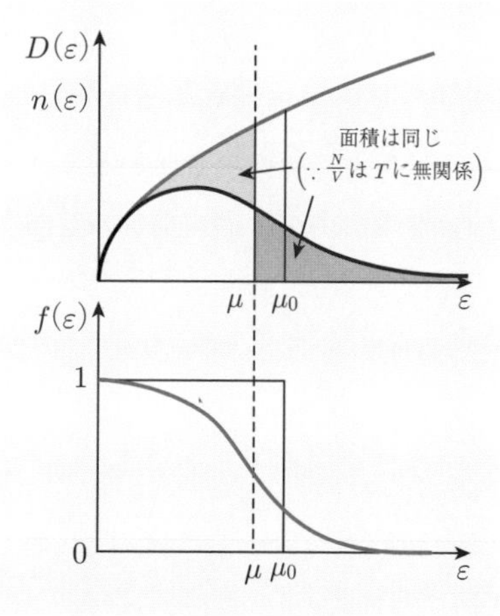

図 16.5　縮退時の状態密度とフェルミ分布関数

が分かる．同様に ε も近似できて，

$$\varepsilon \sim \varepsilon_0 \left\{ 1 + \frac{5\pi^2}{12} \left(\frac{k_{\mathrm{B}}T}{\mu_0} \right)^2 \right\} \tag{16.18}$$

で当然ながら温度が上昇すると ε は大きくなる．

♦$T \gg 0$ で縮退がとけた場合　この場合，μ は (15.38) で定まる．

$$e^{\frac{\mu}{k_{\mathrm{B}}T}} = \frac{N}{V} \frac{h^3}{(2\pi m k_{\mathrm{B}}T)^{\frac{3}{2}}} \tag{16.19}$$

このときにはボルツマン分布なので，

$$f(\varepsilon) \sim \exp\left(-\frac{\varepsilon - \mu}{k_{\mathrm{B}}T} \right) = \frac{h^3}{(2\pi m k_{\mathrm{B}}T)^{\frac{3}{2}}} e^{-\frac{\varepsilon}{k_{\mathrm{B}}T}} \tag{16.20}$$

よって，部分積分により，

$$\begin{aligned} \overline{\varepsilon_0} &= \frac{\int_0^\infty \varepsilon D(\varepsilon) f(\varepsilon) d\varepsilon}{\int_0^\infty D(\varepsilon) f(\varepsilon) d\varepsilon} = \frac{\int_0^\infty \varepsilon^{\frac{3}{2}} e^{-\frac{\varepsilon}{k_{\mathrm{B}}T}}\, d\varepsilon}{\int_0^\infty \varepsilon^{\frac{1}{2}} e^{-\frac{\varepsilon}{k_{\mathrm{B}}T}}\, d\varepsilon} \\ &= \frac{\left[-k_{\mathrm{B}}T \cdot e^{-\frac{\varepsilon}{k_{\mathrm{B}}T}} \cdot \varepsilon^{\frac{3}{2}} \right]_0^\infty + \frac{3}{2} k_{\mathrm{B}}T \int_0^\infty \varepsilon^{\frac{1}{2}} e^{-\frac{\varepsilon}{k_{\mathrm{B}}T}}\, d\varepsilon}{\int_0^\infty \varepsilon^{\frac{1}{2}} e^{-\frac{\varepsilon}{k_{\mathrm{B}}T}}\, d\varepsilon} \\ &= \frac{3}{2} k_{\mathrm{B}}T \end{aligned} \tag{16.21}$$

となり，古典的理想気体のエネルギー等分配則に一致する．このような高温では金属内自由電子は古典的理想気体とみなして構わない．■

16.2 電子比熱

前節で議論したように，金属中の自由電子はフェルミ気体と見なすことができる．自由電子気体の 1 mol 当たりの比熱を縮退していないものとして古典的に求めてみると，(16.21) により，

$$C_{\mathrm{e}} = \frac{\partial \bar{\varepsilon}}{\partial T} N_0 = N_0 \frac{\partial \bar{\varepsilon}}{\partial T} \left(\frac{3}{2} k_{\mathrm{B}} T \right) = \frac{3}{2} N_0 k_{\mathrm{B}} = \frac{3}{2} R \tag{16.22}$$

ここで N_0 はモル数である．一方，一価金属を仮定すると，格子を構成する原子の数も N_0 あるから，(14.34) より，格子比熱は，

$$C_{\ell} = 3R \tag{16.23}$$

であるので，格子と電子の寄与を合わせた全体の比熱は $\frac{9R}{2}$ となるはずである．ところが，実験的にはほとんど常温での比熱は $3R$ に等しく，電子気体は比熱に寄与していないように見える．

これは金属中の自由電子が常温でも縮退しているためである．縮退が現れる目安の温度

$$T_{\mathrm{F}} = \frac{\varepsilon_{\mathrm{F}}}{k_{\mathrm{B}}} = \frac{\mu_0}{k_{\mathrm{B}}} = \frac{h^2}{2mk_{\mathrm{B}}} \left(\frac{3n}{8\pi} \right)^{\frac{2}{3}} \tag{16.24}$$

を**フェルミ温度**という．粒子の質量が小さいほど，密度が高いほどフェルミ温度は高い．金属中の自由電子は m が気体分子に比べて数千分の 1 以下であり，また密度 n も普通の気体に比べて一万倍程度であるからである．典型的な金属のフェルミ温度は数万度に及ぶ．したがって，電子気体は常温においても縮退しているとして扱う必要がある．そこで，(16.18) より電子 1 mol 当たりの比熱を求めてみると，

$$\begin{aligned} C_{\mathrm{e}} &= \frac{\partial \bar{\varepsilon}}{\partial T} N_0 = N_0 \overline{\varepsilon_0} \frac{5\pi^2}{6} \left(\frac{k_{\mathrm{B}}}{\mu_0} \right)^2 T = \frac{\pi^2 R}{2} \frac{k_{\mathrm{B}} T}{\mu_0} \\ &\sim \frac{3}{2} R \cdot 3 \frac{k_{\mathrm{B}} T}{\mu_0} = \frac{3}{2} R \cdot 3 \frac{T}{T_{\mathrm{F}}} \end{aligned} \tag{16.25}$$

常温では，$\frac{T}{T_{\mathrm{F}}} \ll 1$ なので，縮退した電子気体の比熱は，理想気体と考えた場合に比べ著しく小さいことが分かる．

なぜ電子気体の比熱は小さいのだろうか？　図 16.6 に示すように，電子のうちエネルギーの低い状態にあるものは，それより高いエネルギー状態がすべて

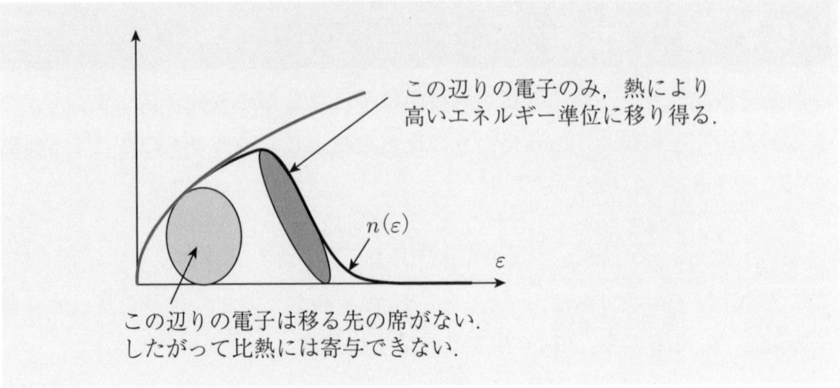

図 16.6　大多数の電子が比熱に寄与しない理由

埋まっているため，温度が上がってもそのままの状態でいるしかない，したがって比熱には寄与できない．比熱に寄与できるのは，高いエネルギー状態に移り得るフェルミ準位付近の電子だけであり，その幅はおおよそ $k_{\mathrm{B}}T$ の程度なので，比熱は理想気体の場合の $\frac{k_{\mathrm{B}}T}{\mu_0}$ 程度となり，これより (16.25) が説明できる．

例題 16.2（金属ナトリウムのフェルミ温度）

金属ナトリウムは 1 価金属で原子番号 11，原子量は 23.0 であり，室温での密度は $0.917\,\mathrm{g/cm^3}$ である．金属ナトリウムのフェルミ温度を求めよ．なお，電子の質量 $m = 9.11 \times 10^{-31}\,\mathrm{kg}$，必要ならば $(2.86)^{\frac{1}{3}} \sim 1.42$ を用いてよい．

【解答】　電子密度 n は，

$$n = 6.02 \times 10^{23} \times \frac{0.917}{23.0} = 2.40 \times 10^{22}\,/\mathrm{cm^3} = 2.40 \times 10^{28}\,/\mathrm{m^3}$$

と計算できるので，(16.24) の $\frac{3n}{8\pi} = 2.86 \times 10^{27}\,/\mathrm{m^3}$．よって，$\left(\frac{3n}{8\pi}\right)^{\frac{1}{3}} = 1.42 \times 10^{9}\,/\mathrm{m}$．したがって，

$$T_{\mathrm{F}} = \frac{h^2}{2mk_{\mathrm{B}}}\left(\frac{3n}{8\pi}\right)^{\frac{2}{3}} = \frac{(6.63 \times 10^{-34} \times 1.42 \times 10^{9})^2}{2 \times 9.11 \times 10^{-31} \times 1.38 \times 10^{-23}} = 3.53 \times 10^{4}\,\mathrm{K}$$

となり，約 3.5 万度となる．したがって常温ではフェルミ縮退しているとして扱わなければならない．　■

16.3　熱電子放出

一般に，接触する粒子系 A と B が平衡状態にあるとき，それぞれの化学ポテンシャル（フェルミ粒子の場合にはフェルミ準位）は相等しくなる．これを利用して，金属中の自由電子の熱による真空中への放出（熱電子放出）を考えよう．熱電子放出は，真空管，ブラウン管，電子顕微鏡等で利用されている．

図 16.7 に示すように，金属カソードと真空の空間との間で電子気体は熱平衡に達しているとすると，フェルミ準位は両者の間で等しい．真空空間の基底エネルギーをゼロとおく．真空空間中の電子気体の密度は極めて低いので非縮退であり，ボルツマン統計を適用できる．(15.38) より，

$$n = \frac{N}{V} = 2\frac{(2\pi m k_{\mathrm{B}} T)^{\frac{3}{2}}}{h^3} e^{\frac{\mu}{k_{\mathrm{B}} T}} = 2\frac{(2\pi m k_{\mathrm{B}} T)^{\frac{3}{2}}}{h^3} e^{-\frac{\phi}{k_{\mathrm{B}} T}} \tag{16.26}$$

となる．上式での係数 2 はスピン重率である．ここで，$\phi \equiv -\mu$（> 0）で定義される量 ϕ を，この金属の**仕事関数**（work function）という．前節で議論したように，金属内自由電子は常温でも縮退しているので，そのフェルミ準位はほとんど温度に依存しない，したがってその金属の仕事関数も温度に依存せず，ϕ を絶対零度での値 ϕ_0 で置き換えても差し支えない．

真空中の電子気体はボルツマン統計に従うから，電子が金属表面にぶつかってくる数は，15.6 節のマクスウェル–ボルツマン速度分布則を用いて求められる．図 16.8 のように電子が金属表面にぶつかる状況を考える．x 方向の速度が

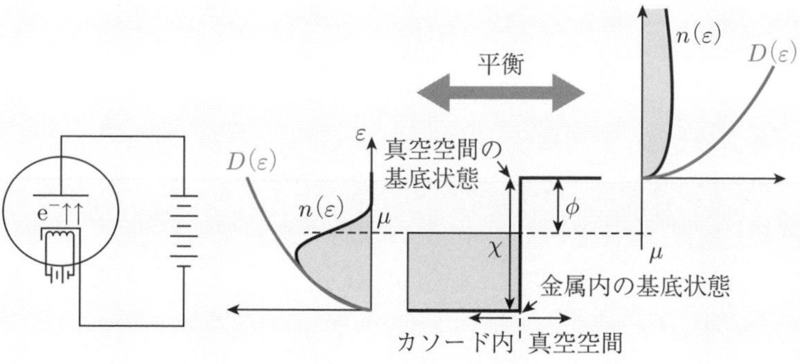

図 16.7　真空管における熱電子放出

v_x $(=\frac{p_x}{m})$ の電子のうち Δt の間に金属表面にぶつかる電子は図 16.8 の $v_x \cdot \Delta t \cdot S$ の領域にあるものなので，Δt の間に金属表面にぶつかる電子の総数はすべての可能な速度について積分した以下で与えられる．

$$\int_0^{\infty} dp_x \int_{-\infty}^{\infty} dp_y \int_{-\infty}^{\infty} dp_z\, \overline{n}(p_x, p_y, p_z) \frac{p_x}{m} \Delta t S \tag{16.27}$$

ただし，$\overline{n} = \frac{\overline{N}}{V}$ である．これより，単位時間当たり・単位面積当たりで入射してくる電子流 j [個/m^2 s] は，

$$j = \int_0^{\infty} \frac{p_x}{m} dp_x \int_{-\infty}^{\infty} dp_y \int_{-\infty}^{\infty} dp_z\, \overline{n}(p_x, p_y, p_z) \tag{16.28}$$

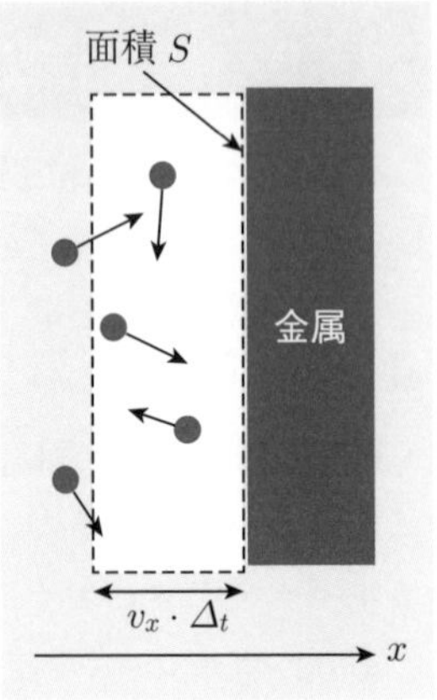

図 16.8　金属表面にぶつかる電子

で求められる．(15.57) を用いて，

$$\overline{n}\, dp_x dp_y dp_z = \frac{2}{h^3} e^{-\frac{1}{k_{\mathrm{B}}T}\left\{\frac{1}{2m}(p_x^2+p_y^2+p_z^2)-\mu\right\}} dp_x dp_y dp_z \tag{16.29}$$

と表し，これを (16.28) へ代入すれば，

$$j = \frac{2}{h^3} e^{\frac{\mu}{k_{\mathrm{B}}T}} \int_0^{\infty} \frac{p_x}{m} e^{-\frac{p_x^2}{2mk_{\mathrm{B}}T}}\, dp_x \int_{-\infty}^{\infty} e^{-\frac{p_y^2}{2mk_{\mathrm{B}}T}}\, dp_y \int_{-\infty}^{\infty} e^{-\frac{p_z^2}{2mk_{\mathrm{B}}T}}\, dp_z \tag{16.30}$$

となる．(16.30) の 3 つの積分のうち，後の 2 つは単なる誤差積分でそれぞれ $(2\pi m k_{\mathrm{B}} T)^{\frac{1}{2}}$，また最初は部分積分により $k_{\mathrm{B}}T$ となるので，結局，

$$j = \frac{2}{h^3} e^{\frac{\mu}{k_{\mathrm{B}}T}} \cdot k_{\mathrm{B}}T \cdot 2\pi m k_{\mathrm{B}} T = \frac{4\pi m k_{\mathrm{B}}^2 T^2}{h^3} e^{\frac{\mu}{k_{\mathrm{B}}T}} \tag{16.31}$$

熱平衡状態では，真空側から金属へ流れ込む電子流と，反対に金属側から真空中に飛び出す電子流とはバランスしているはずである．よって，金属 → 真空への熱電子流は，電流としては (16.31) に電子電荷 e をかけ，$\mu = -\phi$ として，

$$J = \frac{4\pi m e k_{\mathrm{B}}^2 T^2}{h^3} e^{-\frac{\phi}{k_{\mathrm{B}}T}} \tag{16.32}$$

と求められる．これを**リチャードソン–ダッシュマン**（Richardson-Dushman）**の熱電子流の式**という．

16.4　接触電位差

仕事関数の異なる 2 種の金属 A, B が接触する場合を考えよう．熱平衡状態になれば，両者のフェルミ準位は同じになるはずであるから，図 16.9 のように平衡状態になった後には両者の仕事関数も同じ値を取るのであろうか？

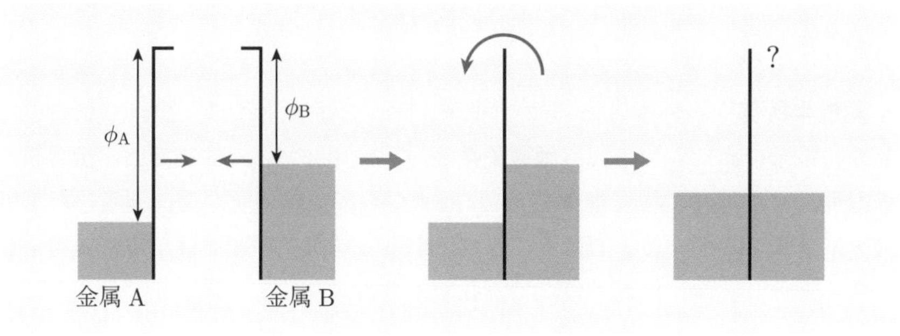

図 16.9　2 種の金属の接触

A, B のそれぞれにつき，表面付近の電子密度は (16.26) より

$$n_{\mathrm{A}} = 2\frac{(2\pi m k_{\mathrm{B}}T)^{\frac{3}{2}}}{h^3}e^{-\frac{\phi_{\mathrm{A}}}{k_{\mathrm{B}}T}}, \quad n_{\mathrm{B}} = 2\frac{(2\pi m k_{\mathrm{B}}T)^{\frac{3}{2}}}{h^3}e^{-\frac{\phi_{\mathrm{B}}}{k_{\mathrm{B}}T}} \tag{16.33}$$

となり，$\phi_{\mathrm{A}}, \phi_{\mathrm{B}}$ はそれぞれの金属で定まった仕事関数で一定だから，$n_{\mathrm{A}}, n_{\mathrm{B}}$ はそれぞれ異なる．したがって，AB 間にはある電界が存在しなければならない．電界により AB 間の空間に電位勾配が発生し，図 16.10 に示すようにフェルミレベルが一致する．この際発生する AB 間の電位差

$$\frac{\phi_{\mathrm{A}} - \phi_{\mathrm{B}}}{e} \tag{16.34}$$

を**接触電位差**という．この接触電位差が温度によって変化することを利用したものが，**熱電対**と呼ばれるもので，工業的温度計測に多用されている．

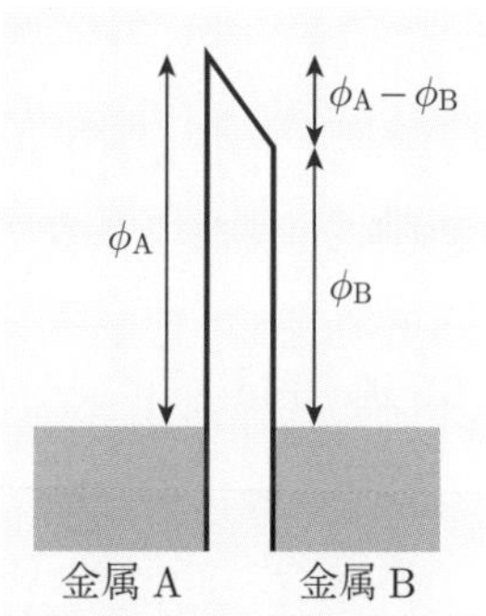

図 16.10　接触電位差

16.5 半導体内の電子

16.1 節で議論したように，ゾンマーフェルトの金属模型では金属中の自由電子の状態密度は ε について放物線である．しかし，固体中にある電子は一般には結晶の周期性の影響を受け，いくつかの群に分かれる．これを結晶内電子の**バンド構造**という．半導体内の電子を考えるときにはこのバンド構造を考える必要がある．

♦ **真性半導体**　真性半導体では，図 16.11(a) に示すように，$T=0$ において完全に電子で満たされている**価電子帯**と，$T=0$ においては空である**伝導帯**からなり，それぞれの状態密度 $D(\varepsilon)$ は ε について放物線をなし，両者は**バンドギャップエネルギー** E_{G} だけ隔てられている．有限の温度では伝導帯に電子がいくらか入り込み，価電子帯には正孔ができる．

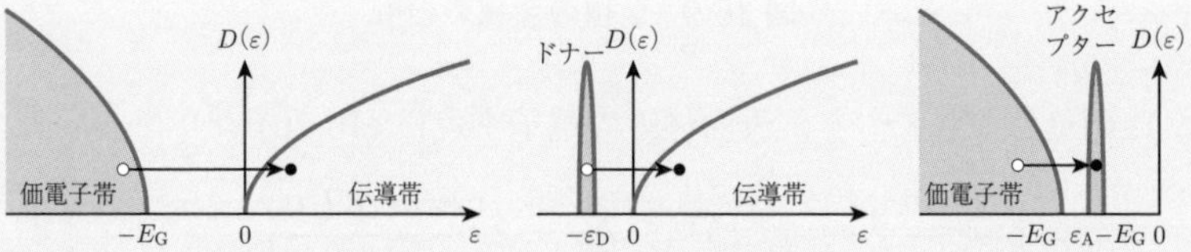

(a) 真性半導帯　(b) n 型半導帯　(c) p 型半導帯

図 16.11　半導体のバンド構造

ここで，正孔を自由粒子とみなし，伝導帯電子密度と質量を n および m_{e}，価電子帯正孔密度と質量を p および m_{h} と置く．温度が非常に高くならない限りは n も p も小さく，縮退していないはずであるからボルツマン分布で近似できる．図 16.11(a) のように座標を取れば，電子密度は，(16.26) と同様にして，

$$n = 2\frac{(2\pi m_{\mathrm{e}} k_{\mathrm{B}} T)^{\frac{3}{2}}}{h^3} e^{\frac{\mu}{k_{\mathrm{B}} T}} \tag{16.35}$$

となる．正孔の分布関数 $f_p(\varepsilon)$ は電子の分布関数 $f_n(\varepsilon)$ から，

$$f_p(\varepsilon) = 1 - f_n(\varepsilon) \tag{16.36}$$

によって与えられ，また正孔のエネルギーは図 16.11(a) の座標の逆向きに大きくなることに注意すれば，**正孔密度**は，

$$p = 2\frac{(2\pi m_{\mathrm{h}} k_{\mathrm{B}} T)^{\frac{3}{2}}}{h^3} e^{\frac{-E_{\mathrm{G}}-\mu}{k_{\mathrm{B}}T}} \tag{16.37}$$

で与えられる．

(16.35), (16.36) は不純物のあるなしによらず成り立つ．両式を掛け合わせると，

$$np = 4\frac{(2\pi\sqrt{m_{\mathrm{e}} m_{\mathrm{h}}}\, k_{\mathrm{B}} T)^3}{h^6} e^{\frac{-E_{\mathrm{G}}}{k_{\mathrm{B}}T}} \tag{16.38}$$

となり，正孔密度 p，電子密度 n の積は一定（pn 積一定）が成り立つ．

真性半導体の場合，

$$n = p \equiv n_i \tag{16.39}$$

である．(16.35), (16.37), (16.38) より，

$$n_i = 2\frac{(2\pi\sqrt{m_{\mathrm{e}} m_{\mathrm{h}}}\, k_{\mathrm{B}} T)^{\frac{3}{2}}}{h^3} e^{\frac{-E_{\mathrm{G}}}{2k_{\mathrm{B}}T}}, \tag{16.40}$$

$$\mu = -\frac{1}{2}E_{\mathrm{G}} + \frac{3}{4}k_{\mathrm{B}}T \log\left(\frac{m_{\mathrm{h}}}{m_{\mathrm{e}}}\right) \tag{16.41}$$

が得られる．(16.41) の第 2 項は常温では小さいので，フェルミ準位はバンドギャップのほぼ中央にある．

♦n 型・p 型半導体　真性半導体に対し，n 型または p 型の不純物をドープした n 型半導体または p 型半導体では，図 16.11(b), (c) のようにバンドギャップ中に不純物による鋭いエネルギー準位ができる．n 型半導体の場合には**ドナー**と呼ばれ，$T = 0$ においてドナー準位は電子で満たされており，伝導帯は空であるが，温度が上がればドナー準位から伝導帯に電子が遷移する．

p 型半導体では**アクセプタ**と呼ばれ，$T = 0$ においてアクセプタ準位は空で価電子帯は電子で満たされており，温度が上がれば価電子帯からアクセプタ準位へ電子が遷移し，価電子帯に正孔を生ずる．

では与えられた温度でどれだけの電子が遷移するであろうか．n 型半導体の場合を考えよう．図 16.11(b) のように，ドナーにより $\varepsilon = -\varepsilon_{\mathrm{D}}$ にできる広がりを持たないドナー準位と，自由電子により $\varepsilon \geq 0$ にできる広がりを持った伝導帯の組合せで表される．ドナー準位の密度を D_{D} とする．ここで，温度はあまり高くなく，また伝導帯の電子はすべて不純物から供給され，かつ縮退していないとする．この場合には価電子帯の影響は考える必要がない．

ドナー準位にある電子密度 n_{D} は,

$$n_{\mathrm{D}} = \frac{D_{\mathrm{D}}}{e^{\frac{-\varepsilon_{\mathrm{D}}-\mu}{k_{\mathrm{B}}T}} + 1} \tag{16.42}$$

で与えられる．一方，伝導帯の電子密度 n_{C} は，(16.35) と同じ,

$$n_{\mathrm{C}} = 2\frac{(2\pi m_{\mathrm{e}} k_{\mathrm{B}} T)^{\frac{3}{2}}}{h^3} e^{\frac{\mu}{k_{\mathrm{B}}T}} \tag{16.43}$$

と表せる．(16.42) を書き換えると,

$$\frac{D_{\mathrm{D}} - n_{\mathrm{D}}}{n_{\mathrm{D}}} = e^{\frac{-\varepsilon_{\mathrm{D}}-\mu}{k_{\mathrm{B}}T}} \tag{16.44}$$

で与えられる．(16.43), (16.44) から μ を消去すれば,

$$\frac{n_{\mathrm{C}}(D_{\mathrm{D}} - n_{\mathrm{D}})}{n_{\mathrm{D}}} = 2\frac{(2\pi m_{\mathrm{e}} k_{\mathrm{B}} T)^{\frac{3}{2}}}{h^3} e^{\frac{-\varepsilon_{\mathrm{D}}}{k_{\mathrm{B}}T}} \tag{16.45}$$

この式は,

$$\mathrm{D} \leftrightharpoons \mathrm{D}^{+} + \mathrm{e} \tag{16.46}$$

という反応に関して，$[\mathrm{D}] = n_{\mathrm{D}}$, $[\mathrm{D}^{+}] = D_{\mathrm{D}} - n_{\mathrm{D}}$, $[\mathrm{e}] = n_{\mathrm{C}}$ であるので，この反応の解離平衡を定める質量作用の法則である．

伝導帯中の電子はすべて不純物から供給されたと仮定できるので,

$$n_{\mathrm{C}} + n_{\mathrm{D}} = D_{\mathrm{D}} \tag{16.47}$$

が成り立つ．(16.45), (16.47) より,

$$n_{\mathrm{C}} = \sqrt{2n_{\mathrm{D}}} \left(\frac{2\pi m_{\mathrm{e}} k_{\mathrm{B}} T}{h^2} \right)^{\frac{3}{4}} e^{\frac{-\varepsilon_{\mathrm{D}}}{2k_{\mathrm{B}}T}} \tag{16.48}$$

となる．また，温度があまり高くなければ

$$n_{\mathrm{C}} \ll n_{\mathrm{D}} \sim D_{\mathrm{D}} \tag{16.49}$$

が成り立つ．この場合，(16.43), (16.48) から,

$$e^{\frac{\mu}{k_{\mathrm{B}}T}} = \frac{\sqrt{2D_{\mathrm{D}}}}{2} \left(\frac{2\pi m_{\mathrm{e}} k_{\mathrm{B}} T}{h^2} \right)^{-\frac{3}{4}} e^{\frac{-\varepsilon_{\mathrm{D}}}{2k_{\mathrm{B}}T}} \tag{16.50}$$

と表せる．これより，フェルミ準位は,

$$\mu = -\frac{\varepsilon_{\mathrm{D}}}{2} + \frac{k_{\mathrm{B}}T}{2} \log \left\{ \frac{D_{\mathrm{D}}}{2} \left(\frac{2\pi m_{\mathrm{e}} k_{\mathrm{B}} T}{h^2} \right)^{-\frac{3}{2}} \right\} \tag{16.51}$$

となる．(16.51) は $T \to 0$ で $\mu = -\frac{\varepsilon_D}{2}$ となる．

p 型半導体についても正孔について，同様の取扱いができる．

16 章の問題

□ **1** 16.1 節では金属内の自由電子を 3 次元電子気体として扱った．電子気体を非常に薄い膜に閉じこめたものを **2 次元電子気体**といい，このような構造は**量子井戸**と呼ばれる．以下の問に答えよ．

(1) 3 次元電子気体の状態密度 (16.6) の導出法にならい，2 次元電子気体の状態密度（単位面積，単位エネルギー当たり）を導出せよ．

(2) 2 次元電子の単位面積当たりの個数を n とするとき，$T = 0$ におけるフェルミエネルギー μ_0 を求めよ．

(3) $T = 0$ における電子のエネルギーの期待値 $\overline{\varepsilon_0}$ を求めよ．

(4) この 2 次元電子気体の非縮退条件を示せ．

(5) 2 次元電子気体の場合には一般の温度 T におけるフェルミ準位を近似式を用いずに求めることができる．フェルミ準位 μ を求めよ．

□ **2** 中性子星は高密度の中性子のみからなる星である．ある中性子星は密度が $2 \times 10^{17}\,\mathrm{kg/m^3}$，温度が $10^8\,\mathrm{K}$（1 億 K）であるが，統計力学的には低温であると考える必要がある．その理由を説明せよ．中性子の質量は $1.7 \times 10^{-27}\,\mathrm{kg}$ とせよ．

□ **3** 図のようにある物質の電子の状態密度 $D(\varepsilon)$ が $\varepsilon = \varepsilon_a$ と $\varepsilon = \varepsilon_b$ の間にギャップを持ち，それ以外では一定値 D_0 を取る．$T = 0$ においては，ちょうど電子が $\varepsilon = \varepsilon_a$ までを占めるとする．これは単純化した半導体のモデルであり，$\varepsilon = \varepsilon_a$ までが価電子帯，$\varepsilon = \varepsilon_b$ から上が伝導帯となる．図は有限の温度 T における電子の分布を示したものである．

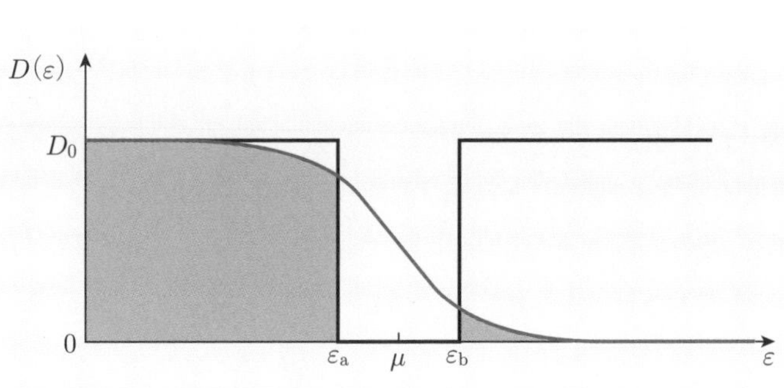

(1)　$T=0$ においてちょうど電子が $\varepsilon=\varepsilon_{\mathrm{a}}$ までを占めることから，電子密度 n を求めよ．

(2)　$T=0$ における電子のエネルギーの期待値 $\overline{\varepsilon_{c0}}$ を求めよ．

(3)　通常の温度においては，図に示すようにこの物質中の電子は金属内の電子と同じようにフェルミ分布としての特徴を失わない．このとき，フェルミ準位 μ は温度によらず常にギャップの中央に来る，つまり $\mu=\frac{\varepsilon_{\mathrm{a}}+\varepsilon_{\mathrm{b}}}{2}$ であることを示せ．（ヒント：この場合，$e^{\frac{\mu}{k_{\mathrm{B}}T}}\gg 1$ としてよい．）

(4)　有限の温度 T における伝導帯（$\varepsilon=\varepsilon_{\mathrm{a}}$ から上）にある電子密度 n_{c} を求めよ．また，ギャップが大きくて $\varepsilon_{\mathrm{b}}-\varepsilon_{\mathrm{a}}\gg k_{\mathrm{B}}T$ が成り立つ場合にはどのように表せるか？

(5)　有限の温度 T における伝導帯にある電子のエネルギーの期待値 $\overline{\varepsilon_{c}}$ を求めよ．ここではギャップが大きく，また伝導帯においては電子は縮退していないと考えてよい．

□ **4**　縮退している 3 次元フェルミ量子気体のフェルミ準位とエネルギーは (16.17), (16.18) で近似的に与えられる．これと，縮退の有無にかかわらず一般に量子理想気体では圧力 P，体積 V，内部エネルギー E の間に $PV=\frac{2}{3}E$ という状態方程式が成り立つことを用いて，エントロピー S の近似式を求めよ．また，$T=0$ において，ミクロカノニカル分布で考えたエントロピー S と，求めた S とが一致することを示せ.（ヒント：ギブスの自由エネルギー G について (12.29), (12.37) が成り立つ.）

□ **5**　3 次元のボーズ粒子気体はボーズ–アインシュタイン凝縮（付録 A.1 節）を起こすが，2 次元のボーズ粒子気体はボーズ–アインシュタイン凝縮を起こさない，つまりどんな低温でも化学ポテンシャル μ が存在することを示せ.（ヒント：2 次元ボーズ粒子気体の状態密度は問題 1 の 2 次元電子気体と同じになる.）

付　録

A.1 ボーズ–アインシュタイン凝縮

一般に，粒子数が決まっている系の化学ポテンシャル μ は (15.32)，あるいは

$$\sum_i f(\varepsilon_i) = N \tag{A.1}$$

を用いて定められる．これを ε_i が密であると見なし，(A.1) の和の代わりに状態密度 $D(\varepsilon)$ を使って積分の形で表すと，

$$V\int_0^\infty D(\varepsilon)f(\varepsilon)d\varepsilon = N \tag{A.2}$$

である．スピンゼロの自由粒子の場合の単位体積当たりの状態密度は，(16.6) より，

$$D(\varepsilon) = \frac{2\pi}{h^3}(2m)^{\frac{3}{2}}\varepsilon^{\frac{1}{2}} \tag{A.3}$$

となる．ここで，上式ではスピンによる縮重がないので (16.6) の $\frac{1}{2}$ となっていることに注意されたい．したがって，(A.2) は，

$$\frac{2\pi V}{h^3}(2m)^{\frac{3}{2}}\int_0^\infty \frac{\varepsilon^{\frac{1}{2}}}{e^{\frac{\varepsilon-\mu}{k_{\mathrm{B}}T}}-1}d\varepsilon = N \tag{A.4}$$

と表せる．ここで，積分定数を $x = \frac{\varepsilon}{kT}$ に置き換え，さらに

$$\alpha \equiv \frac{\mu}{k_{\mathrm{B}}T} \tag{A.5}$$

とおけば，(A.4) は，

$$I(\alpha) = \frac{h^3}{2\pi(mk_{\mathrm{B}}T)^{\frac{3}{2}}}\frac{N}{V} \tag{A.6}$$

となる．ただし，

$$I(\alpha) \equiv \int_0^\infty \frac{x^{\frac{1}{2}}}{e^{x-\alpha}-1}dx \tag{A.7}$$

である．(A.7) の $I(\alpha)$ は $\alpha < 0$ で定義される α の単調増加関数である．$I(\alpha)$ は $\alpha = 0$ で最大値

$$I(0) = \int_0^\infty \frac{x^{\frac{1}{2}}}{e^x-1}dx = \frac{\sqrt{\pi}}{2}\zeta\left(\frac{3}{2}\right) \sim \frac{\sqrt{\pi}}{2}\times 2.612\cdots \tag{A.8}$$

を取る．ここで $\zeta(x)$ はゼータ関数である．

したがって，(A.6) の左辺は (A.8) の $I(0)$ より小さな値を取る．しかし，(A.6) の右辺は T が 0 に近づけば大きくなり，

$$\frac{h^3}{2\pi(mk_{\mathrm{B}}T)^{\frac{3}{2}}}\frac{N}{V} > I(0) \tag{A.9}$$

を満たす低温では (A.6) を満たす α は存在しない．すなわち，

$$T < T_{\mathrm{C}} \equiv \frac{h^2}{2\pi m k_{\mathrm{B}}}\left(\frac{N}{\zeta\left(\frac{3}{2}\right)V}\right)^{\frac{2}{3}} \tag{A.10}$$

の低温では (A.6) を満たす化学ポテンシャル μ が存在しないことになる．粒子数が決まっている系で化学ポテンシャルが存在しないはずはないので，これはこの解析のどこかに不備があることを意味している．

実は，一番最初の，和を積分で置き換えているところに問題がある．(A.2) で現れる $D(\varepsilon)$ は $\varepsilon = 0$ でゼロになる関数であるが，$\varepsilon = 0$ には最低エネルギーの状態があり，しかも $T = 0$ ではこの状態にすべての粒子が入るというたいへん重要な状態である．したがって，和から積分への変換の際に $\varepsilon = 0$ の状態が落ちてしまった訳で，この状態による寄与は別に考える必要がある．そうすると，(A.4) は正しくは，$\varepsilon = 0$ にいる粒子数 N_0 を用い，

$$\frac{2\pi V}{h^3}(2m)^{\frac{3}{2}}\int_0^\infty \frac{\varepsilon^{\frac{1}{2}}}{e^{\frac{\varepsilon-\mu}{k_{\mathrm{B}}T}}-1}\,d\varepsilon + N_0 = N \tag{A.11}$$

と書くべきである．ここで，N_0 は，

$$N_0 = \frac{1}{e^{-\frac{\mu}{k_{\mathrm{B}}T}}-1} \tag{A.12}$$

で与えられる．$T < T_{\mathrm{C}}$ では N_0 は N のオーダーのマクロな数でなければならない．$T = 0$ ではもちろん $N = N_0$ である．もし化学ポテンシャル μ が $T < T_{\mathrm{C}}$ でゼロでない負の値を取れば，(A.12) より N_0 はマクロな数となることはできない．したがって，$T < T_{\mathrm{C}}$ である限り，化学ポテンシャル μ は常にゼロであると結論される．

$$\mu(T < T_{\mathrm{C}}) = 0 \tag{A.13}$$

これを (A.11) に代入して変形すれば，

$$N_0 = N - \frac{2\pi V}{h^3}(2m)^{\frac{3}{2}}\int_0^\infty \frac{\varepsilon^{\frac{1}{2}}}{e^{\frac{\varepsilon}{k_{\mathrm{B}}T}}-1}\,d\varepsilon = N\left\{1-\left(\frac{T}{T_{\mathrm{C}}}\right)^{\frac{3}{2}}\right\} \tag{A.14}$$

となる．

結局，ボーズ気体では高温から温度を下げてゆくと，ある特定の温度 T_{C} でエネルギー最低の量子状態へマクロな数の粒子が「凝縮」し始めることになる．これは例えば水滴ができるような実空間での凝縮現象ではなく，運動量空間での凝縮現象である．このようなボーズ気体が示す運動量空間での凝縮現象を**ボーズ–アインシュタイン凝縮**という．

A.2 縮退したフェルミ分布でのフェルミ準位と平均エネルギー

縮退したフェルミ分布 $f(\varepsilon)$ に対して成り立つフェルミ準位と平均エネルギーの近似式 (16.17), (16.18) を導こう．元となる式は

$$n = \int_0^\infty D(\varepsilon)f(\varepsilon)d\varepsilon \tag{A.15}$$

である．ここで，$K(\varepsilon)$ を

$$K(\varepsilon) \equiv \int_0^\varepsilon D(\varepsilon')d\varepsilon' \tag{A.16}$$

と定義する．当然，$D(\varepsilon) = \frac{dK(\varepsilon)}{d\varepsilon}$ である．(A.15) を部分積分すると，

$$\begin{aligned} n &= \int_0^\infty \frac{dK(\varepsilon)}{d\varepsilon} f(\varepsilon)d\varepsilon \\ &= [K(\varepsilon)f(\varepsilon)]_0^\infty + \int_0^\infty K(\varepsilon)\left[-\frac{df(\varepsilon)}{d\varepsilon}\right]d\varepsilon \\ &= \int_0^\infty K(\varepsilon)\left[-\frac{df(\varepsilon)}{d\varepsilon}\right]d\varepsilon \end{aligned} \tag{A.17}$$

である．部分積分の第 1 項がゼロになるのは，$K(0) = 0$, $f(\infty) = 0$ であるからである．フェルミ分布 $f(\varepsilon)$ の微分は以下で表され，縮退しているので $\varepsilon = \mu$ で鋭いピークを持つ関数である．

$$\begin{aligned} -\frac{df(\varepsilon)}{d\varepsilon} &= \frac{1}{k_{\mathrm{B}}T}\frac{e^{\frac{\varepsilon-\mu}{k_{\mathrm{B}}T}}}{(e^{\frac{\varepsilon-\mu}{k_{\mathrm{B}}T}}+1)^2} \\ &= \frac{1}{k_{\mathrm{B}}T}\frac{1}{(e^{\frac{\varepsilon-\mu}{k_{\mathrm{B}}T}}+1)(e^{-\frac{\varepsilon-\mu}{k_{\mathrm{B}}T}}+1)} \end{aligned} \tag{A.18}$$

$K(\varepsilon)$ は $f(\varepsilon)$ の微分に比べると変化が緩やかなので，$K(\varepsilon)$ を $\varepsilon = \mu$ のまわりで以下のようにテイラー展開する．

$$K(\varepsilon) \sim K(\mu) + \left(\frac{dK(\varepsilon)}{d\varepsilon}\right)_\mu (\varepsilon-\mu) + \frac{1}{2}\left(\frac{d^2K(\varepsilon)}{d\varepsilon^2}\right)_\mu (\varepsilon-\mu)^2 + \cdots \tag{A.19}$$

これを (A.17) に代入する．ここで，(A.17) の被積分関数は $\varepsilon = \mu$ の近傍でのみ値を取るから，積分の下限を $-\infty$ まで取ってもよいであろう．そうすると，(A.18) のフェルミ分布 $f(\varepsilon)$ の微分は偶関数なので，(A.19) のテイラー展開のうちの奇数次の項は (A.17) で積分するとゼロになる．よって，

$$\begin{aligned} n \sim K(\mu) &+ \frac{1}{2}\left(\frac{dD(\varepsilon)}{d\varepsilon}\right)_\mu \int_{-\infty}^{\infty} (\varepsilon-\mu)^2 \left[-\frac{df(\varepsilon)}{d\varepsilon}\right] d\varepsilon \\ &+ \frac{1}{24}\left(\frac{d^3D(\varepsilon)}{d\varepsilon^3}\right)_\mu \int_{-\infty}^{\infty} (\varepsilon-\mu)^4 \left[-\frac{df(\varepsilon)}{d\varepsilon}\right] d\varepsilon + \cdots \end{aligned} \tag{A.20}$$

第 2, 3 項の積分は，$x = \frac{\varepsilon-\mu}{k_\mathrm{B}T}$ と置くと，$dx = \frac{d\varepsilon}{k_\mathrm{B}T}$ なので，

$$\begin{aligned} \int_{-\infty}^{\infty} (\varepsilon-\mu)^2 \left[-\frac{df(\varepsilon)}{d\varepsilon}\right] d\varepsilon &= (kT)^2 \int_{-\infty}^{\infty} \frac{x^2}{(e^x+1)(e^{-x}+1)}\, dx = \frac{\pi^2}{3}(k_\mathrm{B}T)^2, \\ \int_{-\infty}^{\infty} (\varepsilon-\mu)^4 \left[-\frac{df(\varepsilon)}{d\varepsilon}\right] d\varepsilon &= (kT)^4 \int_{-\infty}^{\infty} \frac{x^6}{(e^x+1)(e^{-x}+1)}\, dx = \frac{7\pi^4}{30}(k_\mathrm{B}T)^4 \end{aligned} \tag{A.21}$$

(A.21) の導出には定積分公式

$$\int_0^{\infty} \frac{x^n}{(e^x+1)(e^{-x}+1)}\, dx = \left(1 - \frac{1}{2^{n-1}}\right) n!\,\zeta(n) \tag{A.22}$$

を用いている．$\zeta(n)$ はゼータ関数で，

$$\zeta(2) = \frac{\pi^2}{6}, \quad \zeta(4) = \frac{\pi^4}{90}$$

である．

以上の議論には $K(\varepsilon)$ の変化が緩やかという仮定しか用いていない．したがって，$g(\varepsilon)$ が $\varepsilon = \mu$ の近傍で変化が緩やかな任意の関数として，

$$\begin{aligned} \int_0^{\infty} g(\varepsilon) f(\varepsilon) d\varepsilon \sim \int_0^{\mu} g(\varepsilon')d\varepsilon' &+ \frac{\pi^2}{6}(k_\mathrm{B}T)^2 \left(\frac{dg(\varepsilon)}{d\varepsilon}\right)_\mu \\ &+ \frac{7\pi^4}{360}(k_\mathrm{B}T)^4 \left(\frac{d^3g(\varepsilon)}{d\varepsilon^3}\right)_\mu + \cdots \end{aligned} \tag{A.23}$$

が成り立つことが分かる（**ゾンマーフェルトの公式**）．

ここで，(A.23) の展開で第 2 項まで取ることにする．

$$g(\varepsilon) = D(\varepsilon) = \frac{4\pi}{h^3}(2m)^{\frac{3}{2}}\varepsilon^{\frac{1}{2}}$$

に取り，第 2 項の係数を $A = \frac{\pi^2}{6}(k_{\mathrm{B}}T)^2$，$D(\varepsilon)$ の係数を $C = \frac{4\pi}{h^3}(2m)^{\frac{3}{2}}$ と置く．$\mu = \mu_0 + \varDelta\mu$ とすれば，(A.23) の左辺は n で，

$$\int_0^{\mu} g(\varepsilon')d\varepsilon' = \frac{2}{3}C\mu^{\frac{3}{2}}, \quad \left(\frac{dg(\varepsilon)}{d\varepsilon}\right)_{\mu} = \frac{1}{2}C\mu^{-\frac{1}{2}}$$

だから，

$$\begin{aligned} n &= \frac{2}{3}C(\mu_0 + \varDelta\mu)^{\frac{3}{2}} + \frac{1}{2}AC(\mu_0 + \varDelta\mu)^{-\frac{1}{2}} \\ &\sim \frac{2}{3}C\mu_0^{\frac{3}{2}}\left(1 + \frac{3}{2}\frac{\varDelta\mu}{\mu_0}\right) + \frac{1}{2}AC\mu_0^{-\frac{1}{2}}\left(1 - \frac{1}{2}\frac{\varDelta\mu}{\mu_0}\right) \end{aligned} \tag{A.24}$$

右辺の展開式の第 1 項は (16.10) より n であり，また第 4 項は微小項同士の積なので無視できる．これより，

$$\varDelta\mu = -\frac{1}{2}A\mu_0^{-1} = -\frac{\pi^2}{12}(k_{\mathrm{B}}T)^2\mu_0^{-1} \tag{A.25}$$

が示せ，

$$\mu(T) = \mu_0\left\{1 - \frac{\pi^2}{12}\left(\frac{k_{\mathrm{B}}T}{\mu_0}\right)^2\right\} \tag{A.26}$$

と (16.17) に一致する．

内部エネルギーについては，$g(\varepsilon) = \varepsilon D(\varepsilon)$ とすれば (A.23) の左辺は $n\varepsilon$ となる．フェルミ準位の場合と同様に $\varepsilon = \varepsilon_0 + \varDelta\varepsilon$ とすれば，

$$\begin{aligned} n(\varepsilon_0 + \varDelta\varepsilon) &= \frac{2}{5}C(\mu_0 + \varDelta\mu)^{\frac{5}{2}} + \frac{3}{2}AC(\mu_0 + \varDelta\mu)^{\frac{1}{2}} \\ &\sim \frac{2}{5}C\mu_0^{\frac{5}{2}}\left(1 + \frac{5}{2}\frac{\varDelta\mu}{\mu_0}\right) + \frac{3}{2}AC\mu_0^{\frac{1}{2}}\left(1 + \frac{1}{2}\frac{\varDelta\mu}{\mu_0}\right) \end{aligned} \tag{A.27}$$

右辺の展開式の第 1 項は $n\varepsilon_0$ であり，また第 4 項は微小項同士の積なので無視できる．これと，(A.25) から，

$$\begin{aligned} n\varDelta\varepsilon &= C\mu_0^{\frac{3}{2}}\left(-\frac{1}{2}A\mu_0^{-1}\right) + \frac{3}{2}AC\mu_0^{\frac{1}{2}} \\ &= AC\mu_0^{\frac{1}{2}} \end{aligned} \tag{A.28}$$

これより，(16.12) を利用して，

$$\Delta\varepsilon = \frac{AC\mu_0^{\frac{1}{2}}}{\frac{2}{3}C\mu_0^{\frac{2}{3}}} = \frac{3}{2}A\mu_0^{-1} = \frac{5}{2}A\varepsilon_0\mu_0^{-2}$$

$$= \frac{5\pi^2}{12}(k_{\mathrm{B}}T)^2\varepsilon_0\mu_0^{-2} \tag{A.29}$$

となり，結局，

$$\varepsilon(T) = \varepsilon_0\left\{1 + \frac{5\pi^2}{12}\left(\frac{k_{\mathrm{B}}T}{\mu_0}\right)^2\right\} \tag{A.30}$$

が導け，(16.18) に一致する．

索　　引

ア　行

カ　行

サ　行

タ 行

ナ 行

ハ 行

マ　行

ヤ　行

ラ　行

欧 字

著者略歴

杉《すぎ》山《やま》　正《まさ》和《かず》

2000 年　東京大学大学院工学系研究科化学システム工学専攻博士課程修了

現　在　東京大学先端科学技術研究センター教授　博士（工学）

主要著書

“Solar to Chemical Energy Conversion -Theory and Applications-”（共著，Springer，2016）

山《やま》下《した》　真《しん》司《じ》

1990 年　東京大学大学院工学系研究科電子工学専攻修士課程修了

1991 年　東京大学大学院工学系研究科電子工学専攻博士課程中途退学

現　在　東京大学先端科学技術研究センター教授　博士（工学）

主要著書

『イラスト・図解 光ファイバ通信のしくみがわかる本』（技術評論社，2002）

“Carbon Nanotube and Graphene for Photonic Applications”（共編著，Woodhead Publishing，2013）

新・電子システム工学＝TKR-2

エレクトロニクスの基礎物理

―量子力学・統計力学入門―

2020 年 11 月 10 日ⓒ　　初　版　発　行

著者　杉 山 正 和　　発行者　矢 沢 和 俊

　　　山 下 真 司　　印刷者　小宮山恒敏

【発行】　株式会社　数理工学社

〒151–0051　東京都渋谷区千駄ヶ谷 1 丁目 3 番 25 号

編 集 ☎（03）5474–8661（代）　サイエンスビル

【発売】　株式会社　サイエンス社

〒151–0051　東京都渋谷区千駄ヶ谷 1 丁目 3 番 25 号

営 業 ☎（03）5474–8500（代）　振替 00170–7–2387

FAX ☎（03）5474–8900

印刷・製本　小宮山印刷工業（株）

サイエンス社・数理工学社の

ホームページのご案内

https://www.saiensu.co.jp

ご意見・ご要望は

suuri@saiensu.co.jp まで．

ISBN978–4–86481–070–8

PRINTED IN JAPAN